르 꼬르동 블루

와인
에센셜

와인 에센셜

초판 1쇄 발행 | 2003년 11월 15일
초판 3쇄 발행 | 2006년 11월 10일

원저자 | 르 꼬르동 블루
편역자 | 서한정
펴낸이 | 양동현

펴낸곳 | 도서출판 아카데미북
출판등록 | 제 13-493호
주소 | 서울 성북구 동소문동4가 124-2
대표전화 | 02) 927-2345 팩시밀리 | 02) 927-3199
이메일 | academy@academy-book.co.kr

ISBN | 89-5681-020-6 13570

인쇄가 잘못되었거나 파본은 구입한 곳에서 바꾸어 드립니다.

www.academy-book.co.kr

르 꼬르동 블루

와인
에센셜

와인의 구입과 판매,
서빙 그리고 마시기에 관한
전문가의 특급 정보

서 한 정 편역

아카데미북

목차

서문

저희의 최신작 《르 꼬르동 블루 와인 에센셜》을 내놓게 되어 영광입니다. 이 책은 최고의 와인 교육자, 비평가, 소믈리에, 기타 전문가의 조언을 한곳에 묶었습니다. 이 책에는 와인의 구입, 판매, 보관, 테이스팅, 서빙, 그리고 가장 중요한 와인 즐기기에 대한 모든 것이 담겨 있습니다. 처음부터 끝까지 읽든, 아무 곳이나 펼쳐 읽든 와인을 둘러싸고 있는 미지의 안개를 걷어 버릴 수 있는 쉬운 설명을 어디서나 접하실 수 있습니다.

와인의 품종, 빈티지, 와인의 스타일을 설명하는 책은 시중에 많이 나와 있지만, 와인을 구입하는 법과 와인을 가지고 집에 돌아와서 무엇을 할지 가르쳐 주는 책은 매우 드뭅니다. 이 책은 자신감을 가지고 와인을 다루게 해 주는 필수 노하우가 빠짐없이 담긴 최초의 종합 가이드입니다. 와인 수집, 와인 보관을 위한 최적의 환경, 와인 병을 여는 법, 디캔트하는 법, 따르는 법, 와인 테이스팅과 맛을 묘사하는 법, 잔을 선택하고 다루는 법, 레스토랑에서 와인을 고르고 평가하는 법을 모두 알게 됩니다.

르 꼬르동 블루는 와인의 관리와 서빙에 대한 폭넓은 경험을 가지고 있습니다. 저희는 이 경험을 바탕으로 르 꼬르동 블루 와인 에센셜을 내놓게 되었습니다. 더불어 음식에 어울리는 와인 고르는 법, 최고의 와인에 어울리는 마스터셰프의 요리법을 소개하고 있습니다.

르 꼬르동 블루 와인 에센셜을 통해 여러분이 와인을 즐기기 위한 지식과 전문성을 갖추는 동시에, 이 다양하고, 복잡 미묘하며, 즐거운 음료를 만끽하기를 바랍니다.

A votre santé! (아 보뜨르 상떼 : 당신의 건강을 위하여! 건배할 때 쓰이는 말)

André J. Cointreau 앙드레 **J.** 꼬앙뜨로
르 꼬르동 블루 인터내셔널 대표

1

어디에 살든 다양한 방법으로 와인을 구입하고 판매할 수 있다. 우편 주문, 인터넷, 전문 수입상, 경매, 그리고 일상적으로 마실 수 있는 와인 및 일반 수집가를 위한 다양한 품목을 판매하는 인근 와인 상점 등을 통해 뛰어난 품질의 와인과 흥미로운 와인을 접할 수 있다. 더군다나 운송 방법의 개선과 정부 규제 완화로 유럽을 비롯한 전 세계의 와인 생산지에서 와인을 집적 구입하는 것이 더욱 쉬워졌다.

1980년대 들어 와인 판매에 대한 관심이 급격히 늘어났고, 많은 와인 애호가들과 사업가들이 와인 구입과 판매로 이득을 취했다. 최근 들어 경쟁의 심화로 투자가들이 애를 먹고 있긴 하지만 여전히 투자할 만한 가치가 있다. 이번 장은 와인 구입 경로, 와인을 고르기 위한 기본적인 사항, 즉시 마실 와인 고르는 법, 수집을 위한 와인, 올바른 투자 방법에 대하여 알려 준다.

와인의

구입과 판매

125%

750ml

Brut

와인 구입 전에 기본적으로 알아야 할 사항

와인의 기본 특징은 몇 가지 원칙을 통해 정해진다. 와인을 만든 포도의 종류(포도 품종), 포도가 재배된 곳(지역), 와인을 양조한 회사 또는 사람들(생산자), 포도를 수확한 연도(빈티지) 등이 그것이다.

포도

와인용 포도의 종류는 1만여 가지가 넘지만, 국제적인 와인 생산자들은 이 가운데 약 50종 정도의 극소수 품종만을 일반적으로 사용한다. 와인 애호가들은 포도의 품종에 큰 의미를 두는데, 이는 매우 타당한 근거를 가지고 있다. 포도는 모든 와인의 가장 중요한 요소다. 와인의 아로마(aroma), 색, 플레이버(flavor, 성질이자 맛)는 와인 생산에 사용된 포도의 품종에 크게 의존한다.

어떤 포도 품종은 레드 와인을 양조하는 데 사용되고, 또 어떤 품종은 화이트 와인을 양조하는 데 사용된다. 전통적인 레드 와인 포도 품종으로는 삐노 누아르(pinot noir), 까베르네 쏘비뇽(cabernet sauvignon), 시라즈(shiraz, 어떤 지역에서는 씨라(syrah)로 불림), 메를로(merlot), 진판델(zinfandel), 가메(gamay)가 있다. 가장 유명한 화이트 와인 포도 품종으로는 샤르도네(chardonnay), 쏘비뇽 블랑(sauvignon blanc), 리슬링(riesling), 쎄미용(sémillon), 삐노 그리(pinot gris) 또는 삐노 그리지오(pinot grigio)가 있다. 특정 품종은 그 자체만을 사용할 때 최고의 효과를 내고, 어떤 품종은 다른 품종과 섞을 때 빛을 발휘한다. 여러 가지 품종에 대한 자세한 설명은 84~89쪽에 나와 있다.

와인 전문가들로부터 '버라이어틀(varietal)'이라는 말을 자주 들을 수 있는데, 이는 와인에 사용된 주요 포도 품종 또는 단일 품종을 뜻한다. 예를 들어 메를로는 버라이어틀 와인

이며, 각종 와인에 사용되는 샤르도네도 마찬가지다. 버라이어틀이 되기 위한 최소 비율은 지역마다 다르지만, 대체로 75~90% 사이에서 정해진다. 이른바 '뉴월드(New World ; 유럽 이외의 지역)' 지역인 캘리포니아, 오스트레일리아, 남아프리카, 뉴질랜드, 칠레에서 생산되는 대부분의 와인은 버라이어틀로서 판매된다. 반면에 유럽 대부분의 지역은 아뻴라시옹(appellation) 등급 체계로 규제되어 특정 품종이 어떻게 사용될지 정해진다. 예컨대 보르도(Bordeaux)는 '버라이어틀'로 사용되는 경우가 거의 없으며, 두 가지에서 네 가지 정도의 승인된 포도 품종과 블렌딩된다.

지역		주요 포도 품종 (레드)
프랑스	보르도(Bordeaux)	까베르네 쏘비뇽(Cabernet Sauvignon), 메를로(Merlot), 까베르네 프랑(Cabernet franc)
	부르고뉴(Bourgogne)	삐노 누아르(Pinot noir)
	루아르(Loire)	까베르네 프랑
	샹파뉴(Champagne)	삐노 누아르
	론 (Rhône) (북부)	씨라(Syrah), 그르나슈(Grenache)
	알자스(Alsace)	
독일	모젤(Mosel)	
	라인(Rhine)	
이탈리아	피에몬테(Piemonte)	바르베라(Barbera), 네비올로(Nebbiolo), 돌체토(Dolce
	발폴리첼라(Valpolicella)	꼬르비나 베로네세(Corvina Veronese), 론디넬라(Rondinella), 몰리나라(Molinara) 등
	바르돌리노(Bardolino)	꼬르비나 베로네세, 론디넬라, 몰리나라 등
	소아베(Soave)	
	에밀리아-로마냐(Emilia-Romagna)	람부르스코(Lambrusco)
	키안띠(Chianti)	산지오베세, 까나이올로 네로(Cananiolo nero), 트레비아노(Trebbiano)
스페인	리오하(Rioja)	뗌쁘라니요(Tempranillo), 그라시아노(Graciano), 가르나차 틴타(Garnacha tinta), 가르나체(Grenache)

지역

반면에 유럽의 '올드 월드(Old World)' 와인은 일반적으로 포도 품종의 명칭보다는 생산지명으로 구분된다. 그래서 뉴월드와 같은 품종의 포도를 사용하더라도 유럽의 와인은 삐노 누아르 또는 뗌쁘라니요가 아닌 부르고뉴 또는 리오하라는 지명을 라벨에서 확인할 수 있다. 와인은 재배지의 성질을 이어받기 때문에 이러한 구분법이 불합리한 것은 아니다. 포도원의 흙, 기후(서리, 햇빛, 비), 지형은 모두 포도의 맛에 영향을 준다. 그래서 포도원이 서로 맞붙어 있고 포도 품종이 같더라도 매우 다른 와인을 만들어 낼 수 있다.

와인 상점은 대체로 포도 품종이 아닌 생산 국가와 원산지로 품목을 정리하는데, 라벨에 적힌 지명도 와인의 포도 품종만큼의 정보를 제공한다. 이 정보를 통해 사용된 포도 품종, 와인의 종류, 생산 방법을 알 수 있다.

지역마다 기후 조건이 다르므로, 포도나무의 품종 역시 그에 적합한 것이 있게 마련이다. 그래서 와인 생산지는 역사적으로 특정 포도를 재배하는 데 집중했다. 유럽의 거의 모든 국가가 이를 법으로 통제하고 있으므로 지명은 특정 포도 품종을 가리킨다. 예를 들어, 라벨에서 확인할 수는 없지만, 부르고뉴 북서부에 위치한 샤블리의 모든 와인은 샤르도네 포도로 만든다. 그런데 불행히도 어떤 지역에서 어떤 포도가 재배되는지를 암기할 수 있는 확실하고 쉬운 방법은 없다. 이는 와인에 대한 경험과 학습이 쌓이면 자연스럽게 습득된다. 왼쪽 아래의 표는 유럽의 가장 유명한 산지의 주요 포도 품종이 무엇인지 알려 준다.

지역은 구역(디스트릭트(districts)), 지구(서브디스트릭트(subdistricts)), 마을(빌리지(villages) 또는 꼬뮌(communes)), 포도원(vineyards)으로 세분화된다. 예를 들자면 부르고뉴에는 5군데의 구역(샤블리(Chablis), 꼬뜨도르(Côte d'Or), 코뜨 샬로네즈(Côte Chalonnaise), 마꽁(Mâcon), 보졸레(Beaujolais)), 여러 곳의 지구, 수십 곳의 마을, 수백 곳의 포도원이 있다.

예)

지역	부르고뉴(Bourgogne)(=버건디Burgundy)
구역	꼬뜨도르(Côte d'Or)
지구	꼬뜨 드 뉘(Côte de Nuits)
마을	즈브레 샹베르땡(Gevrey-Chambertin)
포도원	샹베르땡(Chambertin)

대체로 라벨에 장소가 구체적으로 적혀 있을수록 고급 와인일 가능성이 높다.

주요 포도 품종 (화이트)

쎄미용(Sémillon), 쏘비뇽 블랑(Sauvignon blanc)

샤르도네(Chardnnay), 삐노 블랑(Pinot blanc)
슈냉 블랑(Chenin blanc), 뮈스까(Muscadet), 쏘비뇽 블랑(Sauvignon blanc)
샤르도네
비오니에(Viognier)
리슬링(Riesling), 게부르츠트라미너(Gewürztraminer), 삐노 그리(Pinot gris)

리슬링
리슬링

White

가르가네가(Garganega), 트레비아노(Trebbiano)

가르가네가, 트레비아노

비우라(Viura)

생산자

생산자 – 와인 양조장 또는 샤또(château)의 이름이 라벨에서 가장 중요한 정보라고 할 수 있다. 이것이 지명이나 빈티지보다 중요한 이유는 생산자의 이름이 품질을 보장하기 때문이다. 훌륭한 생산자는 포도가 좋지 않은 해에도 좋은 와인을 만들지만, 그렇지 않은 생산자는 좋은 해에도 실망스런 와인을 만들 수 있다.

빈티지(Vintage)

와인에 사용되는 포도를 수확한 해를 빈티지라고 한다. 거의 모든 와인이 빈티지를 갖고 있지만 예외도 있다. 빈티지 와인이 아닌(non-vintage wine) 대부분의 샴페인, 포트(port), 기타 주정 강화(fortified) 와인은 맛의 일관성을 유지하기 위해 2년 또는 그 이상 수확 연도의 포도를 블렌딩한다.

빈티지가 말해 주는 것은?

와인의 맛, 감촉, 복잡성, 전체적인 품질은 기후, 포도 수확 시기 등에 따라 해마다 다르다. 이러한 환경의 변화는 특히 프랑스의 부르고뉴와 보르도, 독일, 북부 이탈리아의 피에몬테, 뉴질랜드가 심하다. 이들 지역에서 품질이 전반적으로 떨어지는 해에는 '나쁜 빈티지'를, 탁월한 와인이 생산되는 해에는 '뛰어난 빈티지'를 보여 준다. 남부 이탈리아, 캘리포니아, 오스트레일리아 대부분의 지역, 남아프리카, 스페인 등의 온난하고 일조량이 많은 지역은 연도가 다르더라도 품질에 일관성이 있기 때문에 빈티지 해가 품질을 가르는 기준이 되기 어렵다.

일반적으로 따뜻하고 일정한 기후를 가진 지역이라 해도 수확기에 기후가 좋지 않을 수 있기 때문에 온난 지역에서도 나쁜 빈티지가 생길 수 있다.

빈티지 연도가 의미가 있을까?

포도원 지역, 특히 유럽의 경우에 점점 따뜻해지고 있는 상황이다. 보르도 대학교의 과학자들은 각 연도의 포도나무 개화 날짜를 표로 작성하여, 10년 전보다 열흘 가량 빨리 꽃이 핀다는 것을 밝혀 냈다. 개화가 일찍 되면 포도 역시 일찍 익기 때문에 수확을 일찍 해야 한다. 그리고 수확이 이르면 더 좋은 날씨에 포도를 딸 확률이 높아진다. 지구 온난화가 빈티지의 차이를 없애지는 않지만, 거의 모든 빈티지의 평균적 품질을 상승시키고 있다.

빈티지의 중요성을 무색하게 만드는 또다른 요인은 기계 수확기의 사용이다. 많은 고급 와인 생산자들이 수확기를 선호하진 않지만, 수확기는(특히 기후가 나쁠 때) 과거보다 수확을 훨씬 빠르게 한다. 눅눅해진 포도에서 빗물을 제거하는 건조실(drying tunnel)과 이른바 컨센트레이터(concentrator)가 전반적인 품질을 개선하는 데 크게 기여했다. 와인 생산자들은 더 이상 나쁜 빈티지는 없다고 호언장담을 한다. 물론 이 말에는 과장이 섞여 있지만 지독하게 나쁜 빈티지(예 : 보르도 1972년산)가 과거의 전유물이 된 것은 사실이다.

대부분의 와인 가게에서 파는 와인의 빈티지가 한 해뿐일 텐데, 굳이 다른 빈티지를 찾아 나서는 것이 과연 의미가 있을까? 이는 예산이 어느 정도 있느냐에 따라 달라진다. 해마다

기후가 급격히 바뀌는 지역(대체로 유럽)의 고급 와인은 빈티지에 따라 맛의 깊이와 특징이 무척 다르기 때문에 빈티지는 와인 선택시 고려해야 한다. 그러나 그리 비싸지 않은 와인을 선택한다면 빈티지가 큰 영향을 주지 않으므로 중요한 선택 요인이 아니다.

빈티지 차트(아래 참고)를 보고 서로 다른 연도의 와인을 고를 수 있다. 그러나 '최고'의 빈티지(그러므로 '최고'의 가격)는 주관적이기 때문에 '최고'가 자신에게 맞지 않을 수도 있다는 점을 염두에 둔다. 게다가 오래된 와인을 구입할 때는, 예컨대 찬란한 1982년에 가려진 인기 없는 1981년산 보르도를 선택하는 식으로 적당한 가격에 좋은 와인을 구할 수 있다.

빈티지 차트(Vintage charts)

와인 참고 서적과 잡지에 있는 빈티지 차트는 전체 빈티지에서 특정 와인에 대한 등급을 매긴다. 생소한 와인을 선택할 때 빈티지 차트는 매우 유용하지만 다음과 같은 점을 염두에 두어야 한다.

■ 특정 빈티지에 대한 피상적인 정보만을 제공한다. 예컨대 보르도 지역에서 매우 뛰어난 빈티지로 평가받는 1996년은 쎙떼밀리옹(St Emilion)과 뽀므롤(Pomerol, 지롱드(Gironde) 강 오른쪽 유역) 및 메독(Médoc)과 그라브(Graves, 왼쪽 유역)에게 있어 1996년은 그리 좋은 해가 아니었다.

■ 질이 아닌 양을 기준으로 한다. 1989년과 1990년은 독일에서 모두 매우 대단한 빈티지지만, 완전히 다른 개성을 갖고 있다. 1989년은 맛이 농후하지만 산도가 낮은 반면, 1990년은 더 견고하고 산도가 높으며, 장기 보존에 좋다.

■ 생산자의 영향과 기술을 고려하지 않는다. 그래서 부르고뉴의 1987년, 보르도의 1991년, 캘리포니아의 1998년은 대체로 평범하게 평가되었지만, 최고의 생산자는 역시 뛰어난 와인을 만든다는 사실을 알 수 있다.

빈티지 선언(Vintage declarations)

일반적으로 빈티지로 판매하지 않는 특정 와인들은 가끔 비싸게 팔리는 빈티지로 책정이 되어 출하된다. 이 중에서 샴페인과 포트가 가장 중요하다.

■ 특별한 해에만 적은 양의 샴페인을 남겨 두었다가 나중에 빈티지 와인으로 판매한다. 이러한 와인은 더욱 비싸고, 오랫동안 보존한 뒤에 마시기 위한 것이다. 최고의 블렌드보다 월등하리란 보장은 없지만, 빈티지 샴페인은 그해의 특성을 띠게 된다. 그래서 1976년, 1982년, 1989년의 빈티지는 특별히 맛이 풍부하고 강한 반면 1983년, 1988년, 1993년 빈티지는 빈약하고 시며, 어떤 경우에는 더욱 강렬하다.

■ 빈티지 포트는 걸출한 해에만 생산된다. 당분, 타닌, 알코올이 풍부한 빈티지 포트는 장기 보존을 고려한 와인으로, 20년 또는 그 이상도 충분히 숙성할 수 있으며, 숙성 기간이 길어질수록 복잡성을 띠게 된다. 그러나 미국과 같은 특정 국가의 소비자는 와인의 주된 과일 맛을 즐기기 위해 '영(young - 숙성이 오래되지 않은 상태)' 와인으로 마시는 것을 좋아한다. 빈티지는 최고의 해에만 '선언'이 되지만, 포트 생산자들이 실수를 하는 경우도 있다. 예컨대 1975년 빈티지는 엄청난 실망을 안겨주었다.

프랑스 부르고뉴 부조(Vougeot, Bourgogne, France)

병이 알려 주는 것은?

무엇을 봐야 할지 안다면 병의 외부만을 보고도 엄청난 양의 정보를 얻을 수 있다. 병의 크기, 모양, 색깔은 산지 또는 포도 품종에 대한 기본적인 정보를 제공하고, 라벨의 정보는 구체적인 사항을 알려 주는 데 도움을 준다.

병의 크기

대부분의 국가에서 와인의 기본적인 병의 크기는 75cl(또는 750ml로 표기함)다. 와인병은 몇 세기 동안 사용되었지만, 병 크기의 표준화는 비교적 최근의 현상이다. 모든 병이 손으로 만들어졌을 때 병의 크기가 일정하지 않은 것은 어쩔 수 없는 일이었다. 기계의 도입으로 정확한 크기의 병을 생산하는 것이 가능해졌지만, 1970년대에 들어서야 유럽연합(EU)은 회원국 간의 표준을 따르기 시작했다. 비회원국도 편리를 위해 점차 표준을 따르게 되었다. 많은 지역이 자신만의 전통적인 병 크기를 갖고 있지만, 대부분은 표준 크기의 배를 기준으로 계산된다.

와인은 표준인 750ml보다 작거나 큰 병으로 구할 수 있다. 레드 보르도와 샴페인은 아래 사진처럼 크기가 다양하다.

상대적으로 적은 양이 병 안의 공기와 접촉하기 때문에 큰 병에 든 와인이 보관과 숙성에 더 좋다. 1~2잔만을 마시고 싶거나 디저트 와인인 쏘떼른(Sauternes)과 같이 맛이 무척 풍부하고 달아서 적은 양만으로도 다수의 사람을 서빙할 수 있는 와인의 경우에 표준의 반 크기인 병이 유용한 경우가 있다.

디저트 와인을 제외한 대부분의 반 병 크기 와인은 구입 후 수개월 내로 마시는 것이 가장 좋다. 표준 크기 병 또는 구할 수만 있다면 매그넘(magnum) 크기의 와인을 구입하는 것이 좋다. 매그넘보다 큰 병에 담긴 와인은 축하주로서는 좋지만, 다루기가 불편할 뿐더러 구하기도 쉽지 않다. 매그넘과 제로보암(jeroboam)을 가끔 발견할 수 있는데, 이를 정기적으로 만드는 생산자는 많지 않다.

병의 모양과 색

대부분의 병 모양은 유럽의 역사적인 와인 생산 지역의 전통을 따른다. 유럽 이외 지역의 생산자들은 자신만의 병 모양을 선택하며, 유사한 종의 와인병 모양과 비슷하다. 예를 들어 레드 보르도 와인은 어깨에 원만한 각이 져 있는데, 보르도와 같은 포도 품종(까베르네 쏘비뇽, 메를로, 까베르네 프랑)을 사용하는 타 국가의 와인도 마찬가지로 같은 병 모양을 택한다.

유리의 색 또한 와인의 스타일을 식별하는 데 도움이 된다. 예컨대 레드 보르도는 언제나 암녹색 유리를 사용하며, 스위트 화이트 보르도는 투명한 유리, 라인(Rhine) 와인은 갈색 유리를 사용한다.

다른 병 크기(750ml의 배로 표시)

쿼터-바틀(Quarter-bottle) 1/4
하프-바틀(Half-bottle) 1/2
매그넘(Magnum) 2
제로보암(Jeroboam) (샴페인) 4
제로보암(Jeroboam) (보르도) 6
르오보암(Rehoboam) (샴페인) 6
앙뻬리알(Impériale) (보르도) 8

무드슬라(Methuselah) (샴페인) 8
살마나자르(Salmanazar) (샴페인) 12
발타자르(Balthazar) (샴페인) 16
느뷔샤드느자르(Nebuchadnezzar) (샴페인) 20

병의 분석

병목(Neck) | 어깨 위의 부분 **1**

어깨(Shoulder) | 위로 좁아지는 부분. **2**
와인을 따를 때 침전물이 잔에까지 흘러드는 것을 방지한다.

펀트(Punt) | 바닥의 움푹 들어간 곳. 병을 튼튼 **3**
하게 유지하고, 따를 때 쥐기 편하다.
(와인의 침전물이 모이도록 한다.)

Recogniging bottle shapes 병모양 식별하기

부르고뉴(Bourgogne)

부르고뉴의 레드와 화이트 와인에 사용되었다. 부르고뉴 지역에서 재배되는 포도(삐노 누아르, 샤르도네)로 타국에서 양조된 화이트 와인을 담는 데도 사용된다.

보르도(Bordeaux)

보르도 지역의 포도로 양조한 와인을 담는 전통적인 병으로, 이 병에 담긴 와인은 전통적으로 셀러(cellar)에서 오랫동안 숙성시켰다. 오랜 시간이 지나면 병에 침전물이 생기고, 각이 져 있는 어깨는 와인을 따를 때 침전물이 빠져나가지 않게 한다. 또한 보르도 화이트 와인을 담는 데도 사용된다.

저먼 플루트 (German flute)

독일 와인은 플루트처럼 길고 좁은 병을 사용한다. 라인강 유역의 와인은 갈색 유리병을 사용하고, 모젤(Mosel), 자르(Saar), 루베르(Ruwer) 유역의 와인은 녹색 유리병을 사용한다. 다른 국가의 리슬링 와인 생산자 중에서도 이 모양을 사용하는 경우가 있다.

플래스크(Flask)

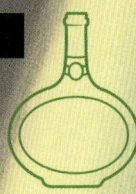

독일의 프란코니아(Franconia)와 포르투갈의 로제 와인을 담는 데 전통적으로 사용되었다. 와인 가게에서 눈에 잘 띄기 때문에 다른 와인 생산자들이 사용하기도 한다.

로제(Rosé)

프로방스 로제 와인의 원래 병 모양이지만 오늘날은 거의 사용되지 않는다. 기념일과 연관되는 경우가 있으며, 요즘의 로제 와인 생산자들은 다른 모양을 사용한다.

포트(Port)

두꺼운 유리병을 사용하고, 무겁게 생겼으며, 셀러에서 오래 숙성하기 위해 만들어졌다. 각이 져 있는 어깨와 부풀어 오른 병목은 와인을 따를 때 침전물이 빠지는 것을 방지한다.

샴페인(Champagne)

병 안의 압력을 견디기 위해 두꺼운 유리병을 사용하며, 강도를 높이기 위한 펀트가 있다. 코르크는 병입하기 전에는 원통 모양이지만, 압력을 누르고 병에 들어가면 익숙한 버섯 모양이 된다. 철사 망(wire cage)이 코르크를 제자리에 잡아 놓는다.

라벨 해독하기

라벨을 올바로 읽으면 와인을 따르기 전에 많은 것을 알 수 있다. 쏟아지는 정보에 움찔할 필요는 없다. 바로 이 정보를 통해 다양한 종류의 와인 중에서 마음에 드는 것을 선택할 수 있다.

앞과 뒤의 라벨

앞의 라벨은 EU의 법에 따라 다음과 같은 정보를 기재해야 한다.

- 품질 등급
- 원산지
- 알코올 함유율
- 빈티지 연도(해당되는 경우)
- 생산자(또는 병입한 자)의 이름과 주소
- 병의 크기(용량)

이와 함께 생산 국가의 명칭이 있어야 하고, '테이블 와인(table wine)' 등급으로 구분된 와인은 절대로 빈티지를 기재할 수 없다. EU에 속하지 않은 국가의 법규는 이와 다를 수 있다.

많은 와인 생산자들은 이러한 기재 사항이 좋은 디자인을 만드는 데 방해가 된다고 생각해서 이것만을 기재하는 '앞라벨'을 따로 붙인다. 와인 상점에 진열될 때는 멋진 디자인을 가진 '뒷 라벨' 이 밖을 향한다.

라벨에는 와인 양조장의 짧은 역사, 추천하는 음식 등의 정보가 추가되어 있다. 상식을 갖고 의미 있는 정보와 과장 광고를 구별하면 된다.

알코올 함유율

많은 유럽 지역에서 최저 알코올 함유율을 지정해 놓았지만, 각 지역의 포도 품종은 알코올 함유율이 다양하다. 일반적으로 지역이 온난할수록 알코올 함유율이 높아진다. 독일 화이트 와인의 알코올 함유율이 최저 7.5%인 반면, 캘리포니아 진판델은 16%까지 올라간다. 대부분의 테이블 와인은 12~13%이다.

Reading a Label 라벨 읽기

▶ 빈티지 포트(Vintage Port) 전통적인 포트 디자인, 테일러의 문장(Taylor's crest)이 두꺼운 유리병에 새겨져 있다.

▶ 오스트레일리안 쎄미용 (Australian Sémillon) 오스트레일리아 서부의 마거릿 리버(Margaret River)가 와인의 생산지다.

1 빈티지 2 와인의 이름 3 등급 4 원산지

▲ 오스트레일리안 까베르네 메를로
(Australian Cabernet Merlot)
까베르네가 메를로보다 많이 함유되어 있기 때문에 까베르네가 먼저 기재되어 있다.

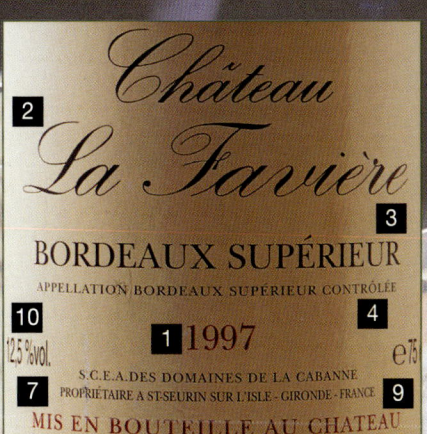

▲ 레드 보르도(Red Bordeaux)
전통적인 레드 보르도 라벨.

▲ 오리건 삐노 누아르(Oregon Pinot Noir)
의무적인 정부의 경고 문구가 뒤 라벨에 기재되어 있다.

▲ 화이트 부르고뉴(또는 버건디) 그랑 크뤼
(White Bourgogne(Burgundy) Grand Cru)
꼬르똥 샬르마뉴(Corton Charlemagne)가 포도원이자 아뻴라시옹(Appelation)이다.

▲ 화이트 부르고뉴 프르미에 크뤼
(White Bourgogne Premier Cru)
그랑 크뤼가 아닌 프르미에 크뤼이기 때문에 포도원의 이름(블라니(Blagny))에 마을의 이름(뫼르쏘(Meursault)까지 기재해야 한다.

▲ 샴페인(샹파뉴(Champagne)
빈티지가 병목 라벨에 있는 경우가 있지만, 그 밖에는 이것이 일반적인 앞라벨이다.

5 생산자명　　6 포도 품종　　7 병입 장소　　8 생산 국가　　9 병 크기　　10 알코올 함유율　　11 와인의 종류

주정 강화 와인의 알코올 함유율은 일반적으로 20% 이상이지만, 피노 셰리(fino sherry)는 대체로 15%이다. 풀 바디(full body)의 풍미를 위해 테이블 와인의 알코올 함유율은 최근 들어 조금 높아졌다. 그러나 알코올 함유율이 높다고 해서 품질이 좋다는 의미는 아니다.

건강을 위한 경고 문구

특히 미국의 병 라벨에는 '아황산염 포함(Contains Sulphites)'이라는 경고 문구를 반드시 기재해야 한다. 양조장에서는 살균과 산화 방지를 위해 와인에 아황산염을 추가한다. 아황산염의 양이 많으면 천식에 영향을 줄 수 있다는 것을 상식적으로 이해할 필요가 있다. 예컨대 과일 주스는 와인보다 아황산염을 더 많이 함유하고 있다.

유럽의 등급 체계

대부분의 유럽 국가는 사기를 방지하기 위해 1930년대에 제정된 프랑스의 아뺄라시옹 도리진 꽁뜨롤레(Appellation d'Origine Contrôlée(AC))를 모방한 4단계 체계를 사용한다. 이 체계는 포도원의 성격과 포도의 품종이 와인의 맛과 스타일을 결정한다는 것을 전제로 한다. 공식적인 산지가 표시되어 있어 소비자에게 안심을 준다.

Label Design 라벨 디자인

쏘떼른
보르도의 유명 지역에서 생산되는 금빛의 이 달콤한 와인은 흰색의 라벨에 정성들인 금색 글씨가 찍혀 있다.

레드 보르도
전통 디자인에는 와인 생산자의 샤또의 사진 또는 그림이 담겨 있다. 그림은 19세기 판화를 즐겨 사용한다.

리슬링
예전의 독일 와인 라벨에는 정교한 고딕체가 적혀 있었으나 요즘은 라벨의 기본 디자인(대체로 포도원 그림)은 살린 채 글씨를 알아보기 쉽게 바꾸었다.

뉴월드
현대 라벨 디자인의 첨단을 달리는 뉴월드 와인 생산자들은 전통 라벨 디자인의 요소와 더불어 목표 시장의 구미에 알맞게 혁신적인 디자인을 도입한다.

1 최고 등급 와인은 규제 지역(아뻴라시옹)에서 생산된다. 아뻴라시옹의 사용은 법적으로 규제되며, 다음 조건이 정해진다.

- 재배되는 포도 품종
- 수확량
- 와인의 양조 및 숙성 방법

프랑스의 아뻴라시옹 꽁뜨롤레는 4백 종이 넘는 와인을 분류해 놓았다. EU의 다른 국가들도 비슷한 체계를 사용한다(아래 표 참고).

이탈리아와 스페인은 위의 AC에 해당하는 등급 체계를 사용한다. 이탈리아에서 그러한 와인은 데노미나지오네 디 오리지네 콘트롤라타 에 가란티타(Denominazione di Origine Controllata e Garantita(DOCG)), 스페인은 데노미나씨온 디 오리헨 칼리휘카다(Denominación di Origen Calificada(DOC))를 사용한다. 독일 일부 지역에서는 그로제즈 게베슈(Grosses Gewächs(그랑 크뤼))와 에르슈테즈 게베슈(Erstes Gewächs(프르미에 크뤼)) 체계를 현재 도입하고 있다.

2 프랑스의 두 번째 등급은 뱅 델리미테 드 깔리떼 쉬뻬리외르(Vin Délimité de Qualité Supérieure(VDQS))이다. 포도의 품종, 수확량, 생산 방법에 대한 규제가 1등급보다 덜 까다롭다. 이러한 지역은 언젠가 AC등급을 받게 된다.

3 다음 단계는 컨트리 와인, 프랑스에서는 뱅 드 뻬이(Vins de Pays), 이탈리아에서는 인디카지오네 제오그라피케 티피치(Indicazione Geografiche Tipici(IGT)), 스페인에서는 비노 데 라 띠에르라(Vino de la Tierra)이다. 이제 대한 규제는 더욱 유연하다.

4 가장 기본적인 와인 등급은 '테이블 와인'이다. 테이블 와인은 유럽에서 포도 품종, 특정 지역의 명칭을 가질 수 없으며, 단지 기본적인 건강 지침을 따른다. 산지의 레스토랑과 슈퍼마켓에서 볼 수 있으며, 수출은 거의 하지 않는다.

	프랑스	이탈리아	스페인	독일	포르투갈
1	아뻴라시옹 꽁뜨롤레 AC(Appellation Contrôlée)	데노미나지오네 디 오리지네 콘트롤라타 에 가란티타 DOCG (Denominazione di Origine Controllata e Garantita)	데노미나씨온 디 오리헨 칼리휘카다 DOC(Denominación de Origen Calificada)	쿠발리텟츠바인 미트 프레디카트 QmP(Qualitä tswein mit Prädikat)	데노미나사온 데 오리젠 콘트롤라다 DOC(Denominação de Origen Controlada)
2	뱅 델리미테 드 깔리테 쉬뻬리에르 VDQS(Vin Délimité de Qualité Supérieure)	데노미나지오네 디 오리지네 콘트롤라타 DOC(Denominazione di Origine Controllata)	데노미나씨온 데 오리헨 DO(Denominación de Origen)	쿠발리텟츠바인 베슈팀테어 안바우게비에테 QbA(Qualitätswein bestimmter Anbaugebiete)	인디싸옹 데 프로베니엔씨아 레굴라멘타다 IPR(Indiçáo de Provencincia Regulamentada)
3	뱅 드 뻬이(Vin de pays)	비노 다 타볼라(Vino da tavola) 와 지명 또는 IGT와 승인 구역명	비노 데 라 띠에르라 (Vino de la tierra)	란드바인(Landwein)	비뉴 레지오날(Vinho Regional)
4	뱅 드 타블(Vin de table)	비노 다 타볼라(Vino da tavola)	비노 데 메사(Vino de mesa)	도이치에어 타펠바인 (Deutscher tafelwein)	비뉴 데 메자(Vinho de mesa)

더 높은 등급

어떤 유럽 국가들은 자신의 아뻴라시옹 시스템보다 높은 특별한 등급을 갖고 있다. 예를 들자면 프랑스의 보르도는 매우 다양한 와인을 생산하기 때문에 더 세부적인 등급 체계를 갖고 있다. 보르도의 메독 지구는 샤또의 라벨로 세계 최고 수준의 와인을 여러 종류 생산한다. 이 샤또들은 1등급 와인(growth), 즉 '크뤼' 부터 5등급 와인까지 순서대로 등급이 매겨진다(아래 표 참고). 보르도의 그라브 지구 역시 자신의 등급 체계를 갖고 있다. 그리고 레드 와인과 화이트 와인을 위한 크뤼 클라쎄(Cru Classé – 등급 체계) 카테고리가 있다. 보르도의 쎙떼밀리옹은 최고의 와인을 프르미에 그랑 크뤼 클라쎄(Premier Grand Cru Classé), 그랑 크뤼 클라쎄(Grand Cru Classé), 그랑 크뤼(Grand Cru)로 분류한다.

부르고뉴도 마찬가지로 일부 포도원을 특급으로 분류한다. 최고가 그랑 크뤼, 그 다음이 프르미에 크뤼이다.

뉴월드 등급 체계

미국, 남아프리카, 오스트레일리아, 아르헨티나, 칠레, 뉴질랜드 등의 국가(이 집단을 뉴월드라고 한다)는 전통적인 법칙이나 지침 없이 와인 양조를 시작했다. 대부분의 국가는 AC 체계에 기반을 둔 등급 체계를 도입했지만, 포도 품종과 생산 방법은 개별 생산자에게 맡겼다.

미국의 등급 체계는 AVAs(American Viticultural Areas)이다. 지명이 라벨에 표시되어 있지만, 이는 단지 포도의 원산지를 나타낼 뿐이다. AVA는 온난한 AVA가 서늘한 AVA보다 풍부한 와인을 생산한다는 것을 나타낸다.

캐나다의 Vintners' Quality Alliance의 회원 생산자들은 머리글자 VQA를 자신의 와인 라벨에 표시한다. VQA는 국가의 법적 규제보다 높은 품질의 기준을 제시한다. 오스트레일리아는 지역의 범위를 제한하는 체계를 점진적으로 도입하고 있지만, 지명이 특정 스타일이나 품질을 보장하지는 않는다.

등급 체계가 소비자에게 도움이 될까?

아뻴라시옹 체계는 와인의 스타일에 대해 많은 정보를 알려준다. 와인에 등급이 있다면, 생산자들은 아마 더 좋은 품질을 위해 노력해야 할 것이다. 이는 생산자에게 도움을 주기도 한다. 프랑스에서 한 지역이 AC로 승격되면, 그곳에서 생산되는 와인의 가격은 대체로 오른다.

다른 용어

미 장 부떼이유 오 샤또 / 이스테이트-바틀드(Mis en Bouteille au château / Estate-bottled) – 이 문구는 상인이 아닌 생산자가 직접 병입했다는 것을 의미한다.

레제르바 / 리제르바(Reserva / Riserva) – 이탈리아, 스페인, 포르투갈에서 사용되는 용어로서 판매하기 전에 레제르바가 아닌 와인보다 오랫동안 숙성되었다는 의미다. 예컨대 바롤로(Barolo) 리제르바는 일반적인 바롤로보다 긴 숙성 기간을 가진다. 미국 와인의 리저브(Reserve) 표시와 혼동하지 않도록 한다. 리저브라는 단어가 권위를 주기 때문에 미국의 와인 생산자들이 자주 사용하지만, 미국에서 규제를 받는 용어가 아닐뿐더러 어떤 와인에도 사용할 수

보르도와 부르고뉴의 등급

보르도는 자신만의 등급 체계를 갖고 있으며, 보르도 내의 여러 지역은 서로 다른 체계를 갖고 있다.

메독 (보르도)
프르미에 크뤼(Premier Cru, 1등급 와인)
되지엠 크뤼(Deuxième Cru, 2등급 와인)
트로지엠 크뤼(Troisième Cru, 3등급 와인)
카트리엠 크뤼(Quatrième Cru, 4등급 와인)
쎙키엠 크뤼(Cinquième Cru, 5등급 와인)

쎙떼밀리옹 (보르도)
프르미에 그랑 크뤼 클라쎄(Premier Grand Cru Classé)
그랑 크뤼 클라쎄(Grand Cru Classé)
그랑 크뤼(Grand Cru)

그라브 (보르도)
크뤼 클라쎄(Cru Classé)

부르고뉴
그랑 크뤼(Grand Cru)
프르미에 크뤼(Premier Cru)

있기 때문에 품질을 나타내는 지표가 될 수 없다.

수페리오레 / 쉬뻬리외르(Superiore / Supérieur) – 표준적인 와인보다 알코올 최저 함량이 높은 와인이다. 이탈리아에서는 수페리오레를, 프랑스는 쉬뻬리외르를 라벨에 사용한다. 이를 표시한 이탈리아 와인은 일반 와인보다 오래 숙성시켰다.

규칙 깨기

어떤 경우에는 와인 등급 체계가 품질에 부정적인 효과를 줄 수 있다. 1970년대와 1980년대, 이탈리아 특정 지역, 특히 키안띠의 아뻴라시옹 규제로 인해 생산자들은 레드 와인에 정해진 양의 화이트 와인용 포도를 레드 와인에 배합해야만 했고, 까베르네 쏘비뇽을 포함한 다른 어떤 포도도 배합할 수 없었다. 그러나 주요 생산자들은 법을 무시하고, 자신들이 원하는 식으로 와인을 만들었다.

　생산자들은 자신들의 와인을 키안띠라고 부르지 못했고, 최하 등급인 비노 다 타볼라가 되어 버렸다. 대신에 그들은 와인에 독특한 이름을 붙이고, 가격을 높게 책정했다. 그것은 이탈리아에서 최고로 유행했고, 이탈리아 내의 타 지역 와인도 이를 따라했다. 결국 법은 바뀌었다. 이들 와인(예컨대 띠냐넬로(Tignanello)와 솔라이아(Solaia)는 현재 인디카지오네 지오그라피체 티피치(Indicazione Geografiche Tipici)의 라벨을 달고 있다.

와인을 어디에서 살까?

와인을 구입할 수 있는 방법은 지난 20년 동안 와인 소매상, 인터넷, 우편 판매 회사, 와인 도매상 등으로 폭넓게 늘어났다. 그런데 선택의 폭이 이렇게 넓다면 어떤 곳에서 구입하는 것이 가장 바람직할까?

와인 상점 둘러보기

파티를 위해 와인을 구입한다면 와인 도매상을 통해 대량 주문하여 할인을 받는 것이 가장 좋다. 적은 양을 여러 병 산다면 슈퍼마켓에서 와인을 구입하는 것이 편리하다. 그러나 숙성된 와인이나 귀하고 유명한 와인을 원한다면 경매장이나 고급 와인 전문점에서 구해야 한다.

와인 전문 소매상

뛰어난 품질과 서비스를 원한다면 와인 전문 소매상을 이용하는 것이 좋지만 요즘은 그 수가 줄어들고 있는 실정이다. 많은 와인 소매상이 수입상이며, 뛰어난 품질과 가치를 가진 와인을 구해 놓는다. 어떤 상점은 특정 국가만의 와인을 전문으로 취급한다. 직원들은 대체로 훈련이 잘되어 있으며, 적절한 조언을 해 주기도 한다. 대부분의 상점은 정기적으로 와인 리스트를 발행하는데, 여기에 정보가 가득히 들어 있는 경우도 있다. 가격은 슈퍼마켓보다 대체로 높은 편이고, 가격 차가 심한 경우도 있다. 예컨대 1961년산 샤또 라뚜르(Château Latour)를 구할 때는 여러 상점에 알아볼수록 더 낮은 가격에 살 수 있는 기회가 늘어난다. 몇몇 와인 전문점은 자신의 웹사이트를 갖고 있다.

슈퍼마켓

슈퍼마켓은 일상적으로 마실 와인을 구하기에 좋은 장소다. 슈퍼마켓 간의 경쟁으로 가격은 비교적 낮은 편이지만 가격이 현저히 낮다면 품질에 문제가 있을 수도 있다. 슈퍼마켓의 바이어들은 소비자가 원하는 가격대의 와인을 구하고 싶은데 공급업자가 해당 가격대에 좋은 와인을 판매하지 않을 수도 있다. 여기서 조언은 기대하지 않는 것이 좋고, 배달되는 경우도 드물다. 가격 경쟁력이 없고 선택의 폭이 좁기 때문에 비싼 와인은 슈퍼마켓에서 사지 않는 편이 낫다. 어떤 곳은 보관에 주의를 기울이지 않으므로 와인을 사기 전에 병을 세심히 살펴볼 필요가 있다(오른쪽 내용 참고).

체인점과 와인 도매상

체인점 간의 품질 차이는 큰 편이다. 어떤 체인점은 매우 뛰어나지만 어떤 곳은 맥주와 담배를 팔면서 와인을 옆에 조금 구비한 곳도 있다. 거의 모든 도매상이 와인을 대량으로 구매하기 때문에 대량 생산된 와인과 중가의 와인을 주로 갖추고 있다. 다행히도 대부분의 도매상은 좋은 품질의 와인을 원하는 소비자의 취향에 맞추기 위해 고급 와인 코너 또는 고급 와인 리스트를 갖고 있다. 하지만 고급 와인을 정기적으로 입하하지는 않는다. 어떤 도매상은 최소 12병 이상을 구입할 때만 판매하거나, 박스로 사야만 할인을 해 준다. 대부분의 체인점과 도매상은 배달 서비스를 한다.

구입할 때 고려할 점

와인 상점은 좋은 정보원이 될 수 있으며, 직원들은 거리낌 없이 조언을 해 줄 준비가 되어 있다. 테이스팅, 특별 제안, 계절 할인 품목 등을 통하면 좋은 가격에 와인을 살 수 있다.

할인 판매

계절 할인 이벤트를 적극 이용하도록 한다. 크리스마스 기간 이후가 되면 와인 전문점들은 보관 기간이 끝난 할인 품목 와인을 내보내거나, 창고에 넣기 전에 할인을 시작한다. 이는 와인에 문제가 있어서 치우는 것이 아니라 초과량의 재고를 정리하거나, 같은 와인의 새로운 빈티지를 들여놓기 위함이다. 물론 너무 오래되어 피해야 할 와인이 할인 품목에 포함되는 경우가 없지는 않다. 새로운 빈티지의 판촉 기간을 노리는 것도 괜찮은 방법이다.

구입하기 전에 테이스팅하기

몇몇 상점은 정기적으로 무료 테이스팅을 실시한다. 이는 와인 선택에 매우 도움이 되지만 며칠 동안 개봉되어 있던 와인은 상했을 수도 있기 때문에 조심할 필요가 있다. 어떤 상점과 와인 모임은 단골 손님이나 회원을 위해 비싸거나 희귀한 와인 테이스팅 기회를 제공한다. 테이스팅에 참여하기 위해 돈을 내야 할 때도 있지만 숙성된 부르고뉴나 오래된 빈티지 포트 등의 와인에 대해 배울 수 있는 좋은 기회다. 고급 와인을 수집할 생각이 있는 사람에게는 이러한 테이스팅 기회가 자신이 선호하는 와인을 구하고, 명성과 가격이 높더라도 자신이 좋아하지 않는 와인을 피하는 데 도움이 되는 좋은 배움의 기회가 된다.

구입할 때 주의할 점

좋은 와인을 보관을 소홀히 하여 망칠 수 있음에도 불구하고 많은 와인 상점이 재고 관리에 매우 소홀하다. 와인 쇼핑을 할 때는 상점 내의 환경을 확인하여 최적의 와인을 살 수 있도록 한다. 이상적인 조건은 모든 와인 상점 내의 온도와 습도가 조절되는 것인데 소수의 전문점만이 이에 투자한다. 다른 것은 지킬 수 없더라도 와인은 최소한 열원 및 광원(보일러, 창문 등)에서 떨어져 있어야 한다.

다음 사항들이 와인을 망쳤다고는 단정할 수 없지만 분명히 주의할 점임에는 틀림없다.

■ 병이 똑바로 세워져 있고 먼지가 쌓인 와인은 피한다. 와인은 옆으로 눕혀서 보관해야 되는데, 진열을 위해 세워 놓는 경우가 많다. 단기간이라면 문제가 없지만 수개월 동안 먼지가 쌓인 병의 코르크가 와인과 닿지 않아서 건조해질 수 있고, 이 때문에 와인이 산화될 수 있다(45쪽 참고).

■ 병이 끈적끈적한 와인은 사지 않는다. 이는 와인이 밖으로 샜다는 증거다. 이는 온도 변화 때문에 생기는 문제다.

■ 코르크가 튀어나온 와인을 고르지 않는다. 이는 대체로 온도의 변화로 와인이 변질되어 코르크를 병 밖으로 밀어냈다는 표시다.

■ 병을 세웠을 때 와인의 수면이 병목에서 3cm 이하로 내려간다면 와인이 증발했거나 흘러나왔다는 증거다.

■ 인공 조명이나 태양광에 직접 노출된 채 진열된 와인은 피한다. 와인이 가열되어 손상되었을 가능성이 높다.

냉장실

대부분의 상점은 소규모의 와인(주로 화이트 와인과 스파클링 와인)을 냉장실에 보관한다. 와인을 구입하자마자 마실 것이 아니라면 냉장실 밖에 보관되어 있는 와인을 구입하여 집에서 직접 차갑게 하는 것이 좋다. 이렇게 하는 이유는 냉장실에 있는 와인이 최고의 상태가 아닐 수도 있기 때문이다. 냉장실의 온도가 와인에 적합하지 않을 정도로 심하게 낮은 경우가 있고, 와인을 장기간 세워 보관하는 경우도 있기 때문이다. 또한

냉장고 모터가 내는 진동 역시 와인에 나쁜 영향을 줄 수 있다.

잘못된 와인 반품하기

와인 구입 후, 코르크 마개를 열었는데 마실 수 없는 상태라면 최대한 빨리 구입한 상점에 돌려줘야 한다. 와인이 콕트(corked)되거나 산화되었을 수 있다(80~81쪽 참고). 안타깝게도 와인에 문제가 있다고 판단하는 것은 주관적이며, 와인이 약간 상한 정도라면 반환이 불가능할 가능성이 높다. 그러나 대부분의 상인과 판매점은 문제가 있는 와인을 가져가면 크게 따지지 않고 와인을 교환해 주거나 환불해 준다. 만약에 와인을 잔에 따른 뒤에야 잘못되었다는 것을 알았다면 와인을 다시 병에 담아 코르크를 완전히 막은 다음에 돌려주어야 한다. 반쯤 빈 병을 가져가서 환불을 요구하면 의심스런 눈총을 받을 수밖에 없다. 환불은 최근에 구입한 것에 한정된다. 와인 구입 후 수년이 지난 다음에 콕트된 것을 알아차렸다면 운이 나쁘다고 할 수밖에 없다.

　우편 주문이나 웹사이트로 구입한 잘못된 와인은 코르크를 연 다음에는 반품이 어려울 것이다. 와인의 반품을 위한 뚜렷한 방침이 있는 믿을 만한 회사로부터 와인을 구입해야만 이러한 문제를 피할 수 있다.

작은 글씨를 확인하자

와인 리스트나 웹사이트의 판매 방침을 세심히 읽어 보고 추가 비용이 얼마나 더 드는지 확인한다. '케이스 가격'이 한 종류의 와인 또는 여러 종류의 와인 모두에 해당되는지, 세금을 추가로 부담해야 하는지 확인한다. 또한 배송료가 크게 차이가 날 수 있다. 판매상에게 와인을 보관시킨다면 보관료가 얼마인지 확인하고, 보험이 가능한지 알아본다.

집에서 주문하기

집에서 와인을 주문하면 몇 가지 이점이 있다. 우선 배달이 기본이기 때문에 무거운 와인 케이스를 들 필요가 없다. 근처에서 구하기 어려운 와인을 구입할 수 있다. 시간이 절약되며 가격도 비교적 저렴하다.

직접 주문

와인을 구할 수 있는 가장 쉬운 방법은 와인 판매상에게 전화를 하거나 팩스를 보내 주문하는 것이다. 주문량이 적거나 가격이 매우 낮은 와인을 주문하는 것이 아니라면 배달 비용은 대체로 무료다. 이러한 주문을 간편하게 하기 위해서 대부분의 와인 전문 판매 회사는 자신들의 재고 리스트를 카탈로그로 배포한다. 카탈로그는 1년에 여러 차례 갱신된다.

와인 클럽

많은 신문사에서는 클럽 운영이나 특별 제안을 통해 그리 비싸지 않으면서도 선별한 와인을 경쟁력 있는 가격에 내놓는다. 가격을 기준으로 특별 행사가 이루어지기 때문에 여기서 최고급 와인을 구하기는 어렵다. 와인 소매상이 모임을 운영하기도 한다. 이러한 모임은 회원들에게 할인 특전, 테이스팅, 특별 행사를 제공한다. 테이스팅 모임과 지역 와인 동호회가 회원들을 위해 특별한 와인을 적당한 가격에 구할 수도 있다.

인터넷

인터넷에는 많은 와인 상점이 있으며, 가격이 저렴한 사이트도 있다. 선택의 폭과 온라인 상점에서 제시하는 와인 정보는 상점마다 다르다. 인터넷에서 괜찮은 가격에 원하는 와인을 구할 수 있다면 이것이 바로 최고의 구입 방법이다.

생산자에게서 직접 와인 구입하기

와인을 구하는 가장 즐거운 방법은 생산자를 직접 찾아가는 것이다. 와인 생산자의 테이스팅 룸에서 여유 있게 와인을 테이스팅하고, 원하는 와인을 구입할 수 있다.

직접 구입하기

유럽의 직접 판매 방법은 뉴월드, 특히 캘리포니아와 같은 곳처럼 잘 발달된 직접 판매 경로에 비해 더디게 발전하고 있다. 이는 와인 양조장의 규모에 크게 영향을 받는다. 작은 양조장은 일반인에게 직접 판매할 만한 여건이 형성되지 않아서 우편 판매를 하거나 도매상에게 납품하지만 대부분의 중간 이상 규모의 양조장은 테이스팅 룸까지 잘 갖추어 놓고 있다(92쪽 참고).

그러나 모든 양조장이 일반인에게 와인을 판매하지는 않는다. 예를 들어 프랑스의 부르고뉴 또는 이탈리아의 피에몬테의 최고 양조장들은 기존 고객들에게 와인 전량을 재빨리 팔아 버린다. 이것은 양조장에는 좋은 일이지만 팔 수 있는 와인은 이미 동이 났을 가능성이 높다. 보르도의 경우, 거의 모든 와인이 네고시앙(négociants)에게 팔리며, 생산자에게서는 직접 살 수 없다. 그러므로 양조장이나 샤또를 방문하기 전에 와인을 살 수 있는지 미리 확인해야 한다.

가격 요인

캘리포니아를 포함한 여러 지역의 와인은 전국적인 배포망을 통해 팔리는데, 이들은 와인 양조장에서 자신들의 것보다 더 저렴한 가격에 와인이 팔리는 것을 원하지 않는다. 이 때문에 양조장에서는 와인을 싸게 구할 수 없다. 그러나 사기 전에 와인이 좋은지 좋지 않은지 확인할 수 있으며, 테이스팅 룸에서 파는 정도의 적은 양은 구입할 수도 있다. 유럽의 경우, 가격은 차이가 있지만 같은 나라의 와인 상점에서 구하는 것보다 생산자에게서 직접 구입하는 것이 대체로 더 저렴하다. 그러나 프랑스의 샹파뉴 지역에 간다면 양조장보다 지역 슈퍼마켓의 가격이 오히려 더 싸다는 것을 확인할 수 있을 것이다.

집에 와인 가져오기

흥분이 되더라도 1년치 와인을 사기 전에 어떻게 집까지 와인을 운반할지를 먼저 생각해야 한다.

- 차로 와인을 옮긴다면 와인을 최대한 차갑게 유지하고, 움직이지 않게 해야 한다. 와인을 박스에 담고(판매자가 무료로 준비한다), 흔들리지 않게 포장한다. 와인이 상할 수도 있으므로 차를 오랜 시간 뜨거운 햇볕 아래 두지 않는다.
- channel tunnel(역주 : 영국에서 프랑스로 이어지는 해저 터널)을 통해 프랑스로 가서 와인을 구입하는 것은 나쁘지 않은 생각이다. 개인 소비를 위한 것이라도 영국 거주자가 유럽에서 수입할 수 있는 와인의 양에는 제한이 없기 때문에 마음껏 살 수 있다.
- 예컨대 남아프리카 또는 캘리포니아에서 영국으로, 즉 와인을 해외로 보내는 것은 가능하지만 비용이 꽤 비싸다. 와인의 가격이 과연 운송료를 능가할 정도의 가치가 있는지 우선 고려해야 한다. 자신의 지역 내의 와인 전문 판매상이 이미 원하는 와인을 구비했을 수도 있다.
- 비행기를 이용한다면 간단히 몇 병을 조심스럽게 포장하여 탑승 시 가져가는 짐에 넣으면 된다. 그런데 항공사들은 탑승 시 짐의 무게에 제한을 많이 두고 있는 실정이다. 짐을 거칠게 다루고, 기압의 변화로 와인병이 깨질 수도 있으므로 짐칸으로 가는 수화물에 병을 넣는 것은 매우 위험하다. 항공사는 와인이 든 케이스를 받기는 하지만 이를 세심하고 안전하게 포장하는 것은 본인의 책임이다. 와인병은 짐의 무게를 더하므로 이에 대한 비용이 추가로 들 수 있다.

앙 프리뫼르(En Primeur)로 구입하기

와인 구매자는 와인이 병입되기 전에 구입하는 조건으로 저렴하게 와인을 구할 수 있다(이는 앙 프리뫼르(en primeur)인데, futures라고도 한다). 이는 와인을 받기 최소한 1년 전에 와인 값을 지불해야 함을 뜻한다. 이는 와인을 구입하는 매우 좋은 방법이지만 나름대로의 위험 부담이 있다.

왜 앙 프리뫼르에서 사는가?

와인 값을 병입되기 전에 지불하면 이론상 최저 가격으로 구입할 수 있다. 이러한 와인 구입 절차의 역사는 20년밖에 되지 않았지만 현재는 귀한 와인을 살 수 있는 일반적인 방법이 되었다.

하지만 다음과 같은 사항이 지켜질 때만 앙 프리뫼르로 와인을 구입하는 것을 추천한다.

- 앙 프리뫼르에서 구입하지 못하면 구입할 기회가 전혀 없다. 세계 최고의 샤또와 와인 양조장은 극히 적은 양의 와인(3,000케이스 이하)만을 생산하기 때문에 와인이 상점에 이르기도 전에 매진된다.
- 시장에 출시되는 것을 기다리는 것보다 훨씬 싸게 구입할 수 있다. 앙 프리뫼르에서 구입한 와인이 장기적인 안목으로 봤을 때 더 저렴하리라는 보장은 없지만 많은 와인 애호가들이 이 위험을 무릅쓰고 앙 프리뫼르를 이용한다.

주의할 점

앙 프리뫼르에서 주문하기 전에 최대한 많은 정보를 입수해야 한다. 보통 빈티지 다음의 이른 여름에 와인 판매상들이 앙 프리뫼르 제안을 발표하는데, 다양한 판매상의 제안을 비교하고 대조할 필요가 있다. 판매상과 와인 관련 기고자들이 새 빈티지에 대하여 어떤 주장을 하든지 간에 그것은 와인이 거의 숙성되지 않은 상태에 대한 견해라는 점을 염두에 둔다. 잘 모르는 곳에서 더 저렴한 가격으로 제시하는 앙 프리뫼르보다는 평판이 좋은 상인에게서 와인을 구입하는 것이 좋다. 인터넷을 통한 앙 프리뫼르도 마찬가지다.

시장 가치는 변하기 때문에 만약에 생산자의 와인이 좋지 않은 것으로 평가받으면 판매상들이 해당 와인의 재고를 조정하여 그 다음해 및 그 후에도 계속 그 생산자의 와인 가격은 떨어진다. 이것 또한 도박의 일부다.

앙 프리뫼르에서 와인 구입하는 법

- 새로운 빈티지의 와인을 구입하기로 마음먹었다면 와인 판매상에 연락을 취해 제안 가격을 지불해야 한다.
- 지불이 완료되면 판매상은 해당 양의 와인이 구매자의 것이라는 영수증을 보낸다.
- 대략 15개월 이후에 와인이 출시되었다는 것을 통지받게 되고 추가 비용, 세금, 운송료에 대한 송증을 받는다

경매에서 와인 구입하기

와인 애호가들은 수세기 동안 경매에서 와인을 구입해 왔는데, 이는 와인 수집을 위한 뛰어난 방법이다. 많은 경매장이 자신들의 목록에 있는 고객들을 위해 테이스팅 기회를 제공하며, 이를 통해 와인을 미리 확인할 수 있다.

우선 경매장의 와인이 어디에서 흘러 들어온 것인지를 확인해야 한다. 레스토랑, 와인 판매상, 개인 수입자가 재고 와인을 처리하거나 또는 셀러에 있는 대량의 와인이 판매되는 것일 수도 있다. 이는 좋은 와인을 괜찮은 가격에 구입할 수 있는 기회다. 그런데 가끔은 판매자가 좋아하지 않거나, 잘못된 와인이 나오는 수도 있다. 특히 와인 매물이 11병으로 나오는 것을 조심해야 한다. 이는 한 케이스의 와인에서 이미 한 병을 시음해 보고 더 이상 원하지 않기 때문에 파는 것이다.

경매장에서 와인을 사는 것은 위험하다. 위험을 줄이려면 와인의 출처(provenance : 소유자와 보관 역사)를 알아야 한다. 하지만 대부분의 와인에서 이러한 정보를 구하기는 어렵다. 고급 와인 전문가들이 와인에 대한 자세한 정보를 줄 수도 있다.

경매를 위한 어드바이스

- 여러 가지 와인을 묶어서 파는 것을 조심한다. 어떤 와인에는 관심이 없지만, 나머지 와인은 매우 가치가 높거나 특이할 수 있다. 가격이 괜찮다면 이는 약간의 도박성이 있으면서도 즐거운 와인 구입 기회가 될 수 있다.
- 카탈로그에 있는 와인 사진에서 병목과 어깨로 와인이 어느 정도 남아 있는지 유심히 살펴본다. 양이 적은 듯한 것은 와인이 샜거나 증발한 것일 수 있으며, 이러한 와인의 품질에는 문제가 있다.
- 경매장에서 직접 또는 팩스로 입찰할 수 있는데, 현장에서 직접 입찰하는 것이 더 융통성이 있다.
- 입찰하기 전에 와인 판매상의 카탈로그 가격을 확인한다. 입찰 도중 흥분하게 되면 와인 전문점에서 같은 와인을 사는 것보다 더 높은 가격에 살 가능성이 있다.
- 대부분의 경매장은 입찰가에 추가적인 요금을 받는다. 이러한 세부 사항을 미리 확인한다.

와인 수집 시작하기

원하는 와인을 언제든지 적당히 마시려면 와인 수집이 필요하다. 많은 와인이 숙성을 통해 맛이 좋아지며, 숙성된 와인을 적은 비용으로 구하는 방법은 와인이 처음 출시되어 가격이 저렴할 때 구입하여 마실 만할 때까지 보관하는 것이다.

가끔 수집하는 수집가

와인을 마시는 대부분의 사람들은 마시기 직전에 와인을 구입한다. 이는 매우 합리적인 행동이지만 한편으로는 인근 와인 상점이 구비한 와인에 자신의 선택이 제한된다는 것을 의미한다. 지방 또는 거리가 먼 교외에서 생활한다면 와인의 종류는 더욱 제한된다. 수량이 적더라도 다양한 종류의 와인을 보관하는 셀러가 있으면 어떤 경우에도 적절한 와인을 준비할 수 있다.

물론 와인은 자신의 기호에 맞춰 구비해야 하지만 다양한 종류를 갖고 있다면 모든 변수와 분위기를 위해 와인을 내놓을 수 있다. 스스로를 위해 또는 손님이나 친구 등을 맞이할 때, 즉 언제든지 해당된다. 예를 들자면 자신은 오스트레일리아산 시라즈를 좋아하지만 기호가 다른 손님을 위해 또는 선물로 다른 스타일이나 다른 색깔의 와인이 필요할 수 있다. 또는 좋은 소식을 축하하기 위해 샴페인을 터뜨릴 경우도 분명히 생긴다.

진지한 수집가

숙성된 와인을 정기적으로 마시길 좋아하면 와인을 수집하지 않는 것보다 수집하는 것이 오히려 저렴한 비용이 들기 때문에 와인 수집을 진지하게 생각해 볼 수 있다. 수집의 규모는 당연히 마시는 빈도, 보관 장소의 크기, 경제적인 여유에 따라 달라진다. 수집이 50병이든 5,000병이든 즉시 마실 수 있는 와인과 숙성이 필요한 와인을 구분해야 한다. 다음 사항을 숙지하고 수집에 임하도록 한다.

- 좋아하는 와인은 (가격이 적당하다면) 앙 프리뫼르나 또는 출시되자마자 구입하는 것이 가장 저렴하다(26쪽 참고).
- 가장 뛰어난 와인 판매상들의 와인 리스트를 확인한다. 이들은 새로운 와인과 새로운 빈티지를 정기적으로 갱신한다.
- 와인 전문 잡지 또는 웹사이트를 통해 뛰어난 와인이 출시되는 것을 확인한다.
- 주식 투자와 마찬가지로 다양한 와인을 구입하는 것이 성공의 열쇠다. 와인은 맛이 다양하므로 여러 종류를 구입한다면 실망할 위험을 줄일 수 있다. 좋아하는 지역과 와인에 집중하는 것이 당연하지만 그것만을 갖추는 것은 위험하다.

■ 가격이 높은 와인 또는 케이스 단위로만 파는 와인을 사야 한다면 자신과 기호가 같은 친구와 함께 케이스를 사서 나눠 갖는다.

■ 즉시 마실 수 있는 와인과 숙성이 필요한 와인을 교대로 구입하여 셀러를 채운다.

■ 투자를 위한 것이 아니라면 마실 수 있는 양보다 넘치게 사지 않는다. 필요 이상으로 오랫동안 보관했다가 결국 코르크 마개를 열었을 때 엉망이 되어 버린 와인에 대한 사례는 굉장히 많다(58~59쪽 참고).

■ 대규모 와인 판매상이 제시하는 '셀러 플랜(cellar plan)' 을 참고로 와인 구매를 고려한다(아래 내용 참고).

수집에 좋은 와인

자신이 즐기는 와인을 사야 하긴 하지만, 어떤 와인들은 장기간 보존에 적합하지 않다는 것을 염두에 둔다(30~31쪽 참고). 다음 와인들은 수집에 적합하고, 숙성을 통해 더욱 좋아지는 종류들이다.

■ 프랑스의 보르도, 부르고뉴, 론 계곡의 레드 와인. 까베르네 쏘비뇽, 씨라 (또는 시라즈), 산지오베세(키안띠(Chianti), 브루넬로(Brunello)), 네비올로 (바롤로(Barolo)) 등의 포도 품종으로 생산된 대부분의 레드 와인.

■ 화이트 부르고뉴, 그라브, 독일의 리슬링, 알자스의 와인.

■ 주정 강화 와인은 몇 년 이상 안전하게 보관할 수 있지만 빈티지 포트와 마데이라만이 숙성을 통해 맛이 더 좋아진다. 올로로쏘(oloroso) 셰리와 마르살라(Marsala)는 동일한 상태로 유지될 뿐이다.

숙성이 필요한 와인에 대한 더 자세한 설명은 32~35쪽을 참고한다.

보관

숙성을 위해 많은 양의 와인을 구입할 계획이라면 보관 상태가 매우 중요하다(44~45쪽 참고). 집에 적당한 보관 장소가 없다면 와인을 보관해 줄 수 있는 판매상에게 와인을 구입하든지 셀러 공간을 대여할 수 있다. 시내의 셀러 공간은 타 지역보다 이용료가 비싸지만 더 편리하다. 이러한 시설은 이상적인 온도와 습도를 유지한다(42~43쪽 참고).

셀러 플랜(cellar plans)

어떤 와인 애호가들은 셀러를 와인으로 채우고 싶어하면서도 무엇을 사야 할지 갈피를 잡지 못한다. 와인 리스트를 보며 와인 선택을 고민할 시간과 여유가 없을 수도 있다. 그러한 경우에 뛰어난 와인 판매상들이 제공하는 '셀러 플랜' 을 이용할 수 있다. 이는 예산에 따라 5케이스 또는 그 이상의 와인 세트를 구입하는 것이다. 대체로 몇 년 동안은 보관이 무료이며, 언제 마시는 것이 좋은지에 대한 조언도 함께 해 준다. 그러나 이 방법은 자신이 와인을 선택하는 것보다 선택의 자유가 적다는 것이 단점이다. 반면에 셀러 플랜은 비교적 저렴한 가격에 이용할 수 있으며, 판매상의 조언은 확실하고 믿을 만하다.

일찍 마시는 와인의 구입

구입하여 마시는 대부분의 와인은 일찍 마시는 것(drinking it young)을 전제로 한다. 엄청난 양의 와인이 공급된 후 24시간 내에 소비된다. 그러나 넓은 선택의 폭과 가격 및 품질의 변동으로 숙성을 위한 와인보다 일찍 마시는 와인을 선택하는 것이 더 어려운 경우가 많다.

'영(young)'에 대한 기준은 개인의 기호에 따라 다르지만 일반적으로 병입 후 6~12개월 사이의 기간을 뜻한다. 하지만 영으로 마실 와인을 특별히 와인 전문점에서 찾을 필요는 없다. 와인을 수개월에서 수년 이상 보관한 커다란 와인 상점에서 신선한 보졸레 빌라쥬(Beaujolais Villages) 또는 상쾌한 프로방샬 로제(Provençal rosé)를 구입하는 것은 그리 좋은 선택이 아니다. 슈퍼마켓과 도매상은 재고 회전률이 빠르기 때문에 와인이 더욱 신선하다.

Drinking it young 일찍 마시기 좋은 와인

레드 와인

삐노 누아르(Pinot Noir)
부르고뉴 최고의 레드 와인은 숙성시켜야 하지만 캘리포니아, 뉴질랜드, 칠레 등의 뉴월드 와인은 아로마와 맛이 가장 프루티(fruity, 과일 맛)할 때, 즉 일찍 마셔야 한다.

메를로(Merlot)
까베르네 쏘비뇽보다 타닌산이 적으며, 풍부하고 밝은 느낌의 과일 맛이 좋기 때문에 일찍 마시는 것이 좋다. 뽀므롤(Pomerol)이나 캘리포니아의 메를로 중에서 숙성이 필요한 것도 있지만 이탈리아, 스위스, 남부 프랑스의 메를로는 일찍 마시는 것이 좋다.

가메(Gamay)
가메는 일반적으로 보졸레를 뜻한다. 프랑스에서는 갈증을 풀어 준다는 의미에서 굴르양(Gouleyant)이라고 부르며 보졸레만큼 일찍 마시기에 좋은 레드 와인을 찾기는 어렵다.

까베르네 프랑 (Cabernet Franc)
프랑스 레드 루아르(Loire) 와인의 대들보로서 맛이 상쾌하고 어떤 것은 풀 향기가 난다. 여름에 마시기 가장 좋은 레드 와인이다. 숙성하기 좋은 까베르네 프랑도 있지만 시농(Chinon), 부르게이(Bourgeuil), 쏘뮈르-샹피니(Saumur-Champigny) (모두 루아르 지방)의 저가 와인은 모두 일찍 마시는 것이 좋다.

레드 와인

로제(Rosé)
방돌(Bandol)과 같은 소수의 로제 와인은 숙성이 필요하지만 씨라(syrah), 그르나슈(grenache), 셍소(cinsalut) 등의 포도 품종으로 생산하는 대부분의 로제 와인은 최대한 일찍 마시는 것이 좋다.

  영일 때 마시는 와인을 대량으로 사기 전에는 다음 빈티지가 출시되기 전까지 와인을 얼마나 마실지 알아야 한다. 로제나 단순한 쏘비뇽은 빈티지 후 1년 내에 매력을 잃는다. 그리고 비싼 와인 중에서도 숙성이 의미가 없는 경우도 있다는 점을 알아야 한다. 대부분의 비오니에(Viognier), 샤르도네, 피에몬테의 돌체또와 같은 레드 와인이 여기에 속한다.

다음 리스트는 일찍 마시기에 좋은 포도 품종과 와인 종류다.

화이트 와인

샤르도네(Chardonnay)
참나무 통을 사용하지 않은 이탈리아, 남부 프랑스, 오스트레일리아의 단순한 와인, 그리고 일반 샤블리(Chablis)가 일찍 마시기에 좋다.

삐노 블랑(Pinot Blanc)
샤르도네의 사촌이라고 할 수 있는 삐노 블랑은 산도가 낮으며, 빈티지 2년 내에 마시는 것이 가장 좋다. 알자스 와인이 일찍 마시기에 가장 좋은데, 바이쓰부르군더(weissburgunder)라고 불리는 남부 독일과 오스트리아의 삐노 블랑은 오랜 숙성을 염두에 두고 생산된다.

쏘비뇽 블랑 (Sauvignon Blanc)
쏘비뇽은 활기찬 산도와 얼얼한 아로마가 있어야 한다. 그러나 일찍 마셔도 맛이 좋으면 가장 상쾌한 화이트 와인이 될 수 있다. 뉴질랜드와 루아르(쌍세르(Sancerre), 뿌이 퓌메(Pouilly-Fumé))이 와인이 그중 최고지만 훨씬 저렴한 쏘비뇽 블랑의 비율이 높은 화이트 보르도도 마찬가지다.

리슬링(Riesling)
오래 숙성해도 좋지만 일찍 마셔도 좋은 와인이다. 신선한 신맛과 풍미가 있기 때문에 여름철 점심 와인으로 마시기에 제격이다. 알자스, 독일, 오스트리아 최고 포도원의 리슬링은 숙성을 위한 와인이지만 대부분의 일반적인 독일 및 알자스 리슬링은 일찍 마실 때 최고의 맛을 낸다.

레드 와인

뮐러-뚜르가우 (Müller-Thurgau)
가벼운 신맛과 섬세한 향기를 가진 뮐러-뚜르가우는 허식이 없는 단순하고 매력적인 과일 맛을 준다. 많은 저가 독일 와인이 이 품종을 다량 사용하여 만들어진다.

비오니에(Viognier)
(비싸고) 향기와 맛이 강한 비오니에는 숙성에 그리 적합한 편이 아니다. 이 사치스런 와인은 일찍 마시는 것이 가장 좋으며, 남부 프랑스와 오스트레일리아의 저가 비오니에의 품질이 점차 개선되고 있으므로 그것을 구하는 것도 좋다.

실바너(Sylvaner)
흙내(earthy)가 나는 소박한 화이트 와인으로 알자스의 으뜸 일꾼 포도. 독일에서는 고급 와인에 속한다. 독일 프랑켄(Franken)의 몇몇 와인은 숙성이 잘 되지만 대부분 신선할 때 마신다. 그러나 구하기 어려울 수도 있다.

비뉴 베르드 (Vinho Verde)
포도 품종이 아니라 북부 포르투갈에서 생산되는 와인의 종류다. 리슬링과 마찬가지로 산도가 높고 알코올이 적지만 차갑게 일찍 마시는 와인이다. 많은 수출용 비뉴 베르드가 약간 달콤한 편인데, 매우 드라이(bone-dry)한 것이 훨씬 상쾌한 맛을 낸다.

숙성이 필요한 레드 와인

고급 레드 와인을 병으로 숙성시키면 와인의 맛에 여러 가지 좋은 변화가 생겨 와인을 마시는 일이 더욱 즐거워진다.

■ 와인의 빛깔이 보라색에서 붉은 벽돌 빛으로 변한다. 숙성된 와인이 든 잔을 살짝 기울여 끝을 바라보면 영 와인에 비해 훨씬 갈색을 띠는 것을 확인할 수 있다.

■ 아로마가 복잡성(complexity)을 띤다. 영일 때 있었던 와인의 과일 향이 점차 줄어드는 대신에 뒤에 숨어 있던 미묘한 아로마가 앞으로 나온다.

■ 타닌이 줄어서 와인의 맛이 덜 껄끄러워진다.

■ 와인의 전체적인 텍스처(texture ; 감촉)가 점점 부드럽고 매끄러워진다.

■ 와인을 마신 뒤 뒷맛이 오래 간다.

■ 침전물이 더 생긴다.

그러나 여기에는 함정이 있다. 레드 와인을 너무 오랫동안 숙성시키면 섬세한 균형이 깨지면서 품질이 떨어진다. 이러한 와인은 결국 식초가 되어 버린다.

숙성하기 좋은 레드 와인

아래의 표에는 셀러에서 몇 년 이상 보관하면 빛을 발하는 와인들이 설명되어 있다. 비싼 레드 와인만이 숙성하기 좋은 것은 아니다. 그렇지 않은 와인 중에서도 포도 품종 때문에 타닌의 맛이 강한 것은 숙성이 필요하다. 프랑스산 중에는 방돌(Bandol), 마디랑(Madiran), 그리고 랑그독(Languedoc)의 고급 와인이 숙성에 좋다. 이탈리아산 중에는 바르베라 다스티(Barbera d' Asti), 스페인산 중에는 리오하(Rioja)가 좋다. 오

The reds to Lay down 숙성이 필요한 레드 와인

프랑스

보르도(Bordeaux) 메독과 그라브의 고급 와인과 쌩떼밀리옹과 뽀므롤에서 가장 널리 알려진 것을 고른다. 좋은 빈티지(좋지 않은 빈티지는 숙성시킬 필요가 없다)의 보르도는 8년 동안 숙성해야 되고, 10~15년 숙성으로 더 좋아질 수 있다. 와인이 나무 케이스에 들어 있다면 케이스를 열지 않는 것이 와인을 되팔 때의 가치를 높여 준다.

부르고뉴(Bourgogne) 대부분의 부르고뉴 와인은 빈티지 후 5년 동안 숙성시킨 뒤 마시면 좋다. 프르미에 크뤼와 그랑 크뤼만이 더 오랜 숙성을 필요로 한다. 일반적으로 뉘-쌩 죠르쥬(Nuit-St-Georges)와 즈브레이-샹베르뗑(Gevrey-Chambertin)의 와인은 최장 기간 숙성이 필요한 반면, 본(Beaune)과 샹볼르-뮈지니(Chambolle-Musigny)는 비교적 이른 시기에 마실 수 있다. 그레이트 부르고뉴는 20년 또는 30년 동안 병에 든 채로 숙성시킬 수 있다. 어떤 빈티지(1988)는 숙성이 더 필요한 반면에 현재 완벽하게 숙성된 것(1989)도 있다.

론(Rhône) 북부 론의 세 아뻴라시옹(에르미따쥬(Hermitage), 꼬뜨 로띠(Côte Rôtie), 꼬르나스(Cornas))에서 생산된 와인은 숙성에 적합하다. 에르미따쥬는 매우 강력한 구조를 가진 와인으로서 10년을 숙성해야 최고의 맛을 끌어낼 수 있다. 꼬뜨 로띠는 그것보다 적게 숙성시켜도 된다. 꼬르나스는 이른 시기에 마시면 맛이 매우 거칠며, 타닌의 맛이 강하게 난다. 남부 론 샤또뇌프-뒤-빠쁘(Châteauneuf-du-Pape)의 뛰어난 빈티지(1990, 1998)는 10년의 숙성 기간이 지나면 맛이 좋아지고 복잡하게 변한다.

스페인

리베라 델 두에로(Ribera del Duero)와 쁘리오라뜨(Priorat) 이들은 스페인 최대 레드 와인 생산지로 이들은 숙성을 통해 맛이 개선된다. 베가 시실리아(Vega Sicilia)와 같은 유명한 스페인 와인은 출시되기 전에 통과 병에서 이미 오랫동안 숙성된 상태에서 출시된다. 이 때문에 최고의 스페인 와인은 영일 때 마셔도 좋다. 물론 이러한 와인은 5년 이상 안전하게 보존할 수 있다.

스트레일리아산 시라즈 또한 멋들어지게 숙성이 된다. 이들 와인은 그리 비싼 편은 아니지만 셀러에서 5~10년이 지나면 뛰어난 복잡성을 띠게 된다.

얼마나 오랫동안 숙성시켜야 할까?

와인을 마시는 최적의 시기를 예측하는 것은 와인 수집가에게 최고의 재미와 흥분을 주는 경험이다. 와인의 숙성에 영향을 주는 요인은 여러 가지가 있다. 숙성은 와인의 스타일과 와인 생산자가 원하는 와인 품질에 따라 정해진다. 그리고 셀러에서 와인을 보관하는 상태(특히 온도)와 병의 크기도 매우 중요하다. 와인 숙성 예상 기간을 일반화하는 것은 어렵지만 특정 와인을 위한 숙성 지침을 아래 표에 설명했다.(58~59쪽에도 와인을 마시는 적당한 시기에 대한 설명이 있다.)

한 가지 명심해야 될 것은 지난 10년 간 와인 생산 방법이 급격하게 바뀌었다는 점이다. 과거에는 거의 모든 보르도가 10년 또는 20년이 지나야만 마실 수 있었으므로 숙성이 필수적이었다. 하지만 오늘날의 최고급 보르도 와인과 부르고뉴 와인은 전보다 훨씬 일찍 마실 수 있도록 생산된다. 이는 타닌을 적게 포함하는 양조 과정 때문이다. 이러한 생산 과정이 요즘 와인은 숙성이 필요 없다거나, 숙성을 통해 맛이 개선되지 않는다는 것을 뜻하지는 않지만 이를 통해 장기간 셀러에서 숙성시킬 필요가 줄어든 것은 사실이다.

이탈리아

바롤로(Barolo)와 바르바레스코(Barbaresco), 피에몬테의 바롤로와 바르바레스코는 타닌이 무척 많고, 산도 또한 높다. 이러한 특징은 숙성을 통해 부드러워지는데, 최고 빈티지(1990, 1996)의 와인은 5~10년 동안 숙성시켜야 한다. 브루넬로 디 몬탈치노(Brunello di Montalcino)는 투스카니 최고의 레드 와인으로 앞의 와인과 비슷한 기간 동안 숙성시켜야 한다. 이는 이른바 수퍼-투스칸이라고 불리는 사시카이아(Sassicaia)와 띠냐넬로(Tignanello)도 마찬가지다.

미국

까베르네 쑈비뇽(Cabernet Sauvignon) 나파 벨리(Napa Valley)의 최고 양조장에서 생산되는 와인은 10년을 숙성시킬 수 있고(영일 때도 맛이 좋다), 탁월한 빈티지는 20년까지 숙성할 수 있다.

오스트레일리아

시라즈(Shiraz) 바로사 밸리(Barossa valley)와 같은 남부 오스트레일리아의 시라즈는 숙성에 매우 적합한 와인이다. 이 와인은 과일 향이 풍부하기 때문에 영일 때 마실 수 있다. 최고로 인기 있는 와인은 펜폴즈 그랜지(Penfolds Grange)와 헨슈케즈 힐 오브 그레이스(Henschke's Hill of Grace)다.

포르투갈

빈티지 포트(Vintage port) 빈티지인 포트만이 숙성이 필요하다. 대체로 15년의 숙성이 필요하고, 어떤 빈티지는 30년도 쉽게 넘길 수 있다. 특히 미국의 경우 빈티지 포트를 일찍(5~10년 사이) 마시는 풍조가 있는데, 마시는 시기는 개인적 취향에 따르면 된다.

The reds to lay down 숙성이 필요한 화이트 와인

보르도(Bordeaux) 거의 모든 화이트 보르도가 영일 때 마시는 것을 전제로 만들어지는데, 그라브의 북부에 있는 뻬싹-레오냥(Pessac-Léognan) 지역의 화이트 와인은 예외다. 최고 수준 포도원의 화이트 보르도는 요즘 부활을 맞이하고 있으며, 그중에서도 최고급은 숙성을 하는 것이 당연하다. 풍부하고 진한 맛, 그리고 참나무 향이 가득한 오브리옹(Haut-Brion)과 도멘 드 슈발리에(Domaine de Chevalier)의 화이트 와인은 10~15년의 숙성을 통해 최고의 맛을 이끌어 낸다.

부르고뉴(Bourgogne) 숙성된 화이트 부르고뉴는 훌륭한 와인이지만 모든 화이트 부르고뉴 와인이 숙성에 적합한 것은 아니다. 중급 수준인 오지-뒤레쓰(Auxey-Duresses), 륄리(Rully), 뻬르낭-베르즈레쎄(Pernand-Vergelesses)의 화이트 와인은 맛이 좋지만, 그중에서도 최고만이 5년 이상의 숙성으로 맛에

복잡성이 더해진다. 일반적으로 그랑 크뤼(몽라셰(Montrachet), 슈발 리 에 -몽 라 셰 (Chevalier-Montrachet), 꼬 르 똥 -샬 르 마 뉴 (Corton-Charlemagne)와 샤샤뉴-몽라셰(Chassagne-Montrachet), 쀨리뉘-몽라셰(Puligny-Montrachet), 뫼르쏘(Meursault)의 프르미에 크뤼가 숙성이 잘된다. 샤블리(Chablis) 또한 산도가 높기 때문에 숙성이 매우 잘된다. 빈티지는 숙성에 매우 중요한 요소다. 산도가 낮은 1992년과 1998년 빈티지는 5~8년 정도 숙성 뒤에 마시는 것이 가장 좋은 반면, 구조(structure)가 견고한 1990년과 1996년 빈티지는 10년 이상의 숙성으로 맛이 좋아진다.

알자스(Alsace) 최고 산지(예컨대 휘겔(Hugel))의 게부르츠트라미너와 리슬링은 4~5년, 어떤 경우에는 10년까지 숙성되고, 그랑 크뤼는 그 이상의 기간도 숙성시킬 수 있다.

숙성이 필요한 화이트 와인

화이트 와인은 영으로 마셔야 하고, 그 수명이 레드 와인을 따를 수 없다는 것이 통념이다. 이 사실은 대부분의 와인에 해당되지만 꽤 많은 종류의 화이트 와인이 상당 기간 동안 숙성시킬 수 있으며, 소수의 화이트는 대부분의 레드 와인보다 더 오랜 기간 숙성이 가능하다. 화이트 와인은 나쁜 보관 조건에 레드 와인보다 대체로 민감하게 반응하기 때문에 좋은 보관 상태가 숙성의 필수 요소다.

숙성하기 좋은 화이트 와인

정말 뛰어난 화이트 와인은 동급의 레드 와인보다 훨씬 드물며, 가격 또한 더욱 높은 경우가 많다. 비싸지 않은 화이트 와인 중에서 숙성할 만한 것은 극히 적은데, 오스트레일리아의 헌터 밸리 쎄미용(Hunter Valley Sémillon), 독일 최고의 포도원에서 생산된 리슬링 카비네트(Riesling Kabinett, 10년이 적당하다), 프르미에 크뤼 샤블리가 숙성에 좋다. 스위트(sweet) 와인 중에서는 슈넹 블랑으로 생산된 루아르의 와인(꼬또 뒤

레이용(Côteaux du Layon), 부브레(Vouvray), 본느조(Bonnezeaux))가 숙성에 좋다. 이들은 그동안 심하게 과소평가되었지만 뛰어난 품질을 유지하며 20년 이상을 숙성시킬 수 있다.

스위트 와인

당분은 뛰어난 와인 방부제로서 거의 모든 스위트 와인이 과일 향을 잃지 않은 채 10~20년을 숙성시킬 수 있게 해 준다. 그러나 과일 향을 보존하는 것만이 와인을 숙성시키는 충분한 이유가 될 수는 없다. 와인은 숙성을 통해 흥미롭고 가치 있게 진화할 수 있어야 한다. 1921년과 1949년의 리슬링, 적은 수의 베렌아우스레제(Beerenauslese), 트로켄베렌아우스레제(Trocken-beerenauslese)는 아직도 숙성되고 있는 중이다. 영으로 마시면 매우 좋은 오스트리아의 동급 와인은 산도가 이보다 약간 낮고 수명이 그리 길지 않지만, 15년은 쉽게 숙성시킬 수 있다.

■ 쏘떼른은 숙성하기 좋은 최고의 스위트 와인이다. 맛이 풍부하고 꿀 향기

이탈리아	피노 그리지오(Pinot Grigio) 특히 프리울리(Friuli)의 콜리오(Collio)와 콜리 오리엔탈리(Colli Orientali) 화이트 와인은 몇 년 정도 숙성시킬 수 있지만 5~6년 이상 숙성시키지 않는 것이 좋다.

미국	톱 캘리포니언 샤르도네(Top Californian Chardonnay) 최대 10년까지 숙성시킬 수 있지만 대부분 영으로 마시는 것이 가장 좋다.

독일	저먼 리슬링(German Riesling) 알코올 함유율이 낮지만 산도가 높고 매우 농축되어 있으며, 맛이 달콤한 경우도 있다. 이러한 요소가 모두 와인의 수명에 영향을 끼친다. 영 리슬링은 원기가 넘치고 프루티하고 꾸밈이 없다. 숙성된(10~15년) 리슬링은 꿀 향기(honeyed)와 석유 냄새(petrolly)가 더 난다. 베렌아우스레제(Beerenauslese)처럼 매우 단맛이 나는 스타일은 20~30년을 충분히 숙성시킬 수 있다.

오스트레일리아	헌터 밸리 쎄미용(Hunter Valley Sémillon) 독특한 오스트레일리아 느낌을 가진 클래식한 와인으로서 영으로 마시면 흐릿한 맛이지만 8년 정도 지나면 맛이 뛰어나게 풍부해지고 흥미로워진다. 이것은 숙성의 혜택을 받는 몇 안 되는 오스트레일리아 와인 중의 하나다. 드라이 리슬링도 숙성이 가능하지만 5~12년이 한계다.

가 가득한 이들은 비교적 알코올 함유율과 당도가 높은데, 20년 또는 그 이상의 기간 동안 멋지게 숙성할 수 있다. 끌리망(Climens)과 꾸떼(Coutet) 포도원의 1920년대의 많은 빈티지는 아직도 놀라울 정도로 신선한 맛을 유지하고 있다. 이들은 유행을 타지 않으며, 레드 보르도의 생산량에 비해 네 배가 적다는 것을 감안한다면 적당한 가격에 구입할 수 있다. 숙성이 잘된 쏘떼른은 좋은 식사의 클라이맥스가 될 수 있다. 1987년이나 1994년의 약간 가벼운 빈티지는 약 5년 간의 숙성 뒤에 즐겁게 마실 수 있지만 1988년과 1990년 등의 최고 빈티지는 아직 맛의 절정에 다다르지 않았다.

■ 동부 헝가리의 토카이(Tokaj)는 전설적인 수명을 가진 와인이다. 5 또는 6 푸토뇨쉬(puttonyos, 푸토뇨쉬는 산도, 당분, 추출물을 나타내는 공식 단위 표시다. 6이 가장 높은 단계다)의 최고급 와인과 최고 포도원의 최고 포도로 생산된 아쑤 에쎈씨아(Aszú Essencia)는 영으로 마셔도 좋지만 숙성을 통해 맛에 복잡성이 더해진다. 이들 와인은 주정 강화 와인 중에서도 가장 수명이 긴 빈티지 마데이라처럼 거의 불멸의 와인이라고 할 수 있다. 이 중에서 최고급은 30~40년 정도 숙성시킬 수 있다.

숙성하기 좋은 로제 와인
로제 와인은 거의 매우 이른 시기에 마셔야 하지만 극소수는 숙성이 가능하다. 프로방스의 방돌(Bandol)은 숙성으로 맛이 좋아지며, 로제 데 리쎄(Rosé des Riceys)와 같은 샹파뉴 지역의 극소수 로제 와인은 5년의 숙성 기간이 지나야 맛이 개선된다.

숙성하기 좋은 샴페인
최고 품질의 빈티지 로제 샴페인은 5~10년의 숙성으로 맛이 좋아지며, 일반 빈티지 샴페인은 더 오랫동안 숙성시킬 수 있다. 그러나 많은 샴페인 애주가들은 빈티지 와인조차 비교적 영으로 마시는 것을 선호한다. 오래된 샴페인에서는 특유의 신선함과 발랄함이 사라질 수 있기 때문이다. 그러나 이는 개인의 취향 문제다.

투자를 위한 와인

어떤 와인들은 더욱 오래되고 희귀해질수록 그 가치가 급상승하는 경우가 있는데, 이는 이들 와인이 상당한 금전적 이익을 남겨 주기 때문이다. 와인은 부동산보다 가치가 빠르게 오르고 주식 시장보다 수익성이 좋을 수 있지만 고급 와인 투자도 위험하기는 마찬가지다.

투자하기 가장 좋은 와인

오늘날은 뛰어난 품질의 와인으로 넘쳐나는 시대지만 매우 낮은 비율의 와인만이 안전한 투자 대상이 될 수 있다. 다음 장의 표는 투자에 좋은 와인을 추천하는 가이드라인이다. 프랑스의 와인, 그중에서도 최고 포도원과 최고 빈티지의 레드 보르도가 역사적으로 와인 투자 시장을 지배해 왔다. 그리고 이는 오늘날에도 변함이 없다. 화이트 보르도는 동급의 레드 와인보다 훨씬 귀하지만 상대적으로 숙성하기에는 좋은 편이 아니기 때문에 일반적으로 좋은 투자용 와인이 아니다. 일반적으로 부르고뉴의 와인은 보르도만큼의 금전적 이익을 돌려주지는 않지만 몇몇은 투자 가치가 있다(오른쪽 참고). 프랑스 이외 지역의 고급 와인 시장은 최근 들어 개발되었기 때문에 그 가치를 예상하기가 어렵지만 다음 쪽에 괜찮은 것들을 추천해 놓았다.

가능하다면 매그넘 또는 제로보암의 큰 병에 든 와인을 구하는 것이 좋다. 이 와인은 숙성 속도가 느리기 때문에 수명이 길고, 이들의 희귀함과 시각적인 화려함을 수집가들이 선호하기 때문이다.

위험 부담의 최소화

마시는 것이 아닌 투자를 위해 와인을 구입하는 것은 도박이다. 와인 시장도 다른 여느 시장과 마찬가지로 가치가 상승하기도 하고 하락하기도 한다. 예컨대 서남아시아에서의 많은 와인 수요로 지난 10~20년 동안 와인의 가격이 어마하게 올랐다. 그러나 경제 침체 또는 환율의 급변으로 와인 수요는 순식간에 떨어질 수 있다. 와인 투자에서 성공을 보장해 주는 방법은 없지만 몇 가지 염두에 두어야 할 점은 있다.

■ 숙성에 대한 와인의 잠재력을 알아야 한다. 일반적으로 투자 와인은 20년 또는 그 이상의 숙성이 가능해야 한다. 그래야만 적당한 기회를 기다렸다 팔 수 있다.

■ 와인은 최대한 최고 상태로 보관하여 변질되지 않도록 한다.

■ 와인 시장의 동향을 예측하는 것은 어렵지만 최고의 이익을 얻기 위해서는 시장의 동향에 대한 지식을 획득하는 것이 중요하다. 특히 미국의 유력한

와인 평론가들이 높은 점수를 준 와인은 갑작스런 수요의 증가로 안전한 투자가 될 수 있다.

위조품 조심하기

경매인, 상인, 개인 수집가들 – 와인 거래에 관련된 많은 사람들은 위조된 와인이 경매장에 드물지 않게 등장하는 것에 대해 걱정한다. 귀한 '트로피(trophy)' 경매에 대거 등장하는 경우에 이러한 의심이 생긴다. 오래된 병을 입수하여 부정한 방법으로 라벨을 재부착하고, 다시 병입하여 유명한 와인으로 둔갑시키는 것이 기술적으로 가능하다. 와인 생산자들과 경매장은 이러한 와인이 시장에 등장하는 것을 막는 데 큰 관심을 쏟고 있으며, 요즘은 더 큰 경계를 하고 있다. 잠재적 구입자는 희귀한 와인의 출처(소유권, 보관 역사)를 필수적으로 확인해야 한다.

셀러

고급 와인 애호가와 고급 와인을 구입할 만한 재력이 있는 사람들은 투자와 음용을 위해 와인을 구입한다. 그래서 이들은 좋아하는 와인의 새 빈티지를 한 케이스 대신 두 케이스를 사서 한 케이스는 마시고, 나머지 한 케이스는 적절한 시기에 팔아서 이익을 취한다. 운이 따라 준다면 두 번째 케이스의 판매액이 두 케이스를 구입하는 데 들었던 원래 비용을 넘기도 한다. 만약에 가치가 오르지 않거나 구입자가 나타나지 않더라도 즐겁게 마실 수 있는 기회는 여전히 남는다. 이는 이익만을 위해 액체로 된 다른 자산을 구입하는 것보다는 현명한 투자 방법이라 할 수 있다.

The blue chip wines 우량 와인

레드 보르도 (Red Bordeaux)

비교적 많은 양이 생산되는 와인임에도 불구하고 가장 인기가 있는 와인이다. 샤또 라뚜르(Châteaux Latour)와 슈발 블랑(Cheval Blanc)은 훌륭한 와인들이지만 희귀하지는 않다. 어쨌든 간에 1900년산 샤또 마고(Château Margaux), 1947년산 샤또 슈발 블랑(Château Cheval Blanc), 1982년산 르빵(Le Pin)은 전설적인 위치에 오르게 되었고, 수집가들은 이들을 망설임 없이 구입한다. 그 밖에 주목할 만한 것으로 샤또로 뻬뜨뤼스(Pétrus), 라피뜨-롯쉴드(Lafite-Rothschild), 무 똥 -롯 쉴 드 (Mouton-Rothschild), 오브리옹(Haut-Brion), 라플뢰르(Lafleur), 오존(Ausone)이 있다.

화이트 보르도 (White Bordeaux)

극히 적은 수의 샤또에서 생산된 화이트 보르도만이 수집할 가치가 있는데, 그중에서도 오브리옹(Haut-Brion), 라빌 오브리옹(Laville-Haut-Brion), 도멘 드 슈발리에(Domaine de Chevalier)가 특히 가치가 있다. 쏘떼른의 경우, 샤또 디껨(Château d' Yquem)의 특정 빈티지가 가격이 상승했다. 그러나 이는 일반적인 규칙이 아닌, 예외라고 할 수 있다.

부르고뉴(Burgogne)

도멘 드 라 로마네-꽁띠(Domaine de la Romanée-Conti)와 도멘 르롸(Domaine Leroy)와 같은 최고급 포도원의 와인이 좋다.

샴페인(Champagne)

품질이 뛰어난 샴페인은 오래된 화이트 부르고뉴처럼 숙성이 되면서 비스킷(bioouity) 맛이 난다. 프랑스와 그밖의 샴페인 애호가들은 빈티지 샴페인을 비교적 일찍 마시지만 영국인들은 이 맛을 매우 높게 평가한다. 즉 숙성된 고급 샴페인 시장이 있지만 제한이 있다는 점을 알아야 한다.

포트(Port)

포트 와인은 언제나 수십 년을 숙성시키기 때문에 빈티지 포트 중에서도 오래된 것들이 시장에 자주 나오며, 그중 최고급은 매우 좋은 가격에 팔려 나간다. 그렇지만 1990년대 초에는 빈티지 포트에 대한 수요가 줄었으며, 1990년대 후반이 되어서야 시장이 다시 활발해지기 시작했다. 테일러(Taylor), 킨타 도 노발(Quinta do Noval), 폰세싸(Fonseca), 그라암(Graham)이 가장 가치가 높은 포트 와인이다.

독일

최고 빈티지로서 극소수의 양만 생산된 것이라면 최고로 단(ultra-sweet) 베렌아우스레제(Beeren-auslese)와 트로켄베렌아우스레제(Trockenbeeren-auslese)는 안전한 투자가 될 수 있다. 독일 내에서는 매우 높게 평가되지만 국제 와인 시장에서는 한정된 수요만이 존재할 뿐이다. 이 중 최고는 독일의 경매장에서 팔리며, 입찰 시작가가 높고 어느 정도로 높게 평가될지는 알 수 없다.

기타 유럽

극소수만이 높은 가격에 팔린다. 특히 투스카니의 사시카이아(Sassicaia)와 스페인의 베가 시실리아(Vega Sicilia)가 높게 평가된다.

미국

이른바 '캘리포니아 컬트' 와인은 매우 적은 양만 생산되기 때문에 인기가 상당히 높고, 가격 역시 매우 높게 책정된다. 케이머스 스페셜 실렉션(Caymus Special Selection), 도미누스(Dominus), 콜진(Colgin), 스크리밍 이글(Screaming Eagle)이 여기에 포함된다.

오스트레일리아

주로 펜폴즈 그랜지(Penfolds Grange), 헨슈케즈 힐 오브 그레이스(Henschke' s Hill of Grace)와 같은 희귀한 와인이 굉장히 잘 팔린다.

와인의 판매

대부분의 사람들은 마시기 위해 와인을 사지만 단기적 또는 장기적으로 볼 때 와인을 팔아야 할 경우가 종종 생긴다. 인기가 매우 좋은 와인은 팔기가 어렵지 않지만 일상적으로 마시는 와인을 팔기는 쉽지 않다.

고급 와인의 판매

뛰어난 빈티지의 뛰어난 와인에 대해서는 언제나 수요가 있다. 유행은 변하지만 우량 와인(37쪽 참고)은 언제나 구입자가 있다. 원래의 포장에 근접할수록 와인의 가치가 상승한다는 점을 염두에 둔다. 즉 와인이 원래의 나무 상자로 배달이 된 경우, 같은 상태로 팔면 더 많은 가치가 붙게 된다. 매그넘이나 제로보암처럼 병이 클수록 판매할 때 프리미엄이 많이 붙는다.

와인을 판매하기로 마음먹었다면 적당한 가격을 찾을 때까지 여러 곳을 알아본다. 처음 감정한 가격에 팔 필요는 전혀 없다. 최대한 많은 와인 전문 상점에 연락을 취해 본다. 판매할 와인의 현재 경매 가격을 확인하면 해당 와인의 실제 가치가 어느 정도인지 대강 알 수 있다. 디캔터(Decanter)와 와인 스펙테이터(Wine Spectator) 및 뛰어난 와인 전문 웹사이트들(186~187쪽 참고)이 경매 시장을 주목하고 있으므로 그러한 정보를 확인한다.

팔려는 와인이 매우 희귀하거나 특별하다면 출처(해당 와인의 역사, 입수 경로, 보관 상태) 정보가 많을수록 좋다. 위조된 와인이 시장에 간혹 등장하는데, 매우 가치가 높은 와인을 사려는 구입자에게는 이러한 정보가 도움이 될 수 있다.

판매 방법

판매하기 전에 다른 대안이 있는지 다시 한번 고려한다. 판매로 얻는 이득은 작은 용돈이 될 수도 있고 큰돈이 될 수도 있다.

■ 고급 와인을 팔 수 있는 간단한 방법으로는 《와인 스펙테이터(Wine Spectator)》와 같은 잡지에 광고를 내는 방법이 있다. 이러한 잡지에서는 고급 와인 전문가들이 와인을 구입하기 위해 언제나 신경을 곤두세우고 있다. 자신이 책정한 가격이 같은 와인을 사는 데 드는 시중 가격이라면 와인 판매상들이 내줄 가격보다는 분명히 비쌀 것이다. 브로커들은 사들인 와인을 조금 더 높은 가격에 되파는 것으로 이윤을 취하므로 이는 어쩔 수 없이 받아들여야 한다.

■ 고급 와인 전문가나 브로커에게 와인을 팔 생각이지만 그들이 제시한 가격에 불만이 있다면 브로커에게 '위탁 판매'를 요청한다. 이렇게 하면 브로커가 제시한 가격보다 조금 높은 금액을 받을 수 있다. 하지만 와인이 팔리기 전에는 돈을 받을 수가 없다. 브로커가 이에 동의한다면 몇 주 내지 몇 개월 동안 와인 금액을 지불받지 못할 수도 있다는 점을 염두에 두어야 한다(재산 정리가 목적이거나 급전이 필요한 경우라면 불편한 방법이다). 어

떤 경우에는 와인이 팔리지 않을 수도 있다. 반면에 장기적인 안목으로 본다면 브로커가 처음에 제시한 금액보다 많은 값을 받을 수도 있다.

■ 경매가 와인을 팔 수 있는 가장 직접적인 방법으로 보일 수 있지만 부가적인 비용이 얼마나 들지 확인해 봐야 한다. 경매장으로 와인을 보내기 위한 포장과 운송료 및 운송 도중의 안전에 대한 보험금은 자신이 부담해야 한다. 팔리지 않은 와인은 판매자에게 돌아오며 역시 이에 대한 운송료는 자신이 부담한다. 판매된 와인에 대한 수수료는 10~15% 정도이며, 세금까지 내야 할 경우도 있다. 게다가 낙찰가에 '프리미엄' 까지 추가될 수 있다. 이를 모두 더하면 꽤 큰 금액을 지출해야 할지도 모른다.

■ 인터넷은 잠재적 고객에게 와인을 판매하기 위해 기업들이 사용해 온 방법으로, 쌍방향 거래를 위한 관문이 될 수 있다. 사람들은 자신의 셀러의 와인을 팔거나 교환하기 위해 인터넷을 이용한다. 어떤 싸이트는 와인 보관 서비스뿐만 아니라 개인이 와인을 판매할 수 있는 경로를 제공해 준다. 이러한 싸이트는 아직 초기 단계에 있지만 멀지 않은 미래에 급격히 확산될 것이 분명하다.

저가 와인의 판매

지난 수년 동안 다양한 종류의 비싸지 않은 와인을 슈퍼마켓에서 사 모았다면, 이를 팔기는 거의 불가능하다. 이상적인 상태에서 보관되지 않았을 가능성이 높고, 많은 양이 마시기에 가장 좋은 시기를 이미 놓쳤을 것이다. 과반수의 저가 와인이 구입한 뒤 바로 마시기 위한 것이며, 2~3년이 지나면 맛이 없어져서 그에 대한 시장 자체가 없을 수도 있다. 친구와 이웃들을 위해 와인 파티를 여는 것이 아마 가장 현명한 처리 방법이 될 것이다.

판매를 위한 와인 운반하기

판매되는 와인은 언젠가는 경매장이나 브로커의 셀러로 운반해야 한다. 만약에 와인의 양이 많다면(40케이스 이상) 경매장이나 브로커측에서 직원을 보내 와인의 상태와 목록을 확인할 것이다. 이들과 거래에 응하게 되면 매우 가치가 높은 와인이 소수 있는 경우, 즉석에서 와인을 포장하고 운반하게 된다. 그렇지 않은 경우라면 상대방이 와인을 가져갈 전문 운송 업체를 추천한다. 이에 대한 비용은 와인의 양과 운반 거리에 따라 달라진다. 다른 나라로 와인을 보낸다면 비용이 매우 많이 들뿐만 아니라 복잡한 서류 절차를 거칠 가능성이 높다. 만약에 경매장이나 와인 브로커의 셀러 근처에 거주한다면 케이스에 분명한 표시를 한 다음 와인을 직접 운반하여 비용을 크게 절약할 수 있다.

_2_

와인을 세심하게 선택했다면, 이제 기대했던 맛을 이끌어 내기 위해 철저하게 보관하는 것이 중요하다. 특별한 경우에 마시기 위해 적은 양의 와인을 보관하든 다량의 와인을 수집하든 와인의 보관에는 기본적인 원칙이 있다. 이번 장은 자신의 필요에 가장 적합한 보관 방법, 보관 예산 짜기, 와인을 위한 이상적인 조건 갖추는 법, 와인의 예상 숙성 기간에 대하여 설명했다.

그리고 와인을 많이 수집해 놓은 이들을 위해 최신 소프트웨어 기술을 적용한 와인 관리 방법 및 홍수와 같은 긴급 사태에서 와인의 손상을 방지하는 방법을 알려 준다.

와인의 보관

와인 관리하기

일상적으로 마시기 위해 적은 수의 병을 보관하든 열성적으로 수집하든 와인을 최고 상태로 보관해야 한다. 사려 깊은 계획이 있어야 와인의 잠재력을 최대한 이끌어 내는 동시에, 나쁜 보관 상태로 인해 와인이 상하는 것을 방지할 수 있다. 게다가 짜임새 있는 계획은 예산의 낭비를 막는 데도 도움이 된다.

자신에게 필요한 것

우선 앞으로 수년 동안 몇 병을 보관할 것인지 계산한다. 주로 며칠이나 몇 주 안에 마시기 위해 와인을 구입한다면 기본적인 와인 랙으로도 충분하지만 선물로 와인을 사는 경우가 얼마나 자주 있을지 우선 생각해 본다. 장기간 보관하면서 마실 와인을 대량으로 구입하는 경우가 생길까? 2~3주 이상 보관하기 위해 와인을 구입한다면 올바르게 보관할 수 있는 공간(아래 내용 참고)을 마련하여 좋은 상태의 와인을 마실 수 있도록 한다.

■ 공간이 어느 정도 필요한가? (아래 참고)

■ 와인을 마시기 전에 얼마 동안 보관하는가?

■ 와인을 보관할 공간이 집에 있는가?

■ 와인에 적합한 보관 상태를 유지할 수 있는가? (44~45쪽 참고)

■ 이상적인 조건을 충족시키기 위해 어느 정도의 비용을 감당할 수 있는가?

■ 와인을 얼마나 자주 꺼내야 하는가?

집에서 와인 보관하기

집에 거의 사용하지 않는 공간이 있다면 그곳을 셀러(와인 저장소)로 변경할 수 있는지 고려해 본다. 작은 방, 선반 또는 방의 구석 정도만으로도 이상적인 셀러를 갖출 수 있다. 차고나 다용도실의 일부를 사용할 수도 있지만 이런 공간은 심한 추위에 대비해 단열을 해야 한다. 단열하지 않으면 겨울철에 와인이 어는 사태가 생길 수 있다.

다음은 셀러로 사용하기에 부적합한 장소들이다.

■ 부엌 또는 그 근처. 부엌은 온도와 습도 변화가 심한 편이다.

■ 난로, 오븐, 보일러, 온수 파이프, 세탁기, 세탁 건조기, 냉장고, 그리고 열

필요한 공간 계산하기

셀러를 마련할 생각이 있다면 앞으로 어느 정도의 와인을 구입할 것인지에 따라서 랙의 크기를 계산한다. 선물용이나 특별한 경우에 사용할 와인도 계산에 포함한다. 아래는 필요한 와인의 수를 계산하는 방법의 예다.

■ 디너 파티를 여는 경우 : 한 달에 한 번 × 5병 = 1년에 60병

■ 선물 : 한 달에 두 번 × 1병 = 1년에 24병

■ 집에서의 저녁 식사 : 일주일에 세 번 × 1병(집에서 48주) = 1년에 144병

■ 총 소비량 : 228병(12병들이 케이스 19상자)

집에 와인 가져오기 – 집에 와인을 가져오면, 최대한 빨리 적절한 환경으로 와인을 옮겨 최대한 온도를 서늘하게 유지한다.

기나 진동을 내는 기구 근처에 보관하지 않는다.
- 다락. 지붕 아래의 공간은 여름에 매우 뜨겁고, 겨울에는 춥다.
- 바닥 아래로 난방을 전달하는 방식을 사용하는 방 또는 선반.
- 햇빛을 많이 받는 방. 빛과 열기는 와인에 나쁜 영향을 미친다.

셀러 마련을 위한 예산 짜기

적당한 지하실이든 빈 구석이든 와인 보관 장소를 마련하기 위한 예산을 갖추어야 한다. 셀러를 위한 비용은 보관할 와인의 양, 자신이 스스로 작업할 것인지 아니면 전문 업체나 건설 업체에 시공을 맡길 것인지에 따라 다르게 책정된다. 와인 전용 보관함 등의 기성품 셀러 솔루션(cellar Solutions)은 수용 가능한 병당 가격이 매우 높게 책정되는 경향이 있다. 특별히 좋은 디자인을 추구하는 것 역시 비용 상승의 원인이며, 만약에 실내 장식과 어울리는 셀러를 갖출 생각이라면 더 많은 예산이 소요된다(48~49쪽 참고). 실내에 셀러를 위한 공간이 없다면 정원이나 지하에 셀러를 시공해 주는 전문 업체를 이용할 수 있는데(49쪽 참고), 마찬가지로 비용이 많이 든다.

다른 보관 방법

자신의 집 대신에 와인 판매상, 와인 클럽, 와인 보관 창고 등의 전문 보관 시설에 와인을 보관하면 비용을 절감할 수 있다. 이는 전문가의 손에 자신의 와인을 맡기는 것이기 때문에 안심이 되는 방법이다. 그러나 와인을 맡기기 전에 다음 사항을 확인해 볼 필요가 있다.

- 보관 시설을 방문하여 모든 것이 잘 정리되어 있는지 확인한다. 온도, 습도, 조명을 확인한다. 철길이나 도로 근처에 창고가 있다면 보관소에 진동이 심하게 느껴지는지 확인해야 한다.
- 보관한 와인의 일부 또는 전부를 되돌려받는 데 얼마나 걸리는지 물어본다. 와인을 꺼내는 데 제한이 있을 수 있다. 어떤 회사는 필요한 와인을 문 앞까지 배달해 주기도 한다. 배달료가 얼마인지, 와인을 가져갈 때마다 요금을 내야 하는지 물어본다.
- 보관 시설이 안전한지 확인한다. 창문은 철창이 있어야 하며, 문이 확실히 잠기고, 경보 체계가 설치되어 있어야 한다. 그리고 모든 와인 케이스에 소유자의 이름이 분명하게 표시되어 있는지 확인한다.
- 보험에 대한 분명한 설명을 듣는다. 만약에 보관 회사가 파산한다면 자신이 보관한 와인에 대한 세부적인 기록이 필요할 수 있다.
- 케이스 당 연간 보관 비용이 얼마인지 확인한다. 최소 보관 비용이 정해져 있을 수 있다. 특정 회사들은 고객을 위해 '케이지(cage)' 또는 '미니 셀러'를 제공하고, 고객 마음대로 이를 채울 수 있다. 만약에 와인 판매상이 무료 보관을 해 준다면 언제까지 무료인지, 무료 기간이 끝난 다음의 비용은 얼마가 될지 물어본다.

셀러마스터(cellarmaster) 팁

- 집에 공간 마련이 여의치 않다면 와인 수집을 분배하는 것이 좋다. 몇 년간 숙성이 필요한 와인은 보관 창고에 맡기고, 특별한 경우에 사용할 와인은 자주 사용하지 않는 선반을 와인 보관용으로 개조하여 넣어 두고, 일상적으로 마실 와인은 쉽게 접근할 수 있는 와인 보관함에 넣는다.
- 와인 랙을 마련하자마자 모든 칸을 와인병으로 채우려는 유혹을 뿌리쳐야 한다. 더 이상 와인을 넣을 공간이 없어질뿐더러 때때로 구입할 와인을 둘 곳이 없어진다.
- 별로 좋아하지 않는 와인이 셀러의 소중한 공간만 차지하고 있다면 이 와인을 팔아 버리거나, 선물로 주거나, 파티를 열자.

와인에 이상적인 환경

집에서 와인을 보관한다면 가장 이상적인 환경을 만들어 주어야 한다. 이러한 환경은 일상적으로 마시기 위해 몇 병을 보관하는 경우에도 중요하지만, 특히 장기간 숙성을 위해 와인을 보관할 때는 필수적인 사항이다.

왜 보관이 중요한가

와인을 보관하는 방법은 숙성에 영향을 끼친다. 와인을 마실 수 있는 시기와 와인의 구성 요소(산도, 타닌, 과일 향)가 성숙되고 통합되는 과정이 모두 보관 환경에 영향을 받는다.

일반적으로 와인이 비싸면 비쌀수록 올바른 보관 환경을 위한 노력을 더욱 많이 해야 한다. 투자를 위해 와인을 사고, 후일에 수집의 일부 또는 전부를 판매할 생각이 있다면 보관에 더욱 많은 관심을 쏟아야만 한다. 보관 상태는 병의 외관에

고이 잠들다 – 와인은 어둡고, 습기 차고, 서늘한 환경에 있어야 효과적으로 숙성이 된다. 병을 눕혀서 코르크가 마르지 않게 한다.

도 영향을 미치는데, 이는 되팔 때 중요한 요소다. 만찬 테이블 위에서도 깔끔한 병이 보기 좋다.

지하 보관소가 있다면 와인을 보관하기 위한 이상적인 조건이 이미 갖추어져 있을 가능성이 있다. 다음 조건이 모두 충족된다면 이른바 '패시브(passive)' 셀러라고 부를 수 있다. 이러한 조건이 충족되지 않는다면 이상적인 환경을 갖추기 위한 변경이 필요하다(50쪽 참고).

보관 상태 체크 리스트

온도 – 일정한 온도는 와인 보관의 가장 중요한 요소다. 이상적인 온도는 섭씨 10~15도 사이다. 계절의 변화에 따른 느린 온도 변화는 상관이 없지만 급격한 온도 변화는 와인에 문제를 일으킨다(오른쪽 참고). 온도가 상승하면 어떤 장소라도 위쪽이 아래쪽보다 따뜻하다. 그러므로 보관 조건이 어떻든 간에 화이트와 로제를 밑에 두고 레드를 위에 두어야 한다.

습도 – 와인 보관에 이상적인 습도는 60~80%이다. 습도가 이보다 올라가면 와인의 내부에는 상관이 없지만 겉에 곰팡이가 생겨서 와인의 외관에 문제가 생길 수 있다. 습도가 너무 낮으면 코르크가 말라서 줄어들게 되고, 코르크의 틈 사이로 와인이 증발할 수 있다.

빛 – 와인은 어두운 곳에 보관하는 것이 가장 좋다. 밝은 햇빛은 유리병을 통과한다. 특히 투명한 병일수록 햇빛이 위험한데, 병 안의 와인을 망칠 수 있기 때문이다. 셀러의 창문에 햇빛이 들어온다면 커튼이나 블라인드로 연중 내내 막아 둔다.

환기 – 공기를 약간 환기시켜 주면 와인의 맛에 영향을 끼치는 묵은 냄새를 없앨 수 있다. 필요하다면 보관실에 환기 구멍을 내는 것이 좋다. 강한 냄새도 와인에 영향을 주기 때문에 페인트, 화학 약품, 강한 향을 풍기는 음식, 기타 냄새가 강한 모든 것으로부터 와인을 멀리 놓아야 한다.

안정성 – 움직임이나 진동의 영향을 받지 않는 곳에 와인

을 보관한다. 집이 철길이나 복잡한 도로 근처에 있다면 바닥과 벽에서 와인을 멀리 놓아 진동의 영향을 최소화시킨다. 마찬가지로 세탁기와 냉장고 근처에도 와인을 두지 않는다.

위치 – 와인을 며칠 이상 보관할 것이라면 병을 눕혀서 보관한다. 이렇게 하면 와인에 닿은 코르크가 촉촉하게 유지되어 와인의 산화가 방지된다. 코르크가 마르면 오그라들어 병 입구에 틈이 생긴다. 이 틈을 통해 공기가 캡슐(캡슐은 효과적인 봉인의 역할을 하지 않는다) 안으로 스며들어가서 와인을 망친다. 와인을 서빙할 준비가 되었다면 혹시 있을지도 모르는 침전물이 바닥으로 내려가도록 병을 세운다.

습도 높이기 – 건조한 지역에 산다면, 셀러의 바닥에 모래를 적당히 깐 다음 물을 뿌려서 습도를 높인다.

보관 온도 가이드라인

위험! 얼 가능성이 있다	숙성이 느리다	이상적인 온도	숙성이 빠르다	위험! 와인이 증발할 가능성이 있다
섭씨 –1도 미만(30°F)	섭씨 –1도 (30°F)~9.5도(49°F)	섭씨 10도(50°F)~15도(59°F)	섭씨 15.5도(60°F)~22도(72°F)	섭씨 22도(72°F) 초과

–1°C (30°F) 22°C (72°F)

셀러마스터(cellarmaster) 팁

■ 온도가 낮을수록 와인의 숙성에 많은 시간이 필요하다. '빈티지 해로부터 10년 숙성이 가장 마시기에 좋다'는 표현은 이상적인 온도에 보관했을 경우에 해당된다. 와인은 더 따뜻한 환경에서 보다 빨리 숙성된다.

■ 와인이 한 병씩 종이에 쌓여 있다면 랙이나 저장 통에 보관하기 전에 종이를 제거한다. 습도가 높은 지역에서는 종이가 병의 표면에 달라붙어서 겉모양을 망친다.

셀러에 필요한 도구

와인 운반 통 – 보관 장소에서 서빙 장소로 와인을 옮기는 데 편리하게 사용한다. 보관을 위해 사용하지는 않는다.

온도계 – 보관 장소의 온도를 확인하기 위해 필요하다. 방이 크다면 두세 개의 온도계를 분산 배치한다.

습도계 – 보관 장소의 습도를 확인하기 위해 필요하다.

손전등 – 랙에 놓인 다른 병을 방해하지 않고 라벨을 확인할 수 있다.

발판 사다리 – 랙의 위쪽을 관리하기에 가장 쉽고 안전한 방법.

와인과 요리

레드 와인은 쇠고기, 돼지고기(red meat – 붉은 살코기)에, 화이트 와인은 닭고기, 생선(white meat – 흰 살코기)에 어울린다. 이는 간단명료한 접근법이지만 다양한 재료와 요리법이 사용되는 오늘날의 요리에는 더 이상 적합하지 않은 기준이다. 요리와 와인의 맛을 최대로 이끌어 내려면 양쪽의 복잡한 요소를 모두 고려하여 적절하게 조화시킬 수 있어야 한다.

궁합

요리를 먹을 때 와인의 가장 기본적인 역할은 갈증을 해소하고, 음식을 먹은 뒤에 입을 깨끗이 씻어 내는 것이다. 그러나 이는 와인과 요리 맞추기의 가장 기본적인 수칙일 뿐이다. 와인과 음식의 맛과 촉감을 완벽하게 즐기려면 음식의 맛과 와인의 미묘한 맛을 동시에 최대한 이끌어 낼 수 있는 방법을 찾아야 한다.

어떤 것을 먼저 선택해야 하는가?

그렇다면 무엇을 먼저 골라야 하는가? 와인일까? 아니면 요리일까? 대답은 상황에 따라 달라진다. 레스토랑이라면 메뉴를 보고 요리를 먼저 고른 다음 요리에 어울리는 와인을 와인 리스트에서 선택한다. 그러나 집에서 또는 멋진 와인으로 유명한 레스토랑에서 식사를 하는 것이라면 와인에 어울리는 요리를 선택하는 것이 현명하다.

맛

요리의 주된 맛이 와인 선택시에 고려되어야 하지만 이를 너무 따를 필요는 없다. 고기의 풍부한 맛은 보르도처럼 화려하고 복잡한 레드 와인에 어울리지만 과일 향이 강한 부르고뉴처럼 가벼운 레드 와인이나 오크 향이 나는 화이트 샤르도네에도 잘 어울린다. 감귤류의 향이 나는 와인을 서빙한다면 예컨대 레몬을 짜 넣는 식으로 감귤류의 즙을 요리에 첨가하여 와인의 맛을 향상시키는 방법도 있다.

요리와 맞추기 위해 와인을 고른다면 요리 과정이 어떤지, 이것이 와인에 어떤 영향을 미치는지 알아야 한다. 마리네이드에 절여 매운 소스와 함께 바비큐 스타일로 구운 닭고기는 와인에 개성을 부여하므로 오븐에 구운 닭고기에 내놓는 와

화이트와 가벼움 – 석쇠에 구운 연어나 필로 페이스트리로 감싼 연어에는 리슬링 등의 가볍고 상쾌한 화이트 와인이 어울린다. 이 둘은 맛, 촉감, 무게감이 서로 어울린다.

레드와 농후함 – 타닌이 많고 맛이 좋은 특별한 풀-바디 레드 와인에는 오븐에 구운 오리고기나 석쇠에 구운 스테이크와 같이 맛이 진한 붉은 살코기 요리를 내놓는다. 고기의 진한 맛과 풍부한 육즙이 와인의 촉감과 맛을 한층 더 돋우어 준다.

식사에 더해지는 다른 재료의 영향도 반드시 고려해야 한다.

산도

덕아로랑즈(duck à l'orange : 오렌지와 함께 오븐에 구운 오리 요리)나 식초 드레싱을 곁들인 샐러드처럼 신맛이 나는 식사는 요리와 비슷한 산도를 가진 와인과 함께 마셔야 한다. 낮은 산도의 와인은 이런 요리에 눌러서 맛도 없고, 무미하게 느껴진다. 반면에 산도가 높은 와인에 크림 맛이 강한 부드러운 요리를 내놓는 것은 상성이 좋고, 그 반대도 마찬가지다. 진하고 풍부한 토마토 소스와 함께 내놓는 파스타는 크림 소스와 함께 내놓는 파스타에 서빙할 와인보다 산도가 낮은 것이 어울린다.

촉감

고급 요리의 감각적인 느낌은 이와 비슷하거나 반대되는 촉감을 가진 와인으로 맛이 향상된다. 실크처럼 부드러운 소떼른 풍 또는 기타 디저트 와인은 크림을 먹은 것처럼 농후한 뒷맛을 남기므로 크렘 브륄레(crème brûlée : 크림과 계란으로 만들고, 설탕으로 토핑을 한 커스터드)와 같은 요리가 어울린다. 산도가 낮고 향이 감미로운 게부르츠트라미너는 이와 흥미로운 대조를 이룬다.

상어나 참치와 같이 육질이 좋은 생선은 화이트 와인보다는 가벼운 레드 와인과 더 잘 어울린다. 이 정도 촉감을 가진 생선은 대부분 화이트 와인의 맛을 압도한다.

무게감

가볍고 섬세한 화이트 와인은 와인의 맛과 촉감을 빛내 줄 수 있는 가벼운 음식과 함께 서빙해야 한다. 영하고 신선한 리슬링이나 샤르도네는 간단한 방법으로 요리한 바닷가재나 석쇠에 구운 닭고기의 맛을 돋우어 준다.

반면에 풀-바디(full-body)인 와인은 크고 감칠맛 나는 요리와 함께 마셔야 한다. 영 레드 론은 맛이 풍부한 베니슨 라구(venison ragoût : 사슴고기 스튜)와 훌륭한 조화를 이루긴 하지만 우아한 보르도는 이 스튜의 강하고 풍부한 맛에 압도될 가능성이 있다. 모든 사람이 풀-바디 와인을 좋아하지 않기 때문에 이 가이드를 기계적으로 따르기보다는 자신이 즐기는 와인을 편하게 서빙하는 것이 좋다.

와인으로 요리하기

요리에 향취를 더하기 위해 와인이 자주 사용된다. 레드 와인은 요리하는 동안 재료에 흡수되고 알코올이 증발하여 부드럽고 풍미가 좋은 와인 맛이 요리에 스며든다. 와인 소스나 와인이 주로 들어가는 캐서롤(찜냄비 요리)인 꼬꼬뱅(coq au vin)을 내놓는다면 요리에 사용된 와인과 같은 종류의 와인을 (또는 그 종류 중에서 값싼 와인) 요리와 함께 서빙한다. 요리의 맛과 완벽한 조화를 이루게 된다.

특별한 와인으로 요리를 더욱 조화롭게 만들려면 서빙하기 직전에 요리에 사용된 즙에 와인을 약간 더한다. 아귀를 요리한 팬에 쌍세르(Sancerre)를 살짝 뿌려 주면 냄새를 없애 주고, 여기에 버터를 약간 너하면 생신에 잊을 수 있는 간단하면서도 맛이 좋은 소스가 된다. 포트와 같은 주정 강화 와인을 요리의 마지막 단계에 뿌려 주면 맛이 좋아진다. 이것 역시 조금만 첨가하면 된다.

와인의 맛이 살짝 나는 정도를 원한다면 살짝 뿌려 주는 정도로 와인의 사용량을 줄이면 된다. 삶은 복숭아에 레드 와인을 살짝 발라 주면 마법 같은 맛의 조화를 창조할 수 있다.

와인 랙과 기성품 셀러

넓은 공간에 와인을 엄청난 규모로 쌓아 둘 생각이 아니라면 기성품 와인 보관용 랙으로도 충분하다. 기성품 셀러를 살 수도 있지만 이는 랙에 비하여 매우 비싸다. 그러나 이는 와인을 이상적인 상태로 보관해 주기 때문에 안심하고 와인을 보관할 수 있다.

와인 랙

적당한 양의 와인을 모으거나 일상적으로 마시기 위해 와인을 보관한다면 간단한 랙으로도 충분하다. 와인을 장식용으로 사용한다면 자신의 취향과 실내 장식에 맞는 것을 골라야 한다. 랙은 철, 플라스틱 그리고 모든 종류의 나무로 만들어진다. 어떤 것은 바닥에 놓는 식인 반면, 어떤 것들은 벽에 부착할 수

병 쌓기 – 병의 라벨을 위로 오게 보관하면 와인을 고를 때 다른 와인을 방해할 가능성이 줄고, 라벨이 다른 병에 닿는 것을 방지할 수 있다.

있다. 나무는 쉽게 곰팡이가 슬지 않는 것을 선택하는 것이 좋은데, 삼나무가 괜찮다. 희귀한 모양의 와인 랙은 값에 비해 가치가 떨어지기 때문에 사용하지 않는 편이 낫다. 전통 와인 랙은 나무 중에서도 주로 소나무와 철로 만들어지며, 병을 담을 수 있는 작은 칸으로 나뉘어져 있다. 많은 회사가 와인 랙을 주문받아 생산한다. 가격은 보통 병을 보관할 수 있는 칸의 수에 의해 결정된다. 이러한 랙은 기성품보다 품질이 좋고, 구석진 모퉁이나 다른 위치에 맞게 설치할 수 있으며, 또 여러 가지 병의 크기와 모양에 맞게 만들 수 있다.

또한 랙을 대신하는 다양한 종류의 빈(Bin)과 하이브(hive : 벌집 통 모양)가 있는데, 이들은 각 8~24병의 와인을 보관할 수 있다. 벌집이나 다이아몬드 모양이 일반적이며, 보관 장소에 알맞은 크기로 통을 결합할 수 있다. 시장에는 온도를 일정하게 유지하는 데 도움이 되는 콘크리트 또는 그와 비슷한 재료로 만들어진 다양한 크기의 통이 있다. 와인 랙, 빈, 하이브를 선택할 때는 다음과 같은 사항을 고려한다.

■ 튼튼하고 안정적인가?

■ 병이 크거나 특이하게 생긴 와인을 보관할 수 있는가?

■ 하프 바틀(half-bottle)을 보관할 수 있는가?

■ 실내 장식에 어울리는가?

■ 마련한 셀러 공간에 맞는가?

와인 보관 캐비닛

수집이 꽤 크다면 와인 보관 캐비닛이나 '까브(cave)'에 투자해 볼 만하다. 이것은 자체 보관, 온도 및 습도 조절이 가능하며, 벽의 전류 소켓에 꽂아서 작동시킨다. 캐비닛은 작은 가정용 냉장고에서 작은 방 정도까지 다양한 크기가 있다. 가장 인기 있는 것은 서 있는 머리보다 약간 높은 높이의 캐비닛으로

셀러마스터 팁

■ 꽤 오랜 기간 동안 정기적으로 마시는 같은 종류의 와인이 12병 내지 그 이상 있다면 두 배 깊이의 칸을 가진 와인 랙을 구하는 것도 좋은 생각이다. 앞의 것을 마시면 뒤에 있는 와인을 앞으로 끌어오면 된다.

■ 샴페인과 스파클링 와인을 세워서 보관해도 문제가 없을지도 모른다는 증거가 요즘 들어 속속들이 나오고 있다. 오히려 병을 세워서 더 좋을 수도 있다. 어쨌든 다른 와인들과 마찬가지로 이들도 온도가 일정하게 유지되는 환경에 있어야 한다.

■ 빈티지 포트를 제외한 모든 주정 강화 와인은 세워 둘 수 있다. 빈티지 포트는 보관할 때 전통적으로 위를 향하는 쪽을 분필로 줄을 그어 표시한다. 이는 침전물이 흔들리는 것을 최소화하기 위한 방편이다.

캐비닛 보관 – 와인 캐비닛은 셀러를 대신하는 온도가 조절되는 보관함으로 와인을 이상적인 상태로 보관하며, 와인을 쉽게 꺼내고 넣을 수 있다.

DIY 포도주 저장소

■ 저장해 둘 좋은 와인을 몇 병 샀는데 포도주 저장 공간에 할애할 돈은 매우 한정되어 있을 때, 와인을 올바르게 돌 볼 수 있는 방법은 단계를 잘 밟아 가는 것이다.

■ 집안에서 상온이 유지되는, 작고 어두운 구석이나 찬장 또는 벽장을 찾아라. 부엌은 온도가 계속 바뀌고 냄새도 나며 습기 때문에 적당한 곳이 아니므로 제외한다.

■ 필요하다면 축축한 스펀지를 선택된 구석에 놓아둔다. 습기를 제공하기 위해서이므로 자주 다시 적셔 놓아야 한다.

■ 남아 있는 건축 자재를 튼튼한 와인 선반을 만드는 데 사용한다. 오래된 도기 기와(곰팡이가 피지 않는지 확인해야 한다), 벽돌, 또는 플라스틱 파이프처럼 단열이 잘되는 자재를 선택한다.

걸이가 필요 없다 – 나선형 셀러는 방수 라이너를 입힌 기성품 콘크리트 셀러로서 집 아래의 땅을 판 공간에 삽입한다. 지하에 있기 때문에 콘크리트 구조의 도움과 자연의 조건만으로 적당한 온도와 습도를 유지해야 한다.

약 200병을 보관할 수 있다. 가장 비싼 캐비닛은 레드와 화이트를 분리하여 서빙 온도로 보관할 수 있게 되어 있다. 와인 캐비닛을 선택할 때는 다음 사항을 고려해야 한다.

■ 바닥이 캐비닛의 무게를 견딜 수 있는지 확인한다. 캐비닛이 가득 찼을 때 200병들이 캐비닛의 무게는 약 385kg이 된나.

■ 캐비닛을 응접실에 둘 예정이라면 소음이 거슬리지 않을 정도라야 한다.

■ 실내 장식에 어울리는가? 캐비닛은 다양한 스타일이 있으며, 가구와 비슷하게 보이는 종류도 있다. 실내 장식에 어울리게 캐비닛의 겉을 페인트칠 할 수 있는 것도 있다.

셀러 디자인하기

셀러 공간으로 사용할 수 있는 방이나 넓은 선반 등의 공간이 있다면 이상적인 셀러 환경을 갖추기 위한 준비가 되었다고 할 수 있다. 이번 장에는 집에 원래 있던 공간을 와인 보관을 위한 공간으로 개조하는 법을 소개했다. 셀러의 설계와 시공을 전문 회사에 맡기기로 했다 하더라도 기본 개념을 알고 있다면 자신이 원하는 셀러를 만드는 데 도움이 된다.

준비할 것

와인을 위한 선반과 랙을 사러 나가기 전에 마련한 공간이 어느 정도인지 알아야 한다. 우선 선택한 공간의 조건을 먼저 측정한다.

■ 기후가 다른 날(햇빛이 쨍쨍한 날, 선선한 날, 습기가 많은 날)과 여러 계절에 걸쳐서 온도와 습도를 측정한다.

■ 라벨을 읽고 병을 꺼낼 때 어떤 조명을 사용할 것인지 생각해 본다. 조명 선택 시에는 와인은 어두운 장소에서 계속 보관해야 된다는 점을 염두에 두어야 한다. 전깃불이 필요할지, 손전등으로도 충분한지 판단한다.

■ 환기가 잘되는지 확인한다. 공기가 순환되어야 하지만 바람이 불 정도는 아니어야 한다.

■ 공간의 크기를 측정한다. 습기 방지용 벽(아래 참고)을 설치한 뒤 바닥의 넓이와 벽의 높이, 너비를 측정한다. 통풍구, 문, 창문의 위치를 고려한다.

알맞은 조건 만들기

예방은 언제나 사후 처리보다 더 효과적이다. 주위 환경을 조절하여 와인 수집에 문제가 생기는 것을 방지하자.

■ 온도의 급격한 변화를 막으려면 스티로폼 판(철물점에서 살 수 있다)을 이용하여 단열한다. 통풍구가 막히지 않게 설치한다.

■ '패시브' 셀러(연중 이상적인 환경을 유지하는 공간)가 아니라면 와인 셀러 전용 공기 조절 장치를 구비한다. 어떤 공기 조절기는 습기를 없애서 또 다른 문제를 일으키기 때문에 조심해야 한다. 필요하다면 난방이 되는 것으로 구입하여 겨울에 온도를 높여 준다. 거실 근처에 셀러가 있다면 소음이 크지 않은 것으로 선택한다.

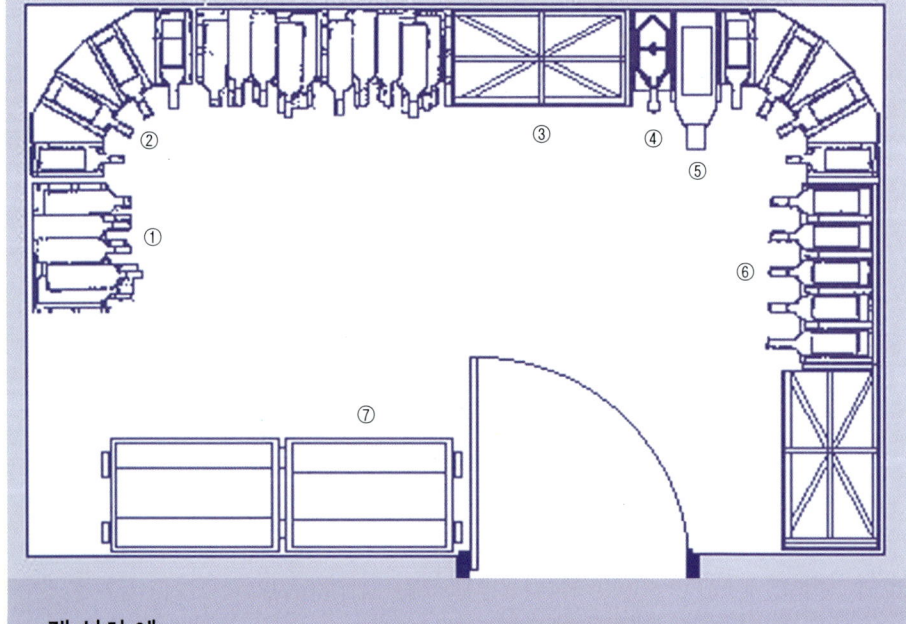

랙 설치 예

1 직사각형 통 모양의 랙(1×8통)

2 병을 독립적으로 보관하는 랙(구석) (4×24줄)

3 다이아몬드형 랙(3칸×1칸)

4 샴페인 병을 독립적으로 보관하는 랙(1×24줄)

5 매그넘 사이즈 병을 보관하는 랙(1×19줄)

6 병을 독립적으로 보관하는 랙(5×24줄)

7 케이스를 보관하는 랙(10케이스)

셀러마스터 팁

■ 셀러 공간을 선택할 때 바깥벽이 햇빛을 받는지 확인한다. 만약에 그렇다면 와인을 햇빛을 받는 벽에서 멀리 두고, 그 벽에 단열재를 더 설치하여 열이 안으로 전해지는 것을 최소화한다.

■ 전깃불에 자동 타이머를 설치하여 실수로 불을 켜더라도 꺼지게 한다.

■ 다양한 크기의 병들을 보관할 수 있는 선반이나 랙을 준비한다. 크고 작은 병을 위해 특수한 크기의 랙이나 보관 통을 사면 된다.

보관 빈(Bin) – 독립된 구멍에 보관하는 것보다 공간을 덜 차지하기 때문에 같은 종류의 와인을 여러 병 보관하면 공간을 덜 차지한다.

다. 바닥은 냉기, 습기, 진동에 노출되어 있기 때문에 케이스를 바닥에 놓는 것은 좋지 않다. 케이스의 무게(12병들이 케이스는 최소한 16kg이 넘는다)를 고려하여 적당한 선반을 설치한다.

보관하는 와인의 양이 많다면 24병씩 보관할 수 있는 전문 랙, 보관 통, 하이브를 사용하고, 와인이 늘어나면 그 위에 더 설치할 수 있도록 한다. 셀러의 공기를 순환시키고, 온도를 안정적으로 유지할 수 있도록 닫혀 있지 않은 형태의 보관함을 사용한다.

매우 좁은 공간에도 설치할 수 있는 모양의 랙이 여러 가지 있다. 전문 업체들은 보관 공간을 최대로 활용하기 위한 코너 랙, 한 병들이 랙, 케이스 랙, 특이한 모양의 병을 위한 랙을 구비하고 있다(왼쪽 그림 참고). 어떤 업체는 셀러 디자인 서비스까지 제공한다. 셀러를 스스로 디자인한다면 신체를 움직일 공간을 염두에 두고 설계해야 한다. 나중에 와인을 더 많이 추가하기 위해 어느 정도의 공간을 남겨 두고 셀러를 디자인한다면 와인의 재배치가 어렵지 않게 된다.

꿈의 셀러 – 전문 회사들은 엄청난 와인 수집에도 적합한 셀러를 효율적이고 아름답게 만들어 준다.

■ 높은 습도 때문에 부패하거나 곰팡이가 생기는 현상을 방지하려면 습기 방지용 벽을 설치해야 한다. 습도가 너무 낮다면 전통적인 와인 생산자처럼 모래나 자갈을 바닥에 깔고 위에 물을 뿌려 줄 수도 있다

■ 셀러로 선택한 공간이 너무 밝다면 검은 천으로 만든 블라인드로 창문을 확실히 막아 준다. 필요하다면 통풍구를 설치한다.

■ 적당한 보안 장치를 설치한다. 이는 대부분의 와인 보험 조건에 포함된다 (57쪽 참고).

다른 보관 대안

셀러의 설계는 와인을 어떻게 보관하느냐에 따라 달라진다. 고급 와인을 주로 산다면 원래의 나무 케이스를 열지 않고 보관하는 것이 좋으며, 특히 와인을 되팔 생각이라면 더욱 그렇

와인과 까나페(CANAPÈS)

까나페는 식사를 하기 전에 식욕을 돋우어 주는 역할을 한다. 대부분의 까나페에는 깔끔하고 가벼운 와인이 어울리지만 주정 강화 와인은 프와 그라(foie gras)와 같은 진한 아뮈즈-켈(amuse-gueules : 입맛을 돋우는 요리)의 맛을 향상시키기도 한다.

다양한 까나페

다양한 맛과 촉감의 까나페를 서빙한다면 한 가지 와인, 예컨대 풀-바디 화이트 와인 한 가지만을 내놓는 것이 적당하다. 샴페인이나 좋은 품질의 드라이 스파클링 와인은 소금기가 약간 있는 까나페와 함께 마시면 매우 상쾌하고, 모임에 화사한 분위기를 더해 준다.

샴페인 또는 스파클링 와인 – 드라이(brut : 브뤼뜨, 스파클링 와인의 당도를 나타내는 용어. 아주 드라이한 경우, 1리터당 당분 15% 이내)하고 맛이 신선한 것을 선택한다.
피노 그리지오 – 상쾌하고 드라이한 와인으로 요리의 진하고 다양한 맛을 견딘다.
리슬링 – 매우 차갑게 서빙한다. 특히 생선으로

미트 빠테(meat pâtés : 고기 파이)와 프와 그라

크로스티니(얇게 자른 빵 위에 토핑을 얹어 오븐에 구운 요리)와 함께 서빙되는 맛이 진한 프와 그라나 닭간 빠테는 훌륭한 촉감을 선사한다. 쏘떼른은 프와 그라에 전통적으로 곁들이는 와인으로 튤립 모양의 잔에 적은 양을 따라서 와인의 아로마를 즐기도록 한다.

쏘떼른 – 화려한 프와 그라나 맛이 강한 파테를 극복할 수 있는, 맛이 진하고 달콤한 와인. 산도가 높기 때문에 입맛을 깨끗이 씻어 주는 데도 좋다. 맛이 부드러운 빠테에는 좀 더 가벼운 스타일인 바르작(Barsac)을 함께 내놓는다.

견과류와 소금 간이 된 스낵

소금 간이 강한 스낵은 어떤 와인이라도 압도한다. 견과류는 오븐에 굽거나 약간의 소금을 친 것을 선택하고, 프렛즐(pretzel : 밀가루 반죽을 딱딱하게 구운 것)은 소금이 없는 것을 내놓고, 맛이 좋은 주정 강화 와인을 서빙한다.

피노 셰리(Fino sherry) – 드라이하며, 이 와인 자체에서 견과류의 맛이 난다. 견과류와 함께 마시면 맛이 좋다.
올로로쏘 셰리(Oloroso sherry) – 피노보다 맛이 진하며, 호두처럼 맛이 강한 견과류와 함께 서빙한다.
세르시알 마데이라(Sercial Madeira) – 드라이하며, 산도가 높기 때문에 짭짤한 까나페의 맛을 돋

와인 수집의 관리

와인 수집 관리는 스스로 해야 하는 일이다. 어떤 사람들은 상황에 어울리는 와인을 찾기 위해 셀러를 뒤지는 것에 기쁨을 느끼는 반면 어떤 사람들은 자신이 원하는 것을 단번에 찾기를 선호한다. 셀러가 꽤 크고, 다양한 와인을 보관하고 있다면 계획을 짜서 관리하는 것이 바람직하다.

와인 정리하기

와인을 수집해 놓은 양이 적더라도 라벨을 만들어서 달아 두면 와인을 찾거나 관리하기가 쉽다. 게다가 이는 대부분의 와인 보험 정책에서 필수 사항이다.

케이스나 보관함 또는 병에 뚜렷하게 표시를 해 두면 셀러에서 와인을 찾기가 한층 쉬워진다. 같은 와인이 든 케이스나 보관함에는 와인에 대한 설명이 있는 카드를 붙여 둔다. 하나뿐인 와인에는 플라스틱이나 종이로 된 꼬리표를 병목에 달아 두면 좋다.

랙에 보관된 와인을 관리하는 다른 방법으로는 랙의 구멍을 좌표로 표시하는 것이 있다. 이는 다양한 종류의 와인을 갖고 있을 때 유용한 방법이다. 예컨대 세로는 알파벳, 가로는

수로 표시한다. 랙이 한 개 이상 있다면 여기에도 표시한다. 2B6의 와인이라면 2번 랙, B행, 6열의 칸에 있는 와인을 나타낸다.

와인 수집이 소규모 생산지의 와인들이라면 랙이나 보관함에 지역명을 표시하면 효과적이다. 이를테면 보르도 B6이나 캘리포니아 E4와 같은 표시가 된다.

셀러의 정보를 기록하기

셀러북(cellar book : 실제 책이든 소프트웨어든 와인 수집에 대한 정보를 담은 것)은 수집에 어떤 와인이 있는지 한눈에 알아볼 수 있게 해 준다. 그리고 이를 이용하여 와인이 어디에 보관되어 있는지, 잔고가 어느 정도인지를 알아볼 수 있다. 여기에 자신의 테이스팅 정보를 추가해도 좋다.

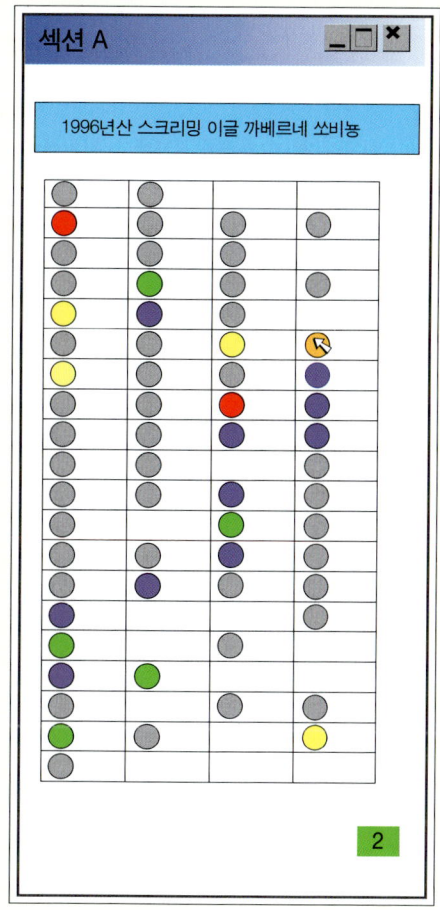

셀러마스터 팁

■ 셀러북이나 컴퓨터(또는 프린트)를 와인과 같은 장소에 두지 않는다. 와인이 손상되거나 도난당할 경우에 기록을 확인하는 것이 필수적이기 때문이다. 한편 셀러북은 와인과 함께 손상을 입거나 와인과 함께 도난당할 우려가 있다.

■ 기성품 셀러북을 구입한다면 고쳐 쓰기 쉬운 것을 선택한다. 바인더 형태의 셀러북이 가장 효율적이다.

■ 자신만의 데이터베이스(database)나 스프레드시트(spreadsheet)를 작성할 생각이라면, 정보를 찾을 때 소프트웨어(software)의 검색 기능을 효과적으로 사용할 수 있는지 확인한다.

셀러북

기성품 셀러북은 매우 간단하고 효율적인 것부터 복잡하고 화려한 것까지 다양한 종류가 판매되고 있다. 한 권을 이용하여 와인 구입과 재고 관리를 하고, 갖고 다니기 편한 노트에 테이스팅 노트를 기록하면 편리하다. 셀러북을 고르거나 작성할 때는 다음 내용이 들어가게 한다.

■ 와인의 명칭, 포도 품종, 원산 국가 또는 산지, 생산자명, 아펠라시옹 및 포도원, 빈티지, 비평가의 평 또는 등급.

■ 구입 날짜 등의 구입 관련 사항, 와인 구입처(생산자, 와인 전문점, 경매 또는 선물), 수량(스탠더드 병이 아니라면 병의 크기도 표시), 가격.

■ 보관 및 재고 정도 – 셀러에서 와인의 위치, 와인의 개수.

■ 소비 기록은 가장 개인적이고 유동적인 사항이다. 각 병을 마신 날짜, 테이스팅 노트, 기타 평

셀러북 소프트웨어

좋은 소프트웨어는 필요한 모든 정보(아래 내용 참고)를 기록할 수 있게 되어 있으며, 정보에 접근하기가 쉽다. 오른쪽 예시 화면은 로버트 파커스 와인 어드바이저 앤드 셀러 매니저(Robert Parker's Wine Advisor and Cellar Manager) 소프트웨어이다.

각 칸은 와인 랙의 각 구멍을 표시한다. 여기서 색이 있는 원은 테이스팅 점수를 나타내는데, 금색이 가장 높은 점수다. 이 소프트웨어는 품종, 빈티지, 가격에 따라 와인을 표시하며, 언제 마시는 것이 좋은지 알려 준다.

■ 꼭대기의 푸른 막대 – 셀러의 위치

■ 푸른 막대 – 커서로 선택한 와인의 명칭

■ 녹색 네모 – 랙의 번호

■ 색원 – 로버트 파커의 평가를 나타낸다.

■ 회색 – 기타 평가

■ 빈칸 – 랙에서 비어 있는 구멍

점, 와인의 숙성도, 마신 장소 및 함께 마신 사람, 마신 이유나 함께 먹은 요리.

컴퓨터 소프트웨어

셀러 관리 프로그램은 시중에 다양한 종류가 나와 있다. 소프트웨어는 CD-ROM으로 구입하거나 인터넷으로 다운로드 받을 수 있다. 모든 소프트웨어가 와인에 대한 정보를 기록할 수 있는 스프레드시트 형태로 되어 있으며, 사용법이 함께 첨부되어 있다. 어떤 프로그램은 빈티지 표나 유명한 비평가의 테이스팅 노트와 연결되기도 한다. 프로그램을 구입하기 전에 인터넷으로 시험판을 받아서 사용해 보면 프로그램이 어떤지 미리 알 수 있다.

와인 보관 문제 해결하기

와인 보관에 이상적인 조건을 갖추기 위한 앞의 지침을 따랐다면 완벽하게 숙성된 와인을 마시는 꿈을 꾸며 편하게 잠들 수 있다. 그러나 가능성이 적긴 하지만 도난, 홍수, 벌레 침입의 악몽이 현실로 나타날 수도 있다. 이러한 문제를 빨리 해결하는 법을 알아보자.

보관 환경의 문제

와인을 제대로 숙성시키고 손상을 입히지 않으려면 온도와 습도를 확인하고 조명을 관리하는 것이 매우 중요하다. 온도와 습도를 자주 확인하고 와인 목록을 기록해 두면 문제가 생겼을 때 빨리 대처할 수 있다. 그렇다면 무엇을 조심해야 할까?

문제의 조짐

와인의 손상이 뚜렷하게 보일 정도라면 이미 돌이키기 어려운 지경일 가능성이 높다. 와인 수집에 다음과 같은 징후가 나타났다면 영향 받지 않은 와인을 즉시 확인하고, 셀러 환경을 조정한다.

■ 와인 캡슐 주변에 흘러내린 자국이 있거나, 코르크와 와인 사이에 공간이 넓어졌다면 와인이 증발하기 시작했고, 산화될 위험에 처해 있다는 표시다. 이는 셀러의 온도가 심하게 높은 경우에 일어날 수 있다. 코르크가 말랐다면 습도가 너무 낮아서 생긴 문제일 수도 있다.

■ 코르크가 튀어나와 있다면 와인이 얼어서 코르크를 밀어냈다는 증거일 수 있다. 와인 수집 주위의 온도가 너무 낮다면 아주 천천히 온도를 높여서 추가적인 손상을 막을 수 있다(44~45쪽 참고).

■ 곰팡이 슨 라벨은 습도가 높다는 표시다. 와인 자체에는 영향이 없지만 이를 놔두면 곰팡이가 번져서 라벨을 읽기 어렵게 되고, 이는 되팔 때의 가치를 떨어뜨린다.

■ 탈색되고 갈색으로 변한 와인은 햇빛 또는 강한 조명에 노출된 탓일 수 있다. 탈색은 산화되었다는 증거이며, 와인의 맛이 변질된 것이다. 투명한 병에 든 화이트 와인이 특히 이렇게 될 가능성이 크다. 이러한 문제를 피하려면 44쪽의 빛을 막는 요령을 참고한다.

잠재되어 있는 문제 – 이 와인 수집에서는 와인이 똑바로 세워져 있고, 박스가 바닥에 그대로 놓여 있고, 병이 종이에 쌓여 있기 때문에 문제가 발생할 수 있다.

병의 보호

습기찬 지역이나 홍수 위험 지역에 거주한다면 고급 와인의 라벨을 보호하는 것이 좋다. 병의 캡슐은 밀폐되어 있지 않기 때문에 온도 변화나 벌레 침입의 위험이 있다면 아래 방법을 시도해 본다.

헤어 스프레이 또는 습기 방지 스프레이를 뿌려서 라벨을 보호한다. 단, 라벨에 먼저 뿌려서 스프레이가 흡수되는지 미리 확인해 본다.

코르크와 라벨을 보호하려면 랩이나 방울 포장 비닐로 병을 팽팽하게 싼다.

오래된 와인 리코킹(re-corking : 코르크 바꿔 다시 막기)하기

수십 년 이상 숙성시킬 수 있는 와인을 갖고 있다면 30년에 한 번 리코킹할 필요가 있다. 셀러 환경이 아무리 좋더라도 코르크는 점차 쭈그러들거나, 심한 경우에는 분해될 수 있기 때문에 코르크를 새것으로 바꿔야 와인을 더 오랜 기간 동안 보관할 수 있다. 리코킹은 전문가나 원래의 양조장에 맡겨야 한다(세부 사항은 와인 판매상에게 문의).

오래된 코르크를 세심하게 뽑은 뒤에 같은 와인의 요즘 빈티지를 약간 더한다. 그리고 코르크를 다시 막기 전에 아황산염을 조금 넣는다.

도난

고급 와인 수집은 도둑들에게 매우 좋은 먹잇감이다. 인기 있는 고급 와인이 많다면 셀러에 특별한 도난 경보 장치를 설치한다. 그리고 와인 보험을 든다.

홍수

홍수가 일어날 수 있는 가장 위험한 장소는 지하실이다. 홍수 위험 지역에 거주하고 있다면 와인을 최대한 높은 장소에 보관하는 것이 좋다. 되도록 지하실은 피하고, 와인은 바닥 위의 랙에 둔다.

홍수가 지나간 다음에 고인 물을 뺄 경우, 가벼운 홍수라면 문제가 없다. 그러나 와인이 물에 잠길 정도로 홍수가 심하다면 와인이 랙에서 빠져나와 깨질 수 있다. 이때는 라벨을 읽어 볼 수 없게 되고, 병에서 라벨이 떨어질 가능성이 높다. 병에 대한 기록을 철저히 하면 와인을 확인하기는 쉽지만 되팔 때의 가격은 심하게 떨어진다.

벌레 침입

바구미와 딱정벌레는 코르크를 파먹는 것으로 알려져 있다. 벌레가 코르크를 파먹으면 코르크 마개의 효과가 떨어져서 병 안으로 공기가 들어갈 수 있다. 병의 캡슐이 제대로 붙어 있는지 확인하고, 벌레 퇴치제를 사용하여 벌레의 침입을 방지한다. 벌레가 침입할 가능성이 높은 지역에 산다면 병을 감싸는 것도 좋은 방지법이 된다.

보험

와인 수집량이 많지 않다면 재산 보험에 와인을 포함시킬 수 있는데, 보험 회사에 맡기는 것이 좋다. 대부분의 보험 회사가 화재와 도난은 포함시키지만 사고로 인한 손해는 책임지지 않는다. 그러므로 보험 규정이 와인의 원가보다 와인의 현재 시세로 보상하는지 확인한다.

와인 수집량이 가치가 매우 높으면 특별한 보험에 드는 것이 효과적일 수 있다. 이러한 보험사의 조건은 대체로 매우 까다롭지만 이늘은 와인에 대한 전문적인 이해를 하고 있다. 대부분의 방침은 최초 평가액, 구입 증명, 정기적인 가치 평가를 포함한다. 사고에 의한 손해 배상을 포함하는 보험은 와인 셀러가 올바른 온도와 습도를 유지할 것(44쪽 참고)을 기준으로 한다. 그리고 와인 보험에는 와인 수집을 언제나 최신판으로 세밀하게 기록하는 것이 필수적이다(54~55쪽 참고). 전문 보험사를 구하기 어렵다면 지역 내 와인 판매상이나 와인 보관 창고에 서비스를 요청하면 된다.

와인은 언제 마시는 것이 가장 좋은가?

숙성된 와인을 마시는 일은 셀러를 가진 자가 누릴 수 있는 큰 기쁨 가운데 하나다. 와인은 대체로 늦게 마시는 것보다 빨리 마시는 것이 낫지만 마시는 시기는 사람의 기호에 따라 다르다. 예컨대 프랑스인들은 품질이 좋은 레드 보르도를 영국의 애호가들보다 대체로 빨리 마신다.

어떤 것이 숙성된 와인인가

적당히 복잡한 맛이 나는 와인만이 숙성으로 개선된다. 어떤 와인은 신선하고 영일 때 마시는 것이 좋다(30~31쪽 참고). 완전하게 숙성된 와인은 균형이 완벽하며, 향과 맛이 모두 복잡 미묘하고, 여운이 길다. 그렇지만 개인의 취향은 다양하다. 어떤 사람들은 스트럭처(structure)가 견고한 와인을 좋아하는 반면, 부드럽고, 매끄러운 맛이 나는 와인을 좋아하는 사람들도 있다. 이처럼 모든 사람이 숙성된 와인의 맛을 좋아하는 것이 아니라는 점을 염두에 두자.

마시기 좋은 시점

와인이 얼마나 오랫동안 숙성될 수 있는지를 평가하는 것은 테이스팅의 가장 어려운 과제다. 이를 익히려면 많은 경험을 쌓는 수밖에 없다. 그래서 많은 와인 애호가들은 전문가의 조언에 따라 자신의 와인의 숙성 기간을 정한다. 뛰어난 와인 생산자나 와인 판매상이라면 고급 와인에 대한 최적의 숙성 기간을 알려 줄 수 있어야 한다. 또한 다양한 와인 애호가 전문 잡지와 '팁시트(tip sheet)'를 참고로 숙성 기간을 정할 수도 있어야 한다.

이 표는 숙성이 필요한 전 세계의 고급 와인 리스트이다. 특정 와인의 병입 후 평균 숙성 기간을 알 수 있으며(어떤 와인은 병입 몇 년 후부터 판매를 시작한다) 와인의 맛이 언제부터 떨어지게 되는지 표시되어 있다.

와인은 '마시기 좋음' 기간에 맛이 좋아지며, 이때 최고의 복잡한 맛을 띠게 된다. 숙성 기간은 와인 생산자에 따라 다르며, 빈티지에 의해서도 차이를 보인다.

숙성 기간 표

와인의 예	병입 년도 (생산된 다음)	숙성 기간 (병입 후 기간)	마시기 좋음 (병입 후 기간)	맛의 쇠퇴 (병입 후 기간)
특급 뽀이약(Pauillac)(레드 보르도)	2.5년	2.5~15년	15~30년	30년 이후
프르미에 크뤼 크뜨 드 뉘(레드 부르고뉴)	1.5년	1.5~8년	8~20년	20년 이후
최고 포도원의 레드 에르미따쥬(Hermitage)(론)	2년	2~8년	8~25년	25년 이후
캘리포니아산 까베르네 쏘비뇽 리저브(Reserve)	2년	2~5년	5~20년	20년 이후
키안띠 클라시코 리제르바(Chianti Classico Riserva) (투스카니, 이탈리아)	3년	3~6년	6~18년	18년 이후
바롤로 리제르바(피에몬테, 이탈리아)	5년	5~15년	15~30년	30년 이후
리오하 그란 리제르바(스페인)	3년	3~5년	5~20년	20년 이후
그랑 크뤼 꼬뜨 드 본(Beaune)(화이트 부르고뉴)	1.5년	1.5~4년	4~15년	15년 이후
독일산 라인가우 리슬링 아우스레제 (Rheingau Riesling Auslese)	1년	1~5년	5~25년	25년 이후
Vintage port	2년	2~15년	15~35년	35년 이후

숙성 정도 판단하기

색깔 – 화이트 와인은 녹색 기운이 사라지면서 깊은 황색을 띠며, 황금색 또는 호박색에 가까워지기도 한다. 그러나 갈색은 산화되었다는 표시다. 레드 와인의 색 변화는 더 쉽게 알 수 있다. 병의 가장자리가 자주색에서 적색으로 변하며 그 다음은 심홍색, 마지막으로 갈색이 된다. 레드 와인의 적색은 숙성되면서 옅어지며 와인 중심 부분의

바틀 쇼크(bottle shock) – 영으로 마시는 화이트 와인도 적당한 숙성 기간이 필요하다. 병입 과정이 끝난 와인은 일정 기간 동안 충격을 받는다. 이 영향을 줄이기 위해 고급 와인은 판매되기 전에 양조장에서 몇 개월 동안 보관한다.

색은 가장자리처럼 심홍색과 갈색으로 변한다. 오래된 레드 와인은 침전물이 생길 수 있으며, 이는 마실 때 잔에 들어가기도 한다.

향 – 영 와인의 향은 대체로 아로마(aroma)라는 표현을 사용하며, 포도 품종에 따라 다른 과일 향을 낸다. 와인이 숙성되면 두 번째 아로마가 진행되어 부케(Bouquet)라는 향이 생성된다. 향은 대체로 와인의 생산 과정에 따라 달라진다. 예컨대 향신료 냄새는 레드 와인을 오크 통에서 숙성시켜서 나는 향이다. 숙성된 고급 와인은 매우 복잡한 향을 갖고 있기 때문에 말로 정확하게 표현하기가 거의 불가능하다. 향이 겹겹이 있는 것처럼 향을 맡을 때마다 다른 느낌이 떠오른다.

맛 – 숙성이 필요한 고급 와인은 영인 경우, 흐트러지거나 균형이 없는 맛을 낼 수 있다. 당도, 산도, 타닌, 알코올, 맛 등의 요소가 분리된 것처럼 느껴질 수 있다. 와인이 숙성됨에 따라 이들 요소가 어울리게 된다. 이 과정 속에서 맛이 가끔 사라지기도 하는데, 와인을 맛보는 사람들은 이를 '덤(dumb)' 하거나 '클로즈드(closed)' 라고 표현한다. 완전히 숙성되면 모든 요소가 통일되어 구조와 맛이 완벽한 조화와 균형을 이루게 된다.

지속성(length) – 지속성은 와인의 숙성도를 평가하는 최고의 기준이다. 와인을 삼키거나 뱉은 다음에 입 안에 맛이 몇 분 동안 남으면 지속성이 좋다고 하며, 이 지속성의 스트럭처가 좋고 과일 향과 조화를 이룬다면 숙성이 잘 되었다는 증거다. 와인을 계속 숙성시키면 지속성은 짧아지고, 결국 맛도 사라진다.

셀러마스터 팁

■ 와인을 오랫동안 보관했는데, 맛을 보니 엉망이어서 실망하는 경우가 생길 수 있다. 이러한 사태를 피하려면 숙성하고 싶은 와인을 최소한 두 케이스 산다. 구입 후 한 병은 바로 영으로 마시고, 테이스팅 노트를 작성한다. 와인의 숙성 기준을 참고하며 6개월마다 한 병씩 열어서 숙성의 진척 상황을 확인한다. 이런 식으로 확인하다 보면 12병 이상을 열지는 않을 것이고, 나머지 12병을 완벽한 시기에 마실 수 있다.

■ 어떤 와인들은 알맞게 숙성되었을 때 침전물이나 고체(주석)가 생긴다. 오래된 와인은 서빙하기 최소한 하루 전에 병을 랙에서 꺼내어 바로 세워

침전물을 가라앉힌다. 그리고 조심스럽게 디캔트(decant)를 해 준다(128~129쪽 참고).

■ 하프 바틀에 든 와인은 일반적인 크기의 병에 든 와인보다 빨리 숙성되며, 매그넘 및 기타 큰 병에 든 와인은 더 천천히 숙성된다.

생선과 갑각류에 어울리는 와인

생선에는 기본적으로 화이트 와인이 어울리지만 생선의 종류와 그 요리법이 무궁무진하기 때문에 와인을 신중하게 골라야 한다. 생선과 함께 먹는 다른 재료도 와인 선택에 영향을 끼친다.

기름진 생선

참치, 정어리, 고등어가 여기에 해당된다. 육질과 맛이 강하며, 숯에 구우면 맛이 좋다. 강한 육질에는 꽤 강한 와인이 어울린다.

보졸레 빌라쥬(Beaujolais Villages) – 기름진 생선에 어울리는 산도를 가진 과일 향이 강한 와인.
뮈스까데(Muscadet) – 고등어에 특히 잘 어울린다.

훈제 생선

연하게 훈제한 연어부터 강하게 훈제한 고등어까지 훈제의 정도는 다양하다. 소수의 와인만이 강하게 훈제한 생선의 압도적인 맛을 보완할 수 있다.

샴페인 – 훈제 연어에 이보다 어울리는 와인은 없다.
피노(fino)와 만사니야(manzanilla) 셰리 – 강하게 훈제한 생선에 잘 어울리는 와인들이다.
모젤(Mosel) – 품질이 뛰어난 모젤의 가볍고 상쾌한 맛은 후추로 양념한 훈제 고등어에 잘 어울린다.

민물고기

송어나 연어 등 맛이 깔끔한 민물고기는 오븐이나 석쇠에 굽거나 삶는다. 여기에는 맛좋은 화이트 와인이 어울린다.

샤블리 – 흙내음이 나는 신선한 와인으로서 간단하게 요리한 송어나 연어의 맛을 돋우어 준다.
리슬링 – 바디가 가벼운 리슬링을 선택하여 생선의 맛을 살리도록 한다.
게부르츠트라미너 – 매콤한 맛이 여러 가지 재료를 곁들인 송어에 어울린다.

갑각류

갑각류는 그 종류가 다양하며, 요리의 방법 및 서빙하는 방법에 따라 와인의 선택이 달라진다.

게부르츠트라미너 – 올리브유를 발라서 석쇠에 구운 바닷가재는 과일 향이 나는 스파이시한 와인이 좋다.
레드 리오하 – 크림 소스에 요리한 새우 및 참새우는 리오하의 진한 맛과 잘 어우러진다.
리슬링 – 게에는 상쾌한 화이트 와인이 좋다.

연체동물

굴과 조개류는 매우 섬세한 맛과 독특한 촉감을 갖고 있기 때문에 어울리는 와인을 선택하기 어려울 수 있다. 가벼운 화이트를 선택하도록 한다.

샤르도네 – 나무 통으로 숙성시키지 않은 것을 선택하여 요리의 맛을 죽이지 않도록 조심한다.
삐노 그리 – 버터에 요리한 조개류를 서빙한다면 삐노 그리의 매콤한 맛이 잘 어울린다.

바다 물고기

대구 및 기타 바닷물고기는 가볍게 삶은 뒤, 레몬을 짜서 맛을 이끌어 내거나 전통적인 방법인 튀김으로 내놓아도 좋다. 레몬을 너무 많이 사용하면 와인의 맛과 부딪칠 수 있으므로 조심한다.

샤르도네 – 오크 향이 있는 샤르도네는 생선과 레몬의 맛에 어울린다.
화이트 부르고뉴 – 기름에 튀긴 대구는 오크 향뿐만 아니라 적당한 산도가 있는 와인으로 입맛을 새로이 해 주는 것이 좋다.

토끼 캐서롤과 계절 채소 – 시농 또는 레드 보르도와 함께 서빙한다.

3

와인은 누구나 마실 수 있지만 테이스팅은 이와는 또다른 차원의 문제다. 이번 장
은 테이스팅의 신비를 벗겨서 자신감을 갖고 와인을 접할 수 있도록 도움을 준다.
테이스팅은 색깔 보기, 향 맡기, 맛보기 등의 다양한 단계를 차례대로 거친다. 그
리고 와인 전문가들의 평을 소개하고, 자신이 직접 경험할 만한 느낌에 대해 설명
했다. 또한 좋은 와인과 나쁜 와인 구분하는 법, 와인에 주로 사용된 포도 품종을
식별하고 테이스팅 기술을 개발하는 법을 알려 준다.

와인 상점의 테이스팅, 와인 홀리데이, 와인 클럽 등을 소개하고, 이러한
공간에 어울리는 에티켓을 설명했다. 여기에는 레스토랑에서 와인을 테이스팅하는
법, 특정한 목적에 따라 와인 선택하는 법, 그리고 올바른 테이스팅 에티켓이 포
함된다.

와인

테이스팅

테이스팅의 단계

와인 전문가들의 테이스팅은 신비감에 싸여 있는 것처럼 보이지만 사실 이를 정확하게 하는 것은 그리 어려운 일이 아니다. 와인 테이스팅의 3단계, 즉 잔에서 코(nose)로, 그 다음에 입(palate)으로 가져가는 것은 와인의 복잡성을 완전히 즐기기 위한 수단이다. 이 장은 그러한 단계를 차례대로 설명해 준다.

테이스팅 : 마시기

와인을 마시는 일은 쉽지만 테이스팅은 약간의 생각이 더 필요하다. 대부분의 와인은 사교적인 장소에서 그저 단순하게 마시는 것만으로는 알아차릴 수 없는 미묘한 아로마, 맛, 감촉을 갖고 있다. 바(Bar)나 레스토랑에서는 담배 연기와 향수 냄새 등이 와인 테이스팅에 방해가 될 수 있으며, 실온이 와인의 복잡 미묘함을 즐기기에 적합하지 않은 온도일 수도 있다.

와인 테이스팅은 마시는 것을 생각하는 과정이다. 와인을 보고, 냄새 맡고, 맛보는 데 몇 분 정도 집중한다면 여기에 숨겨진 뉘앙스와 복잡성을 완벽하게 경험할 수 있다. 게다가 와인의 풍미를 천천히 즐긴다면 와인에 대한 지식과 이해 역시 넓힐 수 있다.

테이스팅의 3단계

테이스팅의 3단계는 와인 애호가들이 오랫동안 사용해 온 방법이다. 시각, 후각, 미각을 이용하여 와인에 논리적으로 접근하는 방법이다. 그 3단계는 다음과 같다.

잔에 든 와인 – 잔에 따른 와인을 감상하는 단계다. 와인의 색과 감촉을 평가하면서 와인의 원산지, 숙성도를 알아차리고, 맛까지 예상할 수 있다.

향 맡기 – 잔에 담긴 와인의 향을 맡으면서 와인에 겹겹이 숨겨진 풍미를 벗겨 내기 시작한다.

맛보기 – 와인의 맛을 보고, 혀를 이용하여 입 안의 와인을 굴리며 와인의 느낌을 감지한다.

테이스팅을 위한 팁

다음 사항을 참고하여 테이스팅으로 최대한의 경험을 이끌어 내고, 와인에 대한 지식을 넓히자.

잔에 든 와인 – 잔에 든 와인을 관찰하여 색, 감촉, 바디를 확인한다.

향 맡기 – 아로마를 느끼기 위해 향을 맡고, 맛이 어떨지 예상한다.

맛보기 – 이제 와인을 입 안에 머금고 입 안의 느낌과 맛을 느낀다.

■ 와인이 올바른 온도인지 확인한다(114~115쪽 참고). 와인이 너무 차갑거나 따뜻하면 맛에 대한 느낌이 달라질 수 있다.

■ 무늬가 없고 투명한 잔을 이용하여 와인을 뚜렷하게 관찰한다(130~131쪽 참고).

■ 잔을 돌려서 아로마가 배어 나오게 한 뒤 냄새를 맡는다.

■ 맛이 섞이지 않도록 다른 음식을 먹기 전에 와인을 맛본다.

■ 와인을 천천히 들이켜서 입 안 전체를 적시고 맛에 대해 생각한다.

■ 마신 와인에 대한 테이스팅 일지를 기록한다.

■ 주변의 냄새를 기록하여 후각의 범위를 넓힌다.

맛의 분석

가장 좋아하는 와인을 떠올려 보고 왜 그런지 생각한다. 상쾌하고 드라이한 화이트 와인이 좋은가? 아니면 진하고 꿀맛 나는 와인이 좋은가? 아니면 감미로운 레드 와인이 좋은가? 좋아하는 와인의 맛을 생각해 보면 여기에 패턴이 있다는 것을 알 수 있고 자신의 기호를 구별할 수 있다. 이 능력은 다양한 와인의 여러 가지 특징을 구분하는 데 도움이 된다.

테이스팅 해 보기

와인을 맛볼 때 처음 드는 생각을 기록한다. 이 와인을 나중에 다시 마시면 식별할 수 있을까? 식별하는 데 도움이 되거나 타인에게 설명하기 쉽게 와인의 특징을 생각해 본다. 유명한 와인 비평가가 추천한 와인을 사서 비평가의 의견에 농의하는지 그렇지 않은지 생각해 본다. 이와 마찬가지로 병에 적힌 테이스팅 노트와 자신의 맛을 비교해 본다. 아마 다양한 노트의 기록과 부합하지 않는 경우가 많이 생길 것이다. 모든 사람이 다

른 미각과 취향을 갖고 있기 때문에 생기는 당연한 결과다. 그럼에도 불구하고 이러한 비교는 테이스팅 실력을 늘릴 수 있는 유용한 방법이다.

다양한 테이스팅 기회 – 큰 규모의 페스티벌, 지역 와인 상점의 테이스팅 등 기회는 다양하다

잔에 든 와인

1단계

테이스팅의 1단계는 와인을 관찰하는 것이다. 와인의 색과 농도를 보는 것만으로도 와인의 산지, 숙성도, 와인의 맛 등 다양한 정보를 알 수 있다. 또한 와인에 문제가 있을 경우, 이를 알아차릴 수 있는 첫 번째 기회이기도 하다.

색

와인은 레드, 화이트, 로제 등의 색으로 주로 구분이 되지만 색은 와인의 이름을 붙여 주는 것 이상의 역할도 맡고 있다. 레드 와인은 불투명하고 거의 검은색을 띠는 것부터 어두운 로제 와인 정도의 밝은 색까지, 화이트 와인은 물처럼 투명한 것부터 깊은 황색까지, 로제 와인은 연어처럼 엷은 핑크색부터 진한 핑크색까지 다양한 색의 스펙트럼을 갖고 있다. 그리고 주정 강화 와인의 색도 빼놓을 수 없다. 예컨대 셰리는 백포도로 생산하기 때문에 화이트 와인으로 분류되지만 피노(fino)의 옅은 색부터 숙성된 올로로쏘(oloroso)처럼 거의 흑

색을 띠는 것까지 다양하다. 포트(형식상 레드 와인)의 경우, 영 빈티지 와인은 진한 흑색을 띠고, 숙성된 토니(tawny) 포트는 황갈색을 띤다. 와인의 색은 이렇게 다양하기 때문에 와인을 보는 것만으로도 충분히 유용한 정보를 얻을 수 있다.

감촉과 바디

잔을 흔들어서 와인을 돌려 움직임이 가라앉길 기다린다. 와인 방울이 잔의 안쪽에 형성되었다가 다시 와인 속으로 내려가는 것이 보인다. 이를 '레그(leg)'라고 부르며, 품질이 좋다는 증거가 되기도 한다. 그러나 이는 물과 알코올이 증발하는 속도가 다르기 때문에 생기는 것이고, 알코올의 함유량이 많다는 사실을 나타낼 뿐이다. 알코올 비율이 높은 와인은 입속에서 더 감칠맛과 농후함이 느껴진다.

조심해야 할 점

잔에 든 와인은 모두 맑게 보여야 한다. 뿌옇다면 문제가 있는 것인데, 요즘 와인은 이러한 문제가 거의 없다.

화이트 와인은 숙성이 되면서 더 어두워지고 엷은 갈색을 띠게 된다. 화이트 와인이 이 정도로 변하면 너무 오래 되었다는 증거다. 과일 향과 신선한 맛이 사라졌을 것이다. 레드 와인은 숙성을 통해 색이 옅어지면서 엷은 갈색을 띠는데, 이 역시 맛이 가장 좋은 때를 놓친 것이다.

와인은 병에 두 가지 침전물을 남기는데, 해롭지는 않지만 잔에 침전물이 섞이면 보기에 좋지 않다. 타르타르산염 결정은 타르타르산이 결정을 이류 작고 하얀 가루로 인체에는 무해하다. 대부분의 생산자는 와인을 병입하기 전에 온도를 떨어뜨려서 타르타르산을 거른다. 이 때문에 병에 타르타르산이 남아 있는 경우는 흔치 않다.

어둠과 밝음 – 레드 와인을 오크 통으로 숙성시키면 특유의 향기가 더해지며, 부드러운 색을 띠게 된다. 영 까베르네 쏘비뇽(왼쪽)의 밝은 색은 25년 이상 숙성시키면 벽돌색-심홍색의 느낌(오른쪽)을 띤다.

색을 관찰하는 법

1 잔을 흰 배경에 댄다. 식탁보나 흰 종이면 충분하다.

2 잔을 부드럽게 돌려 레그(leg)가 잔을 타고 내려오는 것을 본다. 테두리 안의 와인 색을 주의 깊게 살펴본다.

침전물 확인하기

1 숙성시킨 와인은 서빙하기 최소한 하루 전에 똑바로 세워 둔다. 침전물은 이 과정을 통해 바닥에 가라앉는다.

2 침전물이 보인다면 디캔터에 침전물이 빠지지 않게 조심하면서 와인을 디캔트한다(129쪽 참고).

병에서 몇 년 이상 숙성시킨 레드 와인은 타닌과 와인의 색이 섞인 어두운 침전물을 남긴다. 빈티지 포트가 특히 이렇게 될 가능성이 있으므로 주로 디캔트한 다음에 마신다(128～129쪽 참고). 이 침전물은 와인을 흐리게 만들며, 쓴맛을 더하는 경우도 있기 때문에 침전물이 병 밖으로 흘러나오지 않게 하는 것이 좋다.

기포

스파클링 와인의 기포는 품질을 가늠하게 해 준다. 샴페인과 '전통적인 방법 – 이를 메토드 트라디쇼넬(Méthode Traditionelle)이라 한다 – 으로 양조한 스파클링 와인에서는 미세

레그 비교 – 위의 와인은 레그가 없는 반면, 아래의 와인이 보여 주는 레그는 알코올 함유율이 높다는 것을 보여 준다.

한 기포가 끊임없이 올라온다. 샤르마(Charmat) 또는 뀌브 클로즈(Cuve Close) 등의 탱크 발효법을 이용한 스파클링 와인은 더 큰 기포가 생길 수도 있다.

예컨대 포르투갈산 비뉴 베르드(Vinho Verde)는 이산화탄소를 약간 첨가하여 병입한다. 이러한 와인은 혀에 약한 자극을 주며, 잔의 안쪽에 작은 기포가 생길 수 있다.

주정 강화 와인

피노 셰리는 오크 통에 여러 해 동안 숙성시키지만 주정 강화 와인 중에서 가장 옅은 색을 띠고 있다. 옅은 색을 띠는 것은 플로르(flor)라는 이스트 때문인데, 이는 와인의 표면에서 자라며 맛을 신선하게 유지시키고, 색을 옅게 해 준다. 올로로쏘 셰리는 피노 셰리보다 더 어두운 색을 띤다(163쪽 참고).

포트는 여러 가지 블렌딩 방법과 숙성 과정에 따라 다른 색을 띠게 된다. 영일 때 병입된 빈티지 포트는 거의 흑색에 가까울 정도로 매우 진하고 깊은 색을 띠며, 가장자리에 약간의 핑크빛이 돌기도 한다. 병에서 숙성되면서 색은 차차 옅어진다. 토니 포트는 빈티지와는 달리 병입되기 전에 오크 통에서 여러 해 동안 숙성되기 때문에 병입 전에 이미 색이 많이 옅어지게 된다. 토니 포트는 부드러운 황갈색을 띤다.

관찰 시 유의할 점

색이 옅은 화이트 와인은 나무 통 숙성 과정 없이 매우 영인 상태에서 병입되었다는 것을 의미한다. 예컨대 소아베(Soave)는 가장자리가 거의 투명하게 보일 정도다. 매우 옅은 색의 화이트 와인은 영이며, 신선하고, 균형이 잡힌 맛을 갖고 있다. 반면에 화이트 와인을 오크 통에 숙성시키면 색이 짙어진다.

옅은 색의 레드 와인은 차가운 기후의 산지에서 생산되었다는 것을 뜻한다. 짙은 레드 와인은 화이트 와인과 마찬가지로 온난한 기후의 산지에서 생산되었다는 것을 뜻한다. 예컨대 삐노 누아르와 같은 레드 와인 포도 품종은 다른 것보다 옅은 색의 와인을 만들어 낸다. 그 밖에 포도 품종은 재배된 지역의 기후와 양조 과정에 따라 다양한 색을 띠게 된다. 예를 들어 캘리포니아산 진판델의 색은 옅은 핑크색부터 거의 흑색에 이르기까지 매우 다양하다.

진한 레드 와인은 따뜻한 기후를 나타내며, 화이트 와인과는 반대로 색이 진한 것이 영이라는 것을 나타낸다.

메를로 – 프랑스산 메를로. 색이 비교적 옅기 때문에 선선한 기후에서 생산되었을 것이다.

리오하 – 북부 스페인산 리오하. 색이 더 어두우며, 아마 영일 것이다.

시라즈 – 오스트레일리아산 씨라. 진한 루비 빛깔은 이 와인이 영이며, 더운 기후에서 생산되었다는 것을 나타낸다.

리슬링 – 이 독일산 화이트 와인은 색이 매우 옅고 약간의 녹색이 보인다. 이 품종의 일반적인 특징이며, 선선한 기후를 나타낸다.

게부르츠트라미너 – 좀 더 진하며, 약간의 황금빛은 어느 정도의 시간이 흘렀다는 것을 나타낸다.

쎄미용 – 더욱 어둡고 진하다. 깊은 황색은 숙성이 되었다는 것을 나타낸다.

향 맡기

2단계

이제 애호가들이 더욱 진지한 평가를 내리는 단계다. 향이라는 의미를 가진 와인의 '노우즈 (nose)'는 실제의 맛만큼이나 많은 정보를 담고 있다. 심각하게 테이스팅하는 것이 아니더라 도 잠시 동안 '코에 대 보는' 것은 의미 있는 행동이다. 향을 맡지 않으면 와인의 맛과 미묘함 등 많은 부분을 놓치게 된다.

코가 전해 주는 이야기

와인의 향을 한 번 맡는 것만으로도 포도의 품종, 생산 과정, 숙성 과정을 알 수 있다. 경험이 풍부한 테이스터는 향을 맡는 것만으로도 그 와인의 거의 모든 것을 알 수 있을 정도다.

와인의 향을 맡으면 겹겹이 쌓인 아로마의 층과 요소가 한 꺼번에 느껴져서 이를 분류하기 어려울 수도 있다. 과일과 채 소 등의 다른 익숙한 향(72~73쪽 참고)과 아로마를 비교해 보면, 아로마를 식별하고 타인에게 설명하는 데 도움이 된다.

와인에 문제가 있는가?

이 단계의 가장 중요한 임무는 와인이 괜찮은 상태인지 아닌 지를 확인하는 것이다. 향이 어떻든 간에 와인은 깨끗한 냄새 가 나야 한다. 젖은 판지, 썩은 달걀, 탄 고무, 식초, 곰팡이 등 의 냄새는 와인에 문제가 있다는 것을 나타낸다. 산화나 코르

크의 나쁜 영향, 식초로 변하는 것(80~81쪽 참고)이 원인일 수 있는데, 원인이 무엇이든 마시는 데는 문제가 있다.

덤(dumb) 또는 클로즈드(closed) 와인

어떤 와인은 향이 거의 없으며, 아무리 노력해도 아무것도 느끼기 어려울 수 있다. 이러한 와인을 '덤' 또는 '클로즈드'라고 표현한다. 완벽하게 숙성되기 전에 덤의 단계를 거치는 경우가 있는데 이는 와인이 덜 숙성되었다는 표시일 수 있다. 아니면 와인이 너무 차갑거나 공기와 접촉한 시간이 짧아서일 수도 있다.

아로마와 부케(bouquet)

두 용어의 뜻은 다르지만 상관없이 함께 쓰이기도 한다. 아로마는 영 와인의 향이며, 와인의 향을 표현할 때 일반적으로 사용된다. 부케는 숙성된 와인의 향이다.

부케는 와인이 숙성될 때 물리적 화학적 변화가 일어나면서 형성된다. 이 향은 영 와인의 단순한 신선함과 과일 향보다 묘사하기 어렵다. 화이트 와인은 시간이 지남에 따라 꿀의 향과 맛을 내기도 한다. 레드 와인은 숙성으로 더욱 감미로워지며, 깊이 있는 향과 맛을 형성한다.

이 둘을 구분할 수 있게 될 정도의 경험이 생기면 향을 맡는 것으로도 와인의 숙성 기간과 숙성도를 알아차릴 수 있다.

아로마 능력 계발하기

이는 의외로 매우 쉽다. 주변의 냄새를 주의 깊게 기억하는 것으로 능력을 계발할 수 있다. 이미 딸기나 복숭아, 원두커피의 향을 즐기는 사람이라면 더욱 쉽다. 이제는 피망을 자른 다음에도 냄새를 맡아보자. 꽃, 풀잎, 잔디 깎은 냄새, 익은 사과, 오래된 가죽 의자도 마찬가

지다. 숯 연기의 냄새, 빨래한 리넨 천의 상쾌함, 판지, 비 내린 숲의 덤불 등의 냄새를 맡아 본다. 이러한 냄새를 기억해 두었다가 와인의 향을 표현할 때 사용하자.

과일과 꽃 향기

과일, 꽃, 식물 등의 자연스런 향기가 와인에 사용된 다양한 포도에서 나타날 수 있다. 이는 레드와 화이트 와인 모두에 나타나는 현상이다. 이러한 향기는 연상에 크게 도움이 된다. 다음에 와인

향 맡기의 단계

1 잔은 1/3 이하나 아랫부분이 찰 정도로 따른다. 와인을 더 따르게 되면 잔을 돌릴 때 와인이 넘칠 수 있다.

2 잔의 다리나 베이스를 쥔다. 이렇게 잡으면 와인을 관찰하기 위해 기울이거나 돌리기 쉽다. 평평한 면 위에서 잔을 돌린다면(아래 내용 참고) 베이스를 쥔다.

3 와인의 아로마 요소가 배어 나오도록 잔을 부드럽게 돌린다. 와인이 가장자리 니미로 넘치지 않도록 조심한다. 안전을 위해 평평한 표면 위에 잔을 대고 돌리거나 손으로 들고 돌릴 수 있다.

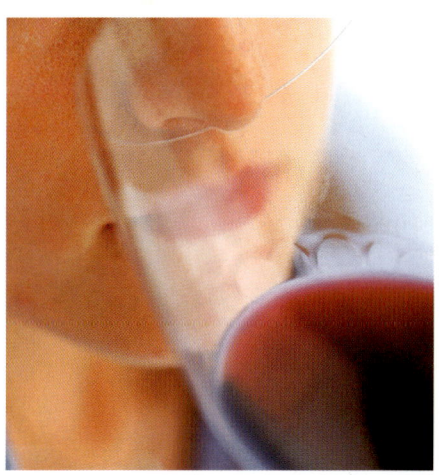

4 잔을 기울여서 코를 잔 안에 넣는다. 코가 와인에 닿지 않도록 조심한다. 깊게 흰 번 들이쉬고 코를 잔에서 뗀 뒤 아로마를 느낀다. 잔에 코를 붙였다가 떼기를 반복하며, 향을 짧게 3~4회 더 맡는다.

을 테이스팅할 때 '과일 향(fruity)'이 느껴진다면 열대 과일인지 장과류인지 익은 과일인지 감귤류인지 구분해 본다. 감귤류라면 신 레몬인지 쓴 레몬인지 톡 쏘는 레몬인지 더 세분화해 본다.

와인에서 꽃 향기가 나는 경우도 있는데, 구체적으로 어떤 꽃인지는 모를 수 있다. 게부르츠트라미너 품종을 사용한 와인에서 장미 향기가 나는 경우도 있지만 대부분의 와인은 봄꽃 향기가 더 일반적으로 느껴진다.

신기하게도 와인에서 포도 냄새가 나는 경우는 드물다. 다만 뮈쓰까(muscat) 포도로 만들어진 와인은 예외인데, 이들은 신선하게 먹는 디저트용 포도의 신선한 아로마를 내뿜는다.

오크와 나무의 향기

레드와 화이트 와인에서 나는 바닐라, 버터, 토스트 향기는 대체로 오크 통에서 와인을 숙성시키는 경우에 발생한다. 예컨대 샤르도네가 그러한 경우다. 오크 통에 너무 오랫동안 숙성시키면 와인에서 목공소 냄새가 나거나 오크 향에 과일 향이 가려지기도 한다. 와인이 숙성되면서 과일 향이 다시 위로 떠오르거나 그렇지 않을 수도 있다. 계피와 정향 등의 스파이스 향도 오크 때문에 더해지는 향기다.

서로 다른 오크는 서로 다른 향기와 맛을 와인에 더해 준다. 미국의 오크는 뚜렷한 바닐라 향이 나는데, 프랑스산 오크는 더 은은하다. 독일 오크는 매콤하며, 포르투갈 오크는 초콜릿 향이 난다.

어떤 오크를 사용하느냐는 와인 생산자가 결정하는데, 주로 프랑스와 미국의 오크가 사용된다. 미국 오크는 오크 향을 확실히 견딜 만한 와인에 사용된다. 나파 밸리(Napa Valley)의 샤르도네가 이런 경우다.

신선함

신선하고 깨끗한 아로마는 와인이 오크 통에서 전혀 숙성되지 않았다는 증거일 수 있는데, 많은 와인이 실제로 오크 통 근처에도 가지 않는다. 다수의 와인 생산자들은 와인을 신선하게 유지하기 위해서 병입되기 전까지 스테인리스 스틸 통에 와인을 보관한다.

와인에서 신선한 향기가 나더라도 산도가 어떤지 타닌이 어느 정도 들어 있는지는 알 수 없다. 이는 맛보기로 확실히 알 수 있다(74~77쪽 참고).

향을 묘사하는 용어

가장 흔하게 나타나는 향기는 앞에서도 설명했지만 다음과 같은 표현도 향을 묘사하는 데 자주 사용된다.

과일 향이 없는(lacking fruit) – 과일 향이 나지 않는 와인. 와인이 미처 숙성되지 않았거나 너무 오래 숙성되어 아로마가 완전히 사라진 경우가 이렇다.

자극적인(pungent) – 자극적이고 찌르는 듯한 향. 좋은 의미로 사용될 수 있다. 쏘비뇽 블랑이 대체로 자극적인 향을 갖고 있다.

아로마틱(aromatic) – 와인의 독특하고 강한 향기. 특히 꽃 향기를 이렇게 표현한다.

강한 노우즈(powerful nose) – 매우 강한 향기를 뿜는 와인. 역시 대체로 좋은 의미로 사용된다.

아로마 휠(wheel) 사용하기

아로마 휠(오른쪽)은 앤 노블이 캘리포니아 주립대학교에서 행해진 〈와인 지각 연구결과〉를 통해 개발한 기준표이다. 아로마 휠에는 와인에서 나는 복잡한 아로마를 구체적으로 표현할 수 있는 주요 용어가 담겨 있다. 이 기준은 세계적으로 사용되며, 복잡한 아로마를 사람들이 동일한 방식으로 느낄 수 있게 도움을 준다. 이 표의 용어들은 아로마를 표현하는 충분한 기준이지만 많은 테이스터들은 자신감이 생겨 자신만의 용어를 사용한다.

아로마 휠은 자신의 테이스팅 기술과 용어를 개발하는 데 도움이 된다. 아로마 휠의 안쪽을 이용하여 먼저 일반적인 향을 구분한 뒤 바깥쪽으로 묘사를 세분화한다. 예를 들어 '과일 향'에서 '말린'으로 범위를 좁힌 뒤, 구체적인 과일인 '자두'로 아로마를 점찍는다.

감각의 지각 – 주변의 아로마를 구체적으로 느껴 본다. 예컨대 가죽 의자, 꽃병에 든 꽃, 썬 과일 등의 향기를 구분한다. 이러한 향기를 기억해 두었다가 아로마를 표현할 때 이용하자.

아로마 휠(aroma wheel)

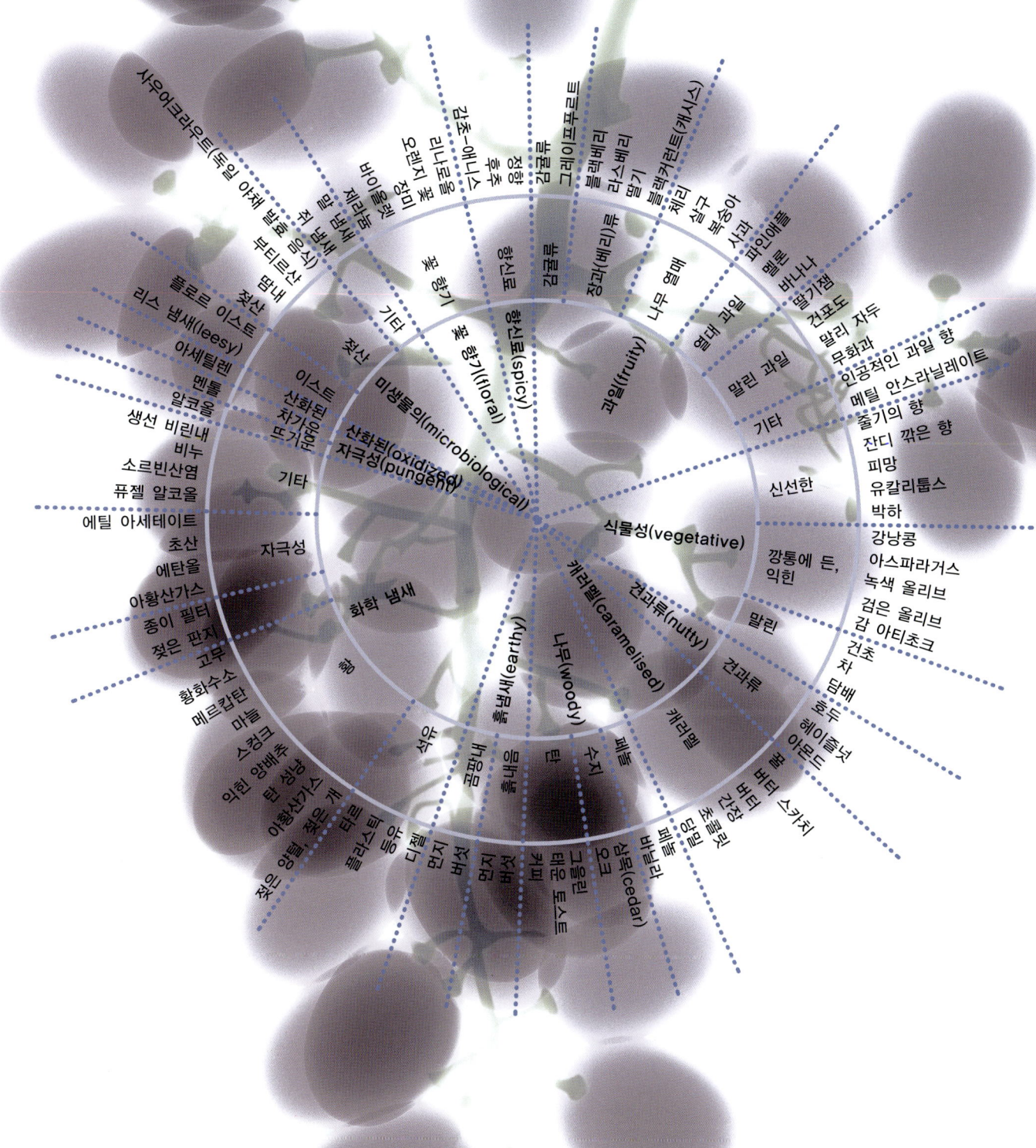

아로마 휠 1990 A. C. Noble, Ann C. Noble 캘리포니아 주립대학교 포도재배학 및 포도양조학부 Davis , CA USA 95616

맛보기

3단계

앞의 두 단계에서 얻은 정보를 확인하는 단계다. 색과 아로마로 예측한 풍부하고 섬세한 맛을 입으로 확인할 수 있어야 한다. 와인을 입에 머금고 입 안에서 돌린 뒤 삼키거나 뱉는다. 이제 와인의 비밀이 모두 밝혀지는 순간이다.

입으로 향 맡기

사람들은 경험으로 알고 있는 라즈베리나 오크 또는 사과의 풍미를 와인에서 맛본다. 그러나 와인의 원료는 포도뿐이며, 숙성할 때 사용된 통의 영향을 약간 받을 뿐이다. 와인의 실질적인 맛은 발효된 포도의 복합적인 아로마에서 나온다. 아로마의 성분들은 입 안에서 증발되고 뇌는 이를 후각적으로 받아들인다. 즉 입으로 향기를 맡는 것이나 마찬가지다.

혀는 네 가지 기본적인 맛을 느낄 수 있을 뿐이다. 혀 앞쪽의 단맛, 옆의 신맛, 중앙의 짠맛(와인에서는 거의 느껴지지 않는 맛), 뒤의 쓴맛이 그것이다. 이 때문에 와인을 혀로 굴리면 와인의 모든 풍미를 맛보고 즐길 수 있다. 테이스팅 시에 입에 와인을 가져가면 혀의 앞부분이 와인에 우선적으로 닿기 때문에 단맛이 먼저 느껴지고 그 다음에 신맛, 그리고 쓴맛이 느껴진다. 그리고 입은 와인의 내용과 감촉을 분석한다(76~77쪽 참고).

단맛

발효되지 않은 포도의 당분이 와인에 단맛을 제공한다. 디저트 와인인 쏘떼른과 주정 강화 와인인 맘지 마데이라(malmsey Madeira) 등은 발효되지 않은 당분을 많이 함유하고 있다(이를 '잔여 당분'이라고 부른다). 캘리포니아산 샤르도네는 드라이하게 느껴지지만 여기에도 리터당 수 그램의 잔여 당분이 포함되어 있다. 샤르도네 등의 드라이 와인에서는 신맛이 단맛을 압도하기 때문에 달기보단 드라이하게 느껴진다. 테이스팅 용어에서 '단(sweet)'의 상대어는 '드라이(dry)'이다.

산도

'상쾌한' 맛을 내는 와인 중에서 산도가 높고, 맛이 약하고, 활

테이스팅의 단계

와인을 한 모금 마신다. 혀를 덮되 입 안이 꽉 차지 않을 정도로 마신다. 와인을 삼키지 말고 머금는다.

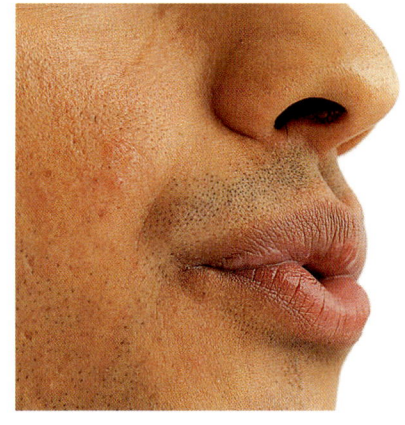

입술을 오므리고 혀 위로 숨을 들이쉰다. 이는 와인에 공기를 접하게 하여 휘발성 성분을 분리시키기 위한 행동이다.

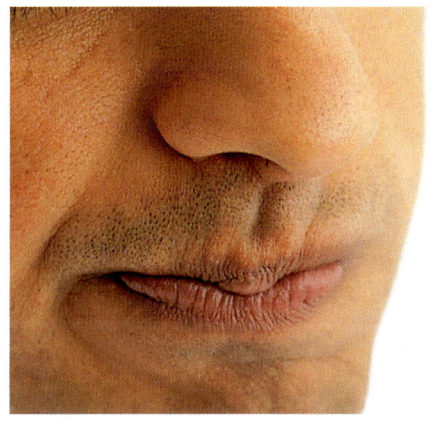

와인을 굴려서 입 안 전체를 적신다. 와인의 맛과 감촉, 그리고 입 안에서의 느낌을 생각한다.

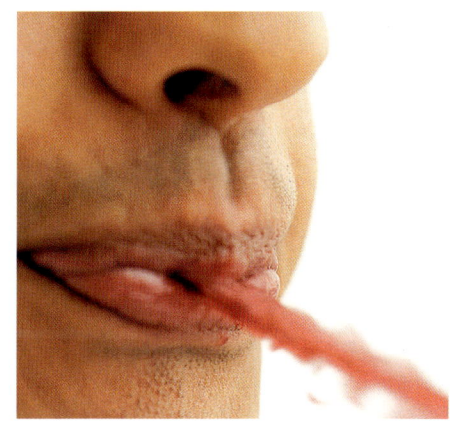

와인에 대하여 충분히 알았다고 생각되면 삼키고, 다량의 와인을 테이스팅하는 경우라면 적당한 용기에 와인을 뱉는다.

비평가의 팁

■ 와인 테이스팅 순서가 정해지지 않은 경우, 많은 사람들이 레드보다 화이트를 먼저, 숙성된 것보다 영을 먼저 마시는 것을 선호한다. 영 와인은 신선하고 상쾌하게 느껴져서, 이를 숙성된 와인 다음에 마시면 싱겁고 산도가 더 많게 느껴진다. 마찬가지로 가벼운 와인은 맛이 진한 와인을 마신 다음에는 싱겁게 느껴진다.

■ 여러 가지 와인을 테이스팅할 때는 맛본 뒤에 와인을 뱉는다. 알코올을 섭취하게 되면 인식력이 감소하기 때문이다.

■ 다음 테이스팅을 위해 마르고 소금기 없는 크래커를 먹거나 입 안을 물로 충분히 헹구어서 입 안에 남겨진 맛을 씻어 낸다.

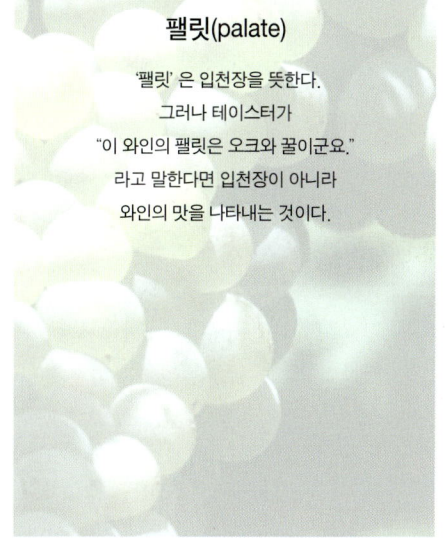

팰릿(palate)

'팰릿'은 입천장을 뜻한다. 그러나 테이스터가 "이 와인의 팰릿은 오크와 꿀이군요." 라고 말한다면 입천장이 아니라 와인의 맛을 나타내는 것이다.

기가 없는 것은 산도가 낮다. 산도는 숙성되는 와인을 썩지 않게 보존해 주는 요소 중의 하나다. 영 와인일 때 매우 산도가 높은 화이트 와인은 오랫동안 병 숙성을 필요로 한다. 산도는 시간이 지나면서 떨어지지 않지만 날카로움이 사라져서 맛은 점점 부드럽고 둥글게 느껴진다. 잔여 당분이 많은 와인은 맛의 균형을 위해 그만큼 높은 산도가 필요하다. 조금 드라이(light dry)한 와인은 스위트에 와인의 산도가 실제로 높더라도 그보다 산도가 더 높게 느껴질 수 있다. 와인이 시큼하면 문제가 생겼다는 증거다.

쓴맛

쓴맛은 와인에서 느껴지거나 느껴야 할 맛이 아니다. 쓴맛과 타닌의 떫은맛을 혼동하지 않도록 한다. 와인이 쓰게 느껴지면 문제가 생겼다는 표시일 수 있으며, 식초로 변하는 중일 수도 있다. 식초 맛이 나는 와인은 확실히 문제가 있는 와인이다. 어떤 경우에는 와인에서 오크의 쓴맛이 느껴질 수 있는데, 이는 오크 통이 충분히 마르지 않은 상태에서 와인의 숙성에 사용했기 때문이다. 그러나 흔하게 발생하는 일은 아니다.

맛의 균형

다양한 요소가 섞여서 조화롭고 맛있는 와인이 되려면 요소들이 반드시 균형을 이루어야 한다. 타닌과 산도 등의 이른바 '백본(backbone : 척추)'이라고 불리는 요소들은 과일 향과 당분의 균형을 이루어야 한다. 타닌 또는 산도 한쪽에만 치우친 와인은 '터프(tough)' 또는 '하드(hard)' 하다고 표현한다.

맛의 느낌

와인이 크림이나 실크 또는 벨벳 같은가? 아니면 떫고 드라이한가? 혀에서 어떻게 느껴지는가? 와인을 삼키거나 뱉은 다음에 잠시 동안 멈추어서 맛이 어느 정도 지속되는지 느껴 보자.

타닌(Tannin)

타닌은 레드 와인의 필수 성분으로 붉은 포도의 껍질과 씨, 줄기에서 나오는 성분이다. 와인이 입 안에 퍼질 때 느껴지는 드라이하고 떫은 느낌으로 타닌을 알 수 있다. 진하고 차가운 차를 마시면 타닌이 무엇인지 알 수 있다.

와인에서 느껴지는 타닌은 어느 정도 와인이 숙성되었는지를 나타내는 유용한 지표가 된다. 영 레드 와인은 숙성된 레드 와인보다 더 강한 타닌의 맛이 난다. 와인이 숙성되면 와인의 맛이 더욱 부드럽고 감미로워진다.

그런데 요즘 레드 와인 생산자들은 농후하고 벨벳처럼 부드러운 감촉의 영 와인을 생산하는 것이 목표다. 와인 테이스터들은 이러한 와인이 '숙성된(ripe) 타닌'을 지녔다고 표현한다. '그린(green) 타닌'은 '숙성된 타닌'의 상대어이며, 드라이하고 거칠게 느껴진다.

타닌이 강한 레드 와인을 계속 마시는 것은 매우 어렵다. 타닌이 입 안에 계속 남기 때문에 점점 맛보기가 어려워진다. 다음 와인을 마시기 전에 입 안을 물로 헹구거나 소금기가 없는 마른 크래커를 먹어서 이러한 문제를 해결하자.

바디(body)

입 안에 느껴지는 와인의 무게와 부피감을 표현하는 용어다. 알코올이 많을수록 입 안이 '차는(full)' 느낌이 강하다. 요즘은 바디가 꽉 찬 느낌의 레드 와인이 인기가 좋기 때문에 많은 와인 생산자들이 알코올 함유율을 높이고 있다.

지속성

단순한(Simple) 와인은 삼키면 맛이 금방 사라지지만 고급 와인의 맛은 삼키고 거의 1분이 지나도록 입 안에 남는다. 이러한 뒷맛을 와인의 지속성이라고 한다. 와인이 영이거나 품질이 좋지 않다면 입 안의 여운이 오래 지속되지 않지만 품질이

맛과 아로마 - 와인을 테이스팅할 때는 과일, 풀, 식물 등에서 비슷하게 느껴지는 향미를 찾아본다.

찾아낸 것 묘사하기 – 몇 가지 와인을 테이스팅할 때는 입안을 맑게 유지해야 맛을 명확하게 느낄 수 있다. 테이스팅 시 간격을 두는 것이 좋다.

좋거나 숙성이 되었다면 풍미가 오래 간다. 공식적인 테이스팅 자리라면 테이스터들이 "지속성이 좋군요."라든지 "매우 길군요."라는 말을 하는 것을 종종 들을 수 있을 것이다. 반대로 '짧다(short)'는 좋지 않은 평이다.

맛의 그룹

와인은 종종 특정한 풍미의 그룹에 해당되는 것으로 표현된다. 주요 그룹으로 과일, 흙내음, 광물질, 향신료, 나무가 있다. 이들은 일반적인 맛을 표현하는 용어로서 와인을 표현하는 데 도움이 된다. 레드와 화이트 와인 전체를 묘사하는 데 사용된다.

테이스팅 용어

오스티어 (austere) – 맛이 약하고 강하며, 과일 향이 없는. 너무 영일 경우에 이러하다.

비피 (beefy) – 진하고 무게감이 있으며, 견고한. 레드 와인에만 사용되는 용어.

코어스 (coarse) – 조잡하고 거친.

컴플렉스 (complex) – 다양한 특징이 섞여 있는.

뎁스 (depth) – 맛이 겹겹이 있는.

엘레건트 (elegant) – 균형이 잘 이루어지고, 맛이 좋은.

팻 (fat) – 입 안이 가득 차는 느낌으로 스위트 와인에 자주 사용된다.

피네스 (finesse) – 매우 섬세하고 격조 높은.

펌 (firm) – 산도나 타닌이 적당한.

포워드 (forward) – 보관 기간에 비해 숙성된.

하드 (hard) – 타닌 또는 산도가 너무 높은.

헤비 (heavy) – 알코올 함유율이 높고, 때에 따라 신선함과 산도가 떨어지는.

허베이셔스 (herbaceous) – 풀 또는 풀잎의 풍미.

재미 (jammy) – 졸인 과일 맛. 신선함이 떨어진다.

스프리츠 (spritz) – 와인의 이산화탄소 때문에 혀에 살짝 쏘는 듯한 느낌이 드는 것. 가벼운 영 화이트 와인에서 느껴지며, 강점이 될 수 있다.

스토키 (stalky) – 와인 줄기에서 발생하는 좋지 않은, 또는 풀과 비슷하기도 한 맛.

스튜드 (stewed) – 익힌 듯한 맛. 신선한 사과와 끓인 사과를 비교해 보면 알 수 있다.

스틸리 (steely) – 산도 또는 타닌이 많은. 화이트 와인에 쓰이는 용어이며, 이러한 평가를 받은 와인은 속성을 통해 맛이 개선될 수 있다.

스트럭처 (structure) – 과일 향, 산도, 당도, 타닌 등의 기본 요소의 균형. 좋은 와인은 구조가 견고하고, 빈약한 와인은 구조가 약하다.

서플 (supple) – 실크처럼 부드럽고, 어색한 맛이 없다.

씬 (thin) – 둥그런 맛이 없는.

베지털 (vegetal) – 양배추와 같은. 숙성된 부르고뉴의 화이트 및 레드 와인은 좋은 의미로 베지털이지만 다른 와인에서 이러한 맛이 나면 문제가 있는 것이다.

제스티 (zesty) – 신선하고 활기찬.

육류에 어울리는 와인

모든 육류는 독특한 맛을 지니고 있지만 저녁 식탁에 올라오는 고기의 맛은 어떤 조리 과정을 거쳤느냐에 따라 확연히 달라진다. 요리를 위해 와인을 선택할 때는 이러한 요소를 모두 고려해야 한다.

쇠고기

간단한 럼프 스테이크(rump steak)를 내놓든 복잡한 캐서롤을 내놓든 쇠고기의 독특한 육질에는 진하고 풍부한 맛을 지닌 레드 와인이 잘 어울린다.

보르도 – 진하고 맛이 다양한 레드 와인으로 육즙이 많은 스테이크에 언제나 잘 어울리는 파트너.
부르고뉴 – 육질이 더욱 부드러운 캐서롤에는 바디가 가볍고 부드러운 레드 와인이 좋다.

돼지고기

돼지고기는 매우 다양한 방법으로 요리할 수 있기 때문에 요리 방법이 와인의 선택을 좌우한다.

키안띠 – 마리네이드 요리를 하거나, 바비큐를 한다면 숯의 풍미와 어울리는 와인을 선택한다.
리오하 – 구운 돼지고기에는 리오하처럼 풀-바디를 가진 와인이 필요하다.
발폴리첼라(Valpolicella) – 달콤한 사과 소스와 돼지고기를 함께 먹는 이탈리아산 발폴리첼라는 맛이 매우 좋다.

양고기

오븐에 구운 어린 양고기는 성숙한 양고기에 비해 매우 다른 감촉과 은은한 맛을 지니고 있다. 이런 점을 고려하여 와인을 선택하자. 민트 소스는 와인의 맛과 어울리지 않기 때문에 많이 쓰지 않도록 조심한다.

그르나슈(Grenache) – 오븐에 구운 스프링 램(spring lamb) 요리에는 씨라와 블렌드한 와인이 제격이다.
보르도 – 성숙한 양고기에는 보르도의 뽀므롤이 최고이다. 뽀므롤은 깊고 진한 맛이 나지만 타닌과 산도가 낮은 편이다.

송아지고기

송아지고기는 고기의 색으로 품질을 평가할 수 있다. 고기의 색이 하얄수록 맛이 더욱 부드럽고 섬세한데, 여기에는 가벼운 와인이 어울린다.

부브레(Vouvray) – 파인 드라이(fine dry) 및 오프-드라이(off-dry) 화이트 와인은 흰 송아지고기에 잘 어울린다.
보르도 – 진한 레드 와인은 어두운 송아지고기의 뚜렷한 맛을 밖으로 끌어 낸다.
소아베 – 크림이 든 화이트 와인 소스를 사용한 송아지고기에는 라이트 드라이(light dry) 화이트 와인이 매우 잘 어울린다.

소시지

고기의 종류와 소시지의 성질에 따라서 와인을 선택한다. 향신료가 많이 든 소시지는 와인을 선택하기 까다로울 수 있다.

시라즈 – 바디가 매우 견고하고 맛이 무르익기 때문에 대부분의 소시지에 어울린다.
꼬뜨 드 론(Côte de Rhône) – 맛이 풍부한 소시지에는 맛이 풍부한 레드 와인이 최고의 선택이다.

차갑게 서빙하는 고기
(cold meat, 콜드 미트)

샐러미(salami)와 그 밖에 저장육은 맛이 매우 강하기 때문에 맛이 진한 레드 와인이 어울린다. 고기가 차가우면 지방기가 잘 느껴지므로 산도가 높은 와인이 좋다.

론 – 론 지역의 아로마가 강하고 풀-바디 와인은 모든 콜드 미트에 썩 잘 어울린다.
삐노 누아르 – 가장 잘 어울리는 것은 캘리포니아와 뉴월드 와인이다.

트러플과 함께 서빙하는 석쇠에 구운 스테이크 – 맛이 진한 고기 요리는 부르고뉴처럼 맛이 진한 레드 와인과 함께 서빙한다.

좋은 와인과 나쁜 와인

구별하기

오늘날에는 발달된 와인 생산 공정 덕에 매우 값싼 기본적인 와인도 맛이 좋고, 일상적으로 마시는 와인도 문제가 없다. 그렇지만 정말 특별한 와인을 와인 애호가들은 어떻게 구별하는지 알아보자. 그리고 와인의 손상과 문제를 알아차리는 법에 대한 설명도 함께 살펴보자.

포도의 건강 – 포도 줄기와 포도에 영향을 주는 질병은 여러 가지가 있지만 와인 생산자들의 세심함으로 문제가 있는 포도는 와인에 들어가지 않는다.

어떤 것이 좋은 와인인가?

우선 와인에 있어서 좋은 품질과 나쁜 품질이 무엇인지 일반적인 정의를 내려 보자. 맛은 언제나 주관적인 판단이라는 것을 가장 먼저 염두에 두어야 한다. 전문가들은 좋은 와인이 다음과 같은 특징을 갖고 있다고 판단한다.

■ 맛과 감촉이 균형을 이룬다.

■ 적당한 지속성이 있다(맛의 여운이 입 안에 남는다).

■ 맛이 복잡하다(다양한 맛이 섞여 있다).

나쁜 와인은 무엇인가?

'나쁜' 와인은 손상을 입거나 문제가 있거나 생산이 잘못된 와인을 지칭한다. 생산 공정과 와인 상점 구입 정책이 개선되었기 때문에 최근 들어서는 잘못 생산된 와인을 접하기는 매우 어려워졌다. 문제가 있는 와인을 구입했다면 이는 대체로 병입 불량이나 잘못된 보관 때문이다.

특히 와인에 식견이 없다면 문제 있는 와인을 식별하기는 쉽지 않다. 이를 확실히 알기 위해서는 와인을 관찰하고, 냄새를 맡고, 맛을 보아야 한다. 식당에서 와인을 테이스팅하는 에티켓이 142~143쪽에 자세히 설명되어 있다.

콕트(corked) 와인

콕트 와인은 가장 쉽게 생기는 문제로 와인 생산 과정에서 곰팡이가 있는 코르크가 와인에 접촉하여 발생한다. TCA(2, 4, 6 – 트라이클로로애니솔)라는 이 곰팡이는 와인에 곰팡내를 풍기게 한다. 이 냄새는 축축하거나 젖은 판지 냄새와 매우 비슷하다. 이를 '콕트' 또는 '코르크에 오염된(cork taint)'이라고 표현한다. 심한 코르크 오염은 누구나 알 수 있지만 심하지 않은 경우에는 전문가들조차 의견 차이를 보인다. '콕트 와인'이라는 용어는 오용되는 경우가 많은데, 코르크 조각이 빠진 와인을 이렇게 부르는 것은 틀린 말이다(121쪽 참고).

변색된 와인

와인이 갈색으로 변색되고 아로마와 맛이 없어지는 현상은 산소에 과다하게 노출, 즉 산화되어 생긴다. 와인을 잘못 보관하거나 뚜껑을 연 채 며칠 동안 두면 이렇게 된다.

식초 맛 와인

와인에서 식초 맛이 나거나 시다면 박테리아의 활동 때문이다. 어떤 와인은 산도가 높지만 이는 식초로 변한 와인과는 전혀 다르다.

코르크에 핀 곰팡이

오래 보관된 와인은 코르크 밖에 곰팡이가 피는 경우가 있지만 이. 자체가 나쁜 징조는 아니다. 단지 습기찬 곳에서 와인을 보관했다는 표시일 뿐이다. 이 곰팡이에 병 안의 와인이 영향을 받았을 가능성은 거의 없다.

와인 안의 결정

잔이나 병의 바닥에 작고 하얀 결정이 가라앉을 수 있는데, 이를 유리 조각으로 착각하지 말자. 타르타르산 결정일 뿐이다. 이는 와인에 타르타르산이 함유되어 있기 때문에 생기는 문제로 인체에 전혀 무해하다. 원한다면 이를 디캔트할 수 있지만 디캔트하지 않더라도 마시는 데는 지장이 없다.

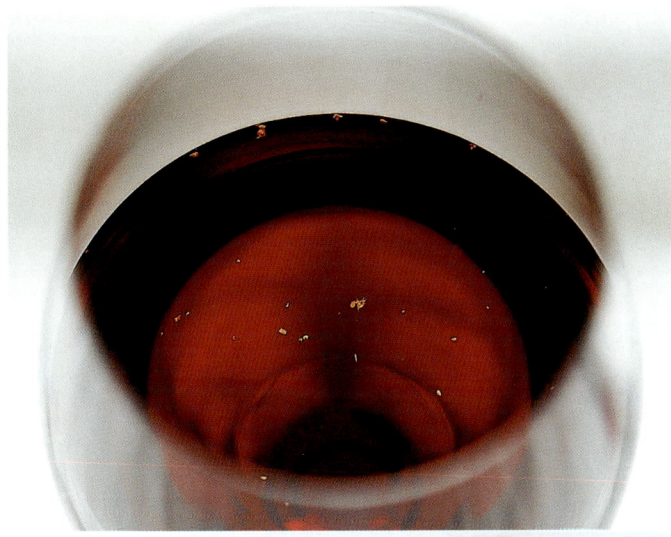

문제점 식별하기 – 가장 심한 문제는 냄새를 맡거나, 와인을 마셔 보면 알 수 있다. 문제점으로 보일 수 있는 것이 전혀 문제가 아닌 경우도 있으며, 코르크 조각 등을 제거하기만 한다면 와인을 마시는 데 전혀 지장이 없는 경우도 있다. 와인에 떠 있는 코르크 조각(위), 문제가 생긴 코르크(중앙), 결정 침전물(아래)은 와인에 문제가 있다는 표시가 아니다.

소믈리에 상식 익히기

■ 코르크를 뺄 때 코르크 조각이 와인에 빠지는 것은 당연하며, 특히 오래된 병에서 이렇게 될 가능성이 있다. 코르크 조각이 있다고 해서 와인에 문제가 있는 것은 아니며, 와인의 맛에 영향을 끼치지도 않는다. 집에서는 잔에 빠진 코르크를 간단히 건지면 된다. 레스토랑이라면 소믈리에에게 제거해 달라고 부탁한다. 소믈리에는 요청에 따라 와인을 디캔트한 다음에 병을 다시 테이블로 가져온다.

■ 구입한 와인을 집에서 열었는데 문제가 있다면 코르크를 막아 다음 날 구입처에 가져간다. 가능하다면 영수증을 함께 가져간다. 상태가 어떤지 의심스럽다면 병은 열어 둔 채 산에 와인을 따르고 1~2시간 기다린다. 와인에 문제가 있다면 1~2시간이 지난 뒤에 확실히 알 수 있다.

야생 고기에 어울리는 와인

사냥한 고기는 며칠 동안 매달아 두어 고기의 맛을 진하고 풍부하게 만든다. 사냥한 고기를 특별한 식사에 내놓는 경우라면 고기의 화려한 맛과 특별한 행사에 어울리는 풀-바디 고급 레드 와인이 좋은 선택이다.

비둘기

오븐에 구운 비둘기는 맛이 진하고 지방이 많기 때문에 맛이 강한 숙성된 레드 와인이 필요하다.

꼬뜨 드 뉘이 (Côte de Nuits) – 맛이 강렬하고 성숙한 풀-바디 부르고뉴.
투스칸 산지오베세 – 비둘기의 독특한 맛에 어울릴 정도로 맛이 강하며, 함께 채소를 곁들여도 어울린다.

꿩

야생이든 양식이든 꿩은 숙성된 고급 레드 보르도와 궁합이 가장 잘 맞는다.

뽀므롤 – 맛이 진해서 고기의 진함과 육질의 맛을 돋우어 준다.
쎙떼밀리옹 – 숙성된 고급 와인으로 식사에 빛을 내준다. 요리 소스에 쎙떼밀리옹을 살짝 더해 주면 맛이 좋아진다.

메추라기

다른 야생 조류보다 맛이 진하지 않으며, 오븐에 굽거나 바비큐를 하면 좋다. 가벼운 레드와 함께 먹는다.

영 부르고뉴 – 맛이 부드럽고 상쾌한 것을 선택하여 메추라기의 섬세한 맛을 망치지 않도록 한다.
삐노 누아르 – 뉴월드의 삐노 누아르는 좋은 선택이다.
리오하 – 숙성된 리오하의 맛이 메추라기의 맛을 훌륭하게 받쳐 준다.

토끼

스튜를 만드는 경우, 토끼는 진한 레드 와인 마리네이드에 여러 시간 동안 담가 두고 이와 어울리는 레드 와인과 함께 먹는다. 맛이 강한 와인을 선택한다.

보르도 – 숙성이 많이 되지 않은 레드 보르도를 택한다.
꼬뜨 드 프롱또네(Côtes de Frontonnais) – 풍미가 더 강하기 때문에 오븐에 구운 토끼고기에 어울린다.
시농(Chinon) – 과일 향과 산도가 꽤 강한 미디움-바디 레드 와인이기 때문에 과일 소스를 사용한 토끼 요리에 어울린다.

산토끼

산토끼의 맛은 토끼보다 강하다. 고기의 색과 '야생 고기의 향'이 토끼보다 더 짙게 나타난다. 그러므로 풀-바디 레드 와인이 어울린다.

뉘상조르쥬(Nuits-St-Georges) – 강한 야생 고기의 향을 견딜 수 있는 강한 와인이다.
리베라 델 두에로(Ribera del Duero) – 맛이 화려하고 강한 스페인산 레드 와인.
바르바레스코 – 매우 강력하고 맛과 아로마가 풍부하다.

사슴고기

얇게 썬 사슴고기는 요리하는 도중에 건조해질 수 있기 때문에 요리용 주스로 만든 소스를 이용하여 미디움-레어로 굽는다. 옆구리살은 와인 마리네이드에 담가서 고기를 연하게 만든다.

씨라 – 사슴고기의 독특한 맛에 견딜 수 있는 진하고 기운이 좋은 와인이다.
키안띠 – 3~4년 숙성된 키안띠는 가볍게 구운 안심과 비슷한 느낌을 입 안에 전달한다.

토끼 캐서롤과 계절 채소 – 시농 또는 레드 보르도와 함께 서빙한다.

포도 품종

구별하기

포도는 세계적으로 수천 종이 있으며, 대부분이 좋은 품질의 와인을 생산할 수 있는 품종이다. 가장 인기 있고 널리 사용되는 와인은 대략 50종의 포도로 생산되며, 재배 지역에 따라 매우 다른 맛을 낸다. 맛의 중요한 차이를 알아내려면 평생 동안 테이스팅해야 할지도 모른다.

주로 느껴지는 맛

적포도(또는 흑포도)에서는 붉은 색이나 검은 색 과일과 비슷한 맛이 느껴진다. 백포도 와인은 감귤류와 핵과류 과일 맛이 나고, 오크와 토스트의 맛이 약간 느껴지기도 한다. 와인의 맛을 결정하는 데는 생산 지역의 기후가 중요한 역할을 한다. 그래서 다양한 국가, 지역 그리고 다른 시기에 생산된 와인의 맛에서는 차이가 느껴진다. 86~87쪽과 88~89쪽에 나온 레드 및 화이트 와인의 주요 특징은 블라인드 테이스팅에서 품종을 식별하거나 자신이 특별히 즐기는 와인을 찾는 데 도움이 된다.

타닌과 오크

레드에는 있지만 화이트 와인에는 없는 것이 바로 타닌이다. 타닌은 포도의 껍질과 씨에서 발생하는 맛과 감촉으로 화이트 와인의 발효에는 껍질과 씨가 들어가지 않는다. 타닌의 정도는 포도의 품종과 생산 과정의 차이에 따라 레드 와인마다 다르게 나타난다.

오크의 맛은 화이트와 레드 와인 모두에서 느껴진다. 샤르도네, 쎄미용, 쏘비뇽 블랑은 새 오크 통에서 숙성이 될 수도 있으며, 맛이 잘 어울린다. 리슬링과 게부르츠트라미너는 새 오크 통의 맛이 느껴지지 않는 것이 낫다.

버라이어티(varietys)와 버라이어틀(varietals)

유럽의 생산자는 와인의 지역, 농장, 포도원의 명칭에 따라서 라벨을 붙이지만 대부분의 뉴월드 와인 생산자들은 포도 품종을 라벨에 표시한다. 아뻴라시옹 꽁뜨롤레 제도에 따라 프랑스의 와인 생산자들은 포도 품종을 라벨에 표시할 수 없다. 그래서 와인의 라벨을 읽거나 논의하는 데 혼돈이 생길 수 있다. 간단하게 설명하자면 '버라이어티'는 포도의 품종과 그 특징을 지칭하고, '버라이어틀'은 블렌드 와인과 다르게 거의 한 종의 포도만을 이용하여(최소 85% 이상) 생산된 와인을 뜻한다.

블렌딩

많은 와인 생산자들은 같은 품종이든 다른 품종이든 와인을 블렌딩한다. 어떤 와인 생산자들은 특정한 스타일을 일관되게 유지하기 위해 다른 빈티지의 와인을 블렌드하며, 이를 통해 생산 비용을 줄이는 경우도 있다. 예를 들어 미국에서는 샤르도네와 꼴롱바르(Colombard) 와인을 블렌딩하여 비싼 샤르도네의 가격을 낮춘다.

　모든 적포도가 쉽게 어울리는 것은 아니지만 어떤 블렌드 와인은 여기에 사용된 포도를 따로 와인으로 만드는 것보다 오히려 더욱 좋은 맛을 내는 경우가 있다. 레드 보르도는 까베르네 쏘비뇽, 까베르네 프랑, 메를로를 블렌드한 와인이다. 이들 품종은 그 자체로도 좋은 와인이지만 서로 블렌드할 때 더욱 좋다. 샹파뉴와 샤또네프 뒤 빠프(Châteauneuf-du-Pape)도 역시 블렌드한 와인이다.

　까베르네 쏘비뇽은 다양한 포도 품종에 어울리는 블렌딩 파트너지만 부주의하게 다루면 다른 품종을 억누르는 수가 있다. 까베르네 쏘비뇽은 오스트레일리아의 시라즈 및 이탈리아의 산지오베세와 특히 궁합이 좋다. 뗌쁘라니요와 가르나차는 주로 스페인에서 함께 블렌딩하는 품종이고, 그르나슈, 무르베드르, 씨라 블렌딩은 남부 프랑스의 일반적인 블렌딩 방법이다.

새로운 세계 – 칠레의 돈 막시미아노(Don Maximiano) 포도원은 프랑스의 까베르네 쏘비뇽을 처음으로 재배하기 시작한 뉴월드 포도원이다.

포도 품종

가장 유명한 품종은 다음 쪽에 자세히 설명되어 있다. 아래에는 그 밖에도 자주 접할 수 있는 품종을 설명해 놓았다.

바르베라(barbera) – 북서부 이탈리아가 원산지. 캘리포니아에서 잘 재배된다. 타닌이 많고 쓴 체리, 자두, 체리 맛이 난다. 산도가 높다.

까베르네 프랑(cabernet franc) – 보르도의 품종. 까베르네 쏘비뇽과 메를로와 블렌딩한다. 레드커런트의 맛과 풀 향기가 꽤 난다.

까르메네르(carmenère) – 포도 생산자들이 메를로로 착각하고 재배하기 시작한 칠레의 포도. 맛이 강하고 진하며, 풍부한 과일 맛과 약간의 스파이스 향이 난다. 산도가 낮다.

돌체토(dolcetto) – 북서부 이탈리아산 포도. 지역 주민들은 영일 때 신선하게 즐긴다. 쓴 초콜릿과 체리 과일 향이 난다.

가메(gamay) – 보졸레의 포도. 캘리포니아의 가메 보졸레와는 다르다. 풍선껌과 딸기 향이 나고 타닌이 적다.

그르나슈 / 가르나차(grenache/garnacha) – 남부 프랑스와 스페인 전 지역에서 나는 포도. 현재는 캘리포니아에서도 재배된다. 맛이 진하고 부드러우며, 캔디, 자두, 버터 맛이 난다.

말벡(malbec) – 아르헨티나에서 재배되는데, 보르도가 원산지이나 현재 보르도에서는 거의 재배되지 않는다. 진한 레드커런트 맛이 난다. 산도가 높다.

무르베드르(mourvèdre) – 품질이 뛰어난 남부 프랑스 포도. 캘리포니아 블렌드에 포함되기도 한다. 타닌이 많고 맛이 강하며, 풀 향기가 난다. 산도가 높다.

삐노따지(pinotage) – 남아프리카의 특별한 품종. 레드커런트와 향신료 맛이 난다.

삐노 블랑(pinot blanc) – 샤르도네와 약간 관련이 있다. 견과류, 사과, 복숭아 맛이 나지만 샤르도네보다 더 은은하고 중립적이다.

삐노 그리(pinot gris) – 향신료 향이 나며, 드라이한 것과 스위트한 와인을 모두 만든다. 알자스의 삐노 그리는 맛이 진하고 가득 찬 느낌이다. 이탈리아의 삐노 그리지오는 가볍고 상쾌한 와인을 만들어 낸다.

비오니에(viognier) – 론과 남부 프랑스에서 재배되는, 아로마가 강하고 살구 맛이 나는 포도. 다른 지역에서 점차 많이 재배되기 시작했다.

까베르네 쏘비뇽 (cabernet sauvignon) – 레드 와인에 사용되는 가장 유명한 포도 품종으로 보르도 와인에 주로 사용되는 품종 중의 하나다(그 밖에 메를로 까베르네 프랑이 사용된다). 거의 모든 와인 생산국에 퍼진 품종이다.

메를로(merlot) – 까베르네 쏘비뇽과 함께 주로 블렌딩되는 품종으로 이 자체만을 사용한 와인도 매우 인기가 좋다.

향 – 블랙커런트와 자두 향이 특징적으로 나타나고, 새로운 오크 통에서 숙성되면 간혹 바닐라 향이 나기도 한다. 어떤 것은 민트 향이 나며, 덜 숙성된 것에서는 덜 익은 고추 향이 나기도 한다.

맛 – 자두와 블랙커런트 향이 나며, 타닌의 스트럭처가 좋은 편이다. 많은 까베르네 쏘비뇽에 메를로가 더해진다.

향 – 자두, 체리. 간혹 딸기와 라즈베리 향이 난다.

맛 – 부드럽고, 과일의 느낌이 강하며, 산도가 낮다. 메를로는 까베르네 쏘비뇽처럼 타닌이 많지 않기 때문에 둘을 블렌딩하면 잘 어울린다.

네비올로(nebbiolo) – 이탈리아 북서부의 피에몬테에서 가장 유명한 레드 와인용 포도 품종으로 타 지방에서도 재배되지만 지역마다 질이 다르다.

뻬노 누아르(pinot noir) – 매우 매력적인 포도로 실크와 같은 느낌의 레드 와인을 만들어 낸다. 레드 부르고뉴에 유일하게 사용되는 포도 품종이다. 뉴질랜드, 오리건, 캘리포니아에서도 좋은 뻬노 누아르가 재배된다. 스파클링 와인에 전통적으로 사용되는 품종이다.

향 – 일반적으로 타르와 장미 향을 내며 강한 아로마를 내뿜는다. 초콜릿, 커피, 풀 향기가 나기도 한다.

맛 – 맛이 진하고, 무게감이 있으며, 풍부하다. 타닌이 많고 초콜릿, 타르, 장미의 맛이 나며 산도가 높다.

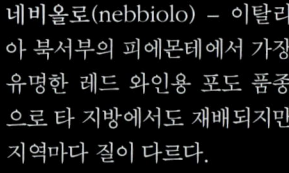

향 – 딸기, 체리, 바이올렛, 숲 덤불 향이 난다. 간혹 양배추 향이 살짝 나기도 한다.

맛 – 산도가 좋고 타닌이 비교적 적은 편. 딸기, 숲 덤불, 채소, 야생고기 맛이 나고 실크처럼 부드러운 감촉이다.

산지오베세(sangiovese) — 이탈리아 포도 품종으로 네비올로보다 더 많이 전파되었다. 키안띠의 주요 품종으로 사용되며, 중앙 및 남부 이탈리아에서 많이 재배된다. 오스트레일리아와 캘리포니아에서도 성공적으로 재배되고 있다.

씨라(syrah) — 프랑스 북부의 론 밸리에서 재배되는 고급 레드 와인용 포도 품종으로 오스트레일리아에서도 재배되는데, 그곳에서는 시라즈로 불린다. 캘리포니아에서는 씨라와 시라즈라는 표현을 모두 사용한다.

향 — 담뱃잎, 건포도, 커피, 체리, 차.

맛 — 타닌이 많고 쓴 체리, 커피, 담뱃잎 맛이 난다. 간혹 건포도 맛도 나며, 뒷맛이 넓은 경우도 있다. 산도가 높다.

향 — 연기, 풀, 감초, 블랙커런트, 로건베리, 가죽의 향. 론의 씨라는 연기와 풀 향이 더 많이 난다. 오스트레일리아 품종은 블랙커런트와 가죽 향이 더 강하게 난다.

맛 — 타닌이 많고, 과일 맛이 매우 풍부하다. 연기와 풀 향기 때문에 맛이 강렬하게 느껴진다. 오스트레일리아산은 맛이 진하고 풍부하며, 과일 맛이 많이 난다. 론산은 타닌이 많고, 풀 향기가 강하다. 산도가 높다.

진판델(zinfandel) — 캘리포니아의 특수한 품종으로서 '블러시(blush)'와 같은 달콤한 와인부터 진한 레드까지 매우 다양한 스타일에 사용된다.

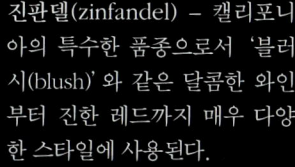

향 — 자두, 블랙베리, 향신료. 흙내음. 가벼운 것은 체리와 레드커런트의 향이 더 난다. 블러시 진판델은 딸기 향이 은은하게 난다.

맛 — 맛이 강하고 진하며, 타닌이 많다. 향신료와 블랙베리의 맛이 난다. 가벼운 와인은 타닌이 훨씬 적으며, 스트럭처도 덜 뚜렷하다. 블러시 진판델은 더 달콤하고 산도가 높다.

뗌쁘라니요(tempranillo) — 레드 와인에 사용되는 스페인의 주요 포도 품종. 거의 모든 리오하에서 주요 품종으로 사용된다.

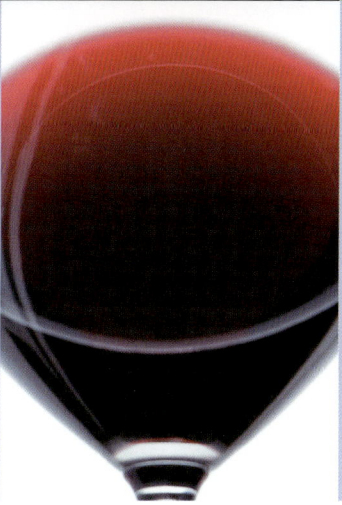

향 — 딸기, 바닐라, 캔디.

맛 — 바닐라와 딸기 맛이 가볍게 나는 것이 있는 반면에 밋이 강히고 진하고 풍부하며, 타닌이 상당히 많이 든 것도 있다.

샤르도네(chardonnay) – 가장 유명한 백포도. 프랑스 부르고뉴에서 전 세계로 퍼졌다. 여러 지역에서 잘 자라고, 기후에 따라 스타일이 다르다.

슈냉 블랑(chenin blanc) – 프랑스 루아르 밸리의 품종으로 매우 드라이한 것부터 매우 단 것까지의 최고급 와인을 만들어 낸다. 타 지역(예컨대 남아프리카)의 것은 활기가 둔한 편이다.

향 – 새 오크 통에서 나는 바닐라 향에 약간 영향을 받을 수 있으며, 또는 이 향이 심할 정도로 느껴지는 경우도 있다. 견과류, 버터, 크림, 토스트, 비스킷, 멜론, 망고, 파인애플 향이 나기도 한다.

맛 – 서늘한 기후의 것은 스트럭처가 견고하고, 따뜻한 기후의 것은 부드럽다. 버터, 크림, 토스트, 열대 과일 맛이 난다. 산도는 중간 수준.

향 – 사과, 레몬, 꿀. 미네랄 향이 약간 느껴진다.

맛 – 드라이한 것은 미네랄 맛 그리고 사과와 레몬 맛이 많이 난다. 영은 떫지만 몇 년이 지나면 꿀맛이 난다. 단 것은 꿀맛이 나고, 살구와 복숭아 맛이 많이 난다. 스위트든 드라이든 모두 산도가 높다.

게부르츠트라미너(gewürztra-miner) – 이국적인 향이 나며, 특히 원산지가 알자스인 것에서 이러한 향이 심하게 느껴진다. 타 지역(독일, 오스트리아, 뉴질랜드, 워싱턴 주, 오리건)의 것은 이보다 좀 더 억제된 맛이 난다.

뮈스까(muscat) – 와인에서 포도 맛이 나는 유일한 품종. 뮈스까 블랑 아 쁘띠 그랭(muscat blanc petits grains)이 가장 섬세한 맛을 낸다. 드라이 와인과 스위트 와인의 생산에 사용되며, 스파클링 와인에도 사용된다.

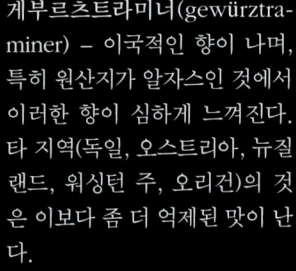

향 – 여지, 얼굴 화장 크림, 장미, 아이스크림.

맛 – 위의 향과 같은 맛, 그리고 피망과 커피 맛이 약간 난다. 산도가 낮다.

향 – 신선한 포도. 장미, 오렌지 껍질, 사과. 스위트 와인에서는 건포도 향이 난다.

맛 – 정말 신선한 포도, 사과, 오렌지. 단 와인에서는 건포도의 맛이 강하게 난다. 산도가 낮은 편.

리슬링(riesling) – 복잡한 맛이 나는 섬세하고 우아한 와인을 만드는 데 사용된다. 드라이와 스위트 와인을 만들어 낸다. 독일의 리슬링은 알자스와 오스트레일리아의 것에 비해 맛이 화려하다.

쏘비뇽 블랑(sauvignon blanc) – 프랑스 루아르 밸리의 품종으로 특히 쌍세르에 주로 사용된다. 뉴질랜드에서 특히 잘 자라며 칠레, 오스트레일리아, 캘리포니아에서도 재배된다.

향 – 복숭아, 사과, 연기, 살구. 단 와인은 말린 살구, 꿀 향기가 난다. 석유와 건포도. 오스트레일리아산은 라임과 토스트의 향이 난다.

맛 – 복숭아, 연기, 향신료. 단 것은 맛이 강하고, 농축된 느낌. 숙성된 와인은 석유와 꿀맛이 난다. 섬세하고, 엄격한 스트럭처를 갖고 있다. 산도가 높다.

향 – 구즈베리, 막 깎은 잔디, 쐐기풀, 아스파라거스, 수고양이.

맛 – 구즈베리, 아스파라거스의 맛이 강하며, 다른 식물의 맛도 느껴진다. 산도가 높다. 스위트 와인은 꿀과 건포도 맛이 나고, 산도가 적당한 조화를 이룬다.

쎄미용(sémillon) – 보르도에서 재배되는 품종으로 드라이 와인과 스위트 쏘떼른에 사용된다. 드라이 와인에 사용되는 것은 오스트레일리아에서 많이 재배된다.

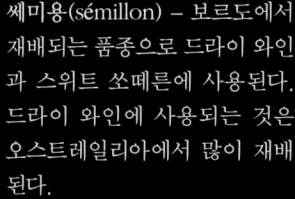

삐노 그리(pinot gris) – 스파이시한 것부터 스위트 와인까지 만들어 내는 품종. 알자스의 삐노 그리는 맛이 진하고 풍만한 반면, 이탈리아의 피노 그리지오는 가볍고 상쾌한 와인을 만들어 낸다. 독일에서는 룰렌더(ruländer)라고 부른다.

향 – 레몬, 라놀린, 견과류, 커스터드.

맛 – 드라이 와인은 토스트와 꿀맛이 난다. 숙성이 되면 밀랍 맛이 나며, 새 오크에서 숙성되지 않더라도 그와 비슷한 맛이 난다. 드라이 와인은 농축된 느낌이 들며 복숭아, 레몬 맛이 난다. 산도는 중간 수준이다.

향 – 특별히 강하지 않다.

맛 – 대체로 드라이하며 맛이 매우 진하지만 압도적이지는 않다.

가금류에 어울리는 와인

가금류(white meat)에는 무조건 화이트 와인을 서빙한다는 생각이 있는데, 이는 올바른 태도가 아니다. 가금류는 고기의 종에 따라 서로 다른 독특한 맛을 지녔고, 와인의 선택은 요리 방법 및 고기와 함께 요리되는 다른 재료를 고려해야 한다.

닭

오븐에 구운 닭은 석쇠에 굽거나 스테인리스판에 굽거나 삶은 닭과는 맛이 꽤 차이가 나며, 사용한 소스의 종류, 속을 채운 재료, 곁들이는 재료 등에 따라 차이가 생긴다.

그리고 닭은 부위에 따라 맛이 완전히 다른 경우가 있다. 예컨대 다리살은 가슴살보다 색이 어둡고 맛이 더 풍부하다. 닭이 주 메뉴인 식사에서는 이러한 요소를 모두 고려하여 와인을 선택해야 한다.

샤블리 – 사람들이 가장 많이 먹는 로스트 치킨의 맛을 돋우어 주는 상쾌하고 신선한 와인이다.

리슬링 – 껍질 없이 삶은 닭가슴살에는 이러한 라이터-바디(lighter-body) 화이트 와인이 좋다.

시라즈 – 오븐이나 석쇠에 구운 닭에는 영 레드 와인이 어울린다.

게부르츠트라미너 – 타이 카레처럼 향신료를 많이 사용한 닭요리의 향과 맛에 기죽지 않는 와인이다.

거위

지방이 많고 맛이 진한 거위는 지방질의 균형을 맞추기 위해 과일 소스를 사용한다. 거위고기는 프와 그라(foie gras)와 함께 나오기도 한다. 맛이 풍부하고 산도가 높으며, 과일 향이 나는 레드 와인을 사용하여 고기의 진한 맛에 맞추도록 한다.

시라즈 – 오스트레일리아 클레어 밸리(Clare Valley)의 시라즈는 과일 향이 좋고 산도가 높다.

까오르(Cahors) – 이 와인은 풀-바디에서 오는 맛과 아름다운 색으로 유명하며 오븐에 구운 거위와 함께 마시면 맛이 좋다.

오리

거위와 마찬가지로 진하고 육즙이 많은 고기로 오리만의 독특한 맛을 갖고 있다. 체리 또는 오렌지 소스를 사용한다면 맛이 강한 와인을 선택하여 복잡한 맛의 향연을 즐길 수 있다.

레드 론 – 과일 맛이 나는 숙성된 론을 선택한다.

레드 부르고뉴 – 버섯이 주로 사용되는 소스의 오리 요리에는 과일 맛이 적은 와인을 선택한다.

뿔닭

특이한 요리다. 베이컨을 얹어서 오븐에 굽거나 고기가 건조해지는 것을 방지하기 위해 마리네이드에 담그기도 한다.

삐노 누아르 – 볼네(Volnay)와 같은 고급 레드 와인이 고기의 진한 맛에 잘 어울린다.

화이트 부르고뉴 – 숙성된 와인을 선택하여 최고의 조화를 이룬다.

칠면조

닭보다 맛이 진하므로 풀-바디 와인을 함께 서빙하여 맛을 돋우어 준다. 크리스마스에 먹는다면 특별한 와인을 내놓도록 한다.

진판델 – 크랜베리 소스를 발라 오븐에 구운 칠면조는 과일 맛이 나고 바디가 강한 와인이 어울린다.

시라즈 – 오븐에 구운 칠면조 및 그에 곁들이는 재료에 어울리는 진함과 풀-바디가 모두 갖추어진 와인이다.

로스트한 칠면조와 크랜베리 소스 – 크리스마스 별식인 이 요리에는 특별한 시라즈나 진판델을 함께 내놓는다.

테이스팅

참가하기

와인 테이스팅 모임은 여러 가지 이유로 열리지만 대부분은 와인의 판매를 촉진하기 위한 행사다. 와인 테이스팅 할리데이와 관광 코스는 여흥을 즐기기 위해 준비되며, 전문가가 테이스팅 과정을 자세히 알려 준다. 이번 장에는 구입을 위해 테이스팅하는 법을 설명해 놓았다.

테이스팅 기회

테이스팅은 다양한 와인을 구입하지 않고 맛볼 수 있는 멋진 기회다. 테이스팅을 하면 와인의 맛이 좋다는 것을 확신하고 살 수 있으며, 당연히 맛보지 않고 사는 것보다 위험 부담이 적다.

포도원이나 양조장에 관광을 가면 마지막 순서로 와인을 1~2잔 마실 수 있는 기회가 주어진다. 와인 판매상과 판매점이 개최하는 테이스팅에는 단골 고객을 위해 와인을 한두 병 열어 주는 식의 비공식 테이스팅, 판매점이 여는 시간에 하는 테이스팅 또는 특정 와인의 판촉 행사와 같은 공식 테이스팅 자리가 있다.

와인을 다량으로 구입한다면 사기 전에 한 병을 맛보는 것이 합리적인데, 대부분의 상인들은 대체로 비싼 와인을 많이 사는 경우에만 이러한 기회를 준다. 저렴한 와인을 여러 케이스 살 계획이라면 한 병을 집에 가져가서 마셔 본 뒤에 사라고 판매상이 권유하기도 한다.

테이스팅에 익숙하지 않다면 미각에 혼란이 와서 실제보다 와인을 더 (또는 덜) 좋게 느낄 수 있다. 집에 한 병 가져가서 편하게 마시는 것이 와인을 평가하는 가장 좋은 방법일 수 있다.

와인 판매점의 비공식 테이스팅

와인 판매점들은 손님들에게 신상품을 맛보게 하거나 특정 와인의 판촉을 위해 샘플로 와인을 한두 병 내놓는 경우가 자주 있다. 제공되는 잔이나 샘플을 받아 마셔 보거나 와인을 따르는 직원에게 부탁한다. 대개 샘플당 3잔 이상 따라 주지 않는다. 질문은 자유롭게 할 수 있다. 여기의 직원들은 포도 품종, 생산 국가, 와인 생산자에 대하여 친절하게 가르쳐 줄 준비가 되어 있는 사람들이다. 테이스팅 자리에서는 열려 있는 와인

테이스팅에 집중하기 – 시간 여유를 갖고 테이스팅하며, 모든 느낌을 집중하여 최대한의 정보를 이끌어 내자.

와인 페스티벌 – 많은 와인 생산자들이 전 세계에서 개최되는 페스티벌에 자신의 와인을 가져간다. 생산자는 이를 통해 와인을 판매하며, 방문자들은 샘플 와인을 통해 와인 상점에서 일반적으로 접하지 못하는 와인을 마실 기회를 갖는다. 생산자와 대화를 나누다 보면 와인 생산 기술에 대한 철학을 들어 볼 수 있고, 대화를 하다가 할인의 기회를 운 좋게 잡을 수도 있다. 지역의 관광 안내 책자에서 와인 페스티벌에 대한 정보를 확인하고, 와인 테이스팅 기회를 갖도록 하자. 와인 페스티벌은 수백 종의 와인을 접할 수 있는 절호의 기회다!

은 모두 마셔 볼 수 있게 되어 있다. 적은 양의 와인만을 맛본다면 와인을 입에 머금었다가 뱉을 필요가 없다. 크래커가 제공된다면 한 번의 테이스팅이 끝난 다음 크래커를 먹어서 입맛을 새롭게 해 주거나 물을 마셔서 입을 헹군다.

와인 판매상 및 상점의 공식 테이스팅

어떤 판매상은 단골 및 대량의 와인을 구입하고자 하는 손님을 테이스팅 자리에 초대한다. 이러한 자리에는 다양한 와인이 등장하기 때문에 집중력을 갖고 테이스팅에 임해야 한다. 시작하기 전에 무엇을 테이스팅할지 정하고, 최대 10종류 이상은 맛보지 않는다. 화이트 와인만을 테이스팅한다든지 샤르도네 내지 진판델 등의 특정 포도 품종이 사용된 와인만을 맛보는 식으로 테이스팅할 와인을 정할 수 있다. 집중하여 테이스팅하는 것은 와인에 대한 지식을 쌓을 수 있는 좋은 방법이다. 이와 더불어 동료 테이스터들에게서도 배울 점이 있다. 사람들은 테이스팅을 하면서 와인에 대해 논의하게 마련이므로 자신의 생각을 겉으로 표현할 자신이 없더라도 다른 테이스터들의 말에 귀를 기울이자.

판매상은 와인을 서비스하는 사람이 샘플을 직접 따르게 하여 와인의 소비량을 조절한다. 비공식적인 테이스팅 자리에서는 3잔 이상 받기 어렵다. 테이스팅에는 계속 같은 잔을 사용할 가능성이 높다. 와인을 삼키거나 마시는 것은 자신의 자유다. 만일 삼킬 생각이라면 테이스팅할 와인의 수를 줄여야 한다. 그렇지 않으면 정확한 테이스팅이 점점 어려워진다.

테이스팅에서는 미네랄 워터와 마른 크래커를 제공하여 테이스팅하는 사이에 입맛을 새로 바꿔 준다. 치즈가 제공될 수도 있는데, 치즈의 강한 맛이 입맛에 혼돈을 주기 때문에 정확한 테이스팅이 필요하다면 치즈를 먹지 않는 편이 낫다.

포도원 또는 양조장 테이스팅

포도원 투어가 끝나면 와인 생산자는 테이스팅을 위해 와인을 약간 내놓는다. 이때 맛볼 수 있는 와인의 종류는 적으며, 가

뱉는 법

치아를 닦는 사람이라면 누구나 뱉는 법을 알고 있을 것이다. 와인 테이스팅에서는 조심스럽고 자신 있게 뱉으면 된다. 부끄럽게 느껴지면 집에서 미리 연습을 해도 좋다. 전용 타구는 스테인리스로 만든 깔때기 모양의 통으로 1m 정도 높이지만 카운터의 용기나 바닥의 양동이 등 무엇이든 타구로 사용될 수 있다. 와인을 통에 정확하게 뱉고, 자신이나 남에게 튀지 않게 하자. 입에 머금은 와인을 뱉을 차례를 기다리는 사람이 근처에 있을 수 있다. 와인을 뱉은 뒤에 다음 사람을 위해 타구에서 비켜선다.

장 비싼 와인이 나올 가능성은 거의 없다. 이미 열려 있는 병이 있다면 그것을 마셔도 되는지 물어볼 수 있지만, 신중하게 구입을 생각하고 있지 않다면 닫혀 있는 병의 테이스팅을 요구하지 않는다. 어떤 테이스팅을 위해 매우 적은 비용을 요구하기도 하는데, 와인을 대량으로 구입하면 이를 되돌려주기도 한다. 대체로 타구가 제공되지만 타구가 없다면 타구를 요구하거나 야외의 자갈 또는 풀밭에 뱉는 것이 예의다.

테이스팅 에티켓

테이스팅의 순서 – 어떤 테이스팅 공간이든 레드보다 화이트를 먼저, 가벼운 와인을 무거운 와인보다 먼저 마셔서 입맛을 적응시키는 것이 일반적이다. 또는 주최측에서 테이스팅의 순서를 정해 줄 수도 있다. 같은 와인의 다양한 빈티지를 맛보는 것(이를 버티컬 테이스팅(vertical tasting)이라고 한다)이라면 가장 영인 것부터 맛본다. 한 지역 또는 품종에 집중하여 테이스팅을 하면 테이스팅의 순서가 그리 중요하지 않을 수도 있다. 무엇부터 테이스트해야 할지 모르겠다면 주최측에 물어본다.

복장 – 복장에 대한 규정이 없다면 격식을 차려 입을 필요는 없다. 와인 판매상이 손님들을 위해 주최하는 저녁의 테이스팅에는 대부분의 사람들이 일을 마치고 그대로 오기 때문에 여기에 맞추어 입으면 된다. 포도원과 양조장의 테이스팅은 주말이나 휴일에 이루어지며, 무엇을 입든 눈살

을 찌푸릴 사람은 없다. 와인이 튈 가능성이 있기 때문에 어두운 색의 옷을 입는 것이 대체로 좋다. 화이트 와인은 대부분 얼룩이 남지 않지만 레드는 남는다(125쪽 참고).

주의 사항 – 강한 향수나 애프터세이브는 정확한 테이스팅에 방해가 되므로 사용하지 않는다. 자신은 느끼지 못해도 다른 테이스터들은 느낄 수 있다. 담배 연기 역시 방해가 되므로 테이스팅 도중에는 담배를 피우지 않는다.

준비물 – 와인에 대한 느낌을 기록하고 싶다면 수첩과 펜을 가져간다. 테이스팅 노트와 함께 라벨의 정보를 기록하면 나중에 자신이 마신 와인을 확인할 수 있다. (옆쪽 참고)

사야 할까 말아야 할까 – 좋지 않거나 자신이 원하는 기준에 미달된다면 와인을 사야 할 부담을 느낄 필요가 전혀 없다. 상식적으로 판단하면 된다. 만약에 포도원의 주인이 개인적으로 초대하여 특별히 와인을 맛보게 한다면 감사의 뜻으로 한두 병을 사는 것이 좋다. 단체 관광의 경우 모든 관광객이 와인을 사지는 않지만 이때 사는 것이 더 저렴할 수도 있다. 와인 판매상 또는 상점의 테이스팅에서도 마찬가지다. 테이스팅한 와인에 대하여 한 번 더 생각해 보고 나중에 와서 사도 상관없다.

포도원의 테이스팅 – 포도원 테이스팅은 다양한 종류의 와인을 맛볼 수 있는 최고의 기회다. 규모가 큰 양조장은 그냥 찾아가면 되지만 작고, 전문적인 양조장은 미리 약속을 잡아야 한다. 여러 여행사가 포도원 관광을 주선하는데, 이는 다른 와인 애호가들을 만날 수 있는 좋은 방법이다.

와인의 평가

두세 가지 이상의 와인을 한꺼번에 테이스팅하면 후각과 미각에 혼란이 와서 맛을 기억하기 어렵다. 와인을 구별하려면 맛에 대한 기억력을 계발해야 한다.

맛과 기억

미각의 훈련은 어떤 면에서 본다면 기억력 훈련보다 쉽다. 와인 테이스팅을 배우는 것은 태어날 때부터 주어진 감각을 이용할 뿐이다. 이는 연습으로 충분히 얻을 수 있는 능력이다.

와인의 맛을 기억할 수 있도록 다른 것과 연관을 시켜야 한다. 86~89쪽에는 포도 품종의 리스트와 해당 포도로 생산한 와인에 공통적으로 나는 맛이 적혀 있으며, 77쪽에는 널리 쓰이는 테이스팅 용어와 그 뜻을 소개했다. 이러한 정보를 갖고 시작하면 도움이 된다.

이제부터는 와인을 맛볼 때 연관되는 맛이 무엇인지 떠올려 본다. 그러나 그러한 맛이 나지 않는다면 억지로 찾을 필요는 없다. 적은 수의 와인만이 해당 품종에서 날 수 있는 모든 맛을 한꺼번에 갖고 있다. 구체적인 맛을 떠올리도록 노력한다. '과일 향'이나 '쏘는 맛'과 같은 표현은 기억에 남거나 다른 와인과 구분할 수 있을 정도로 충분히 구체적인 표현이 아니다. '구즈베리' 또는 '사과' 등을 사용한다면 더 많은 것을 기억에 남길 수 있다.

체크 리스트

와인에 대하여 뭐라고 말해야 할지 모른다면 다음 질문을 스스로에게 해 보자.

- 오크, 견과류, 과일의 향이 나는가? 과일 향이라면 어떤 종류인가?
- 타닌, 산, 부드러움, 진함, 빈약함, 오크 등의 맛이 나는가?
- 맛이 균형을 이루는가? 그렇지 않다면 왜 그런가?
- 여운이 긴가, 짧은가?

적어 두기

와인에 대한 느낌을 가장 잘 기억할 수 있는 방법은 기록이다. 특히 자신이 좋아하는 와인이나 기록을 타인과 비교할 일이 있거나 테이스팅이 끝난 다음에 와인을 구입할 의사가 있다면 기록하는 것이 중요하다.

우선 '색', '아로마', '맛'이라는 항목을 적고, 그 옆에 느낌을 적으면 된다. 예컨대 와인의 색을 보고 '진한 적색, 거의 흑색에 가깝다, 숙성이 많이 되지 않았다'라고 적는다. 향을

테이스팅 노트 – 테이스팅 노트를 매우 세부적으로 적을 필요는 없다. 경험이 쌓이면 자신의 테이스팅 체계가 자연스럽게 생긴다. 색, 아로마, 맛을 기준으로 삼으면, 기억을 남기는 데 도움이 되는 테이스팅 노트를 작성할 수 있다.

맡고 '매우 스파이시하고, 미네랄 냄새가 난다. 그리고 좋은 과일 향, 블랙베리 향이 느껴진다'라고 표현한다. 맛을 본 다음 '타닌이 적고, 아직 꽤 영하다. 밸런스가 좋고, 여운이 길다'고 적을 수 있다.

와인에 등급 매기기

대부분의 주요 와인 비평가들은 숫자를 이용하는 등급 체계를 사용한다. 이는 독자들에게 특히 도움이 되며, 여러 해에 걸쳐 테이스팅을 기록할 애호가에게 유용하다.

미국의 유명한 와인 비평가 로버트 파커(Robert Parker)는 미국 고등학교 점수 방법에 기반을 둔 와인 능급 체계를 개발했다. 100점 만점이며, 50이 최저점이다. 파커의 체계에 의하면 다음과 같은 설명이 가능하다.

50~69 평균보다 못하거나 나쁘다
70~79 평균
80~89 평균보다 낫거나 매우 좋다
90~100 매우 뛰어나다

어떤 체계는 20점 만점에 10점이 평균을 뜻하기도 한다. 물론 수가 클수록 더 융통성이 있다.

채식 요리에 어울리는 와인

채식 식단은 매우 다양하므로 고기를 먹지 않는다는 이유만으로 맛이 진한 레드 와인을 처음부터 빼놓을 필요는 없다. 일반적인 채식 요리에 어울리는 와인을 아래에 소개했다. 매운 요리에 어울리는 와인은 104~105쪽을 참고한다.

파스타

파스타는 그 자체로 중립적인 맛을 지니고 있다. 소스의 종류에 따라 와인 선택을 달리해야 한다.

샤르도네 – 채소를 주로 사용하는 파스타에는 오크 숙성을 하지 않은 것을 고른다.
스위스 샤슬라(Chasselas) – 크림 소스를 사용한다면 드라이하고 미디움-바디를 가진 화이트 와인이 어울린다.
키안띠 – 라자냐처럼 오븐에 구운 파스타에는 진한 레드 와인을 서빙한다.

쌀

채소 리조토에는 요리에 든 크림과 재료의 맛을 살리면서 맛을 해치지 않는 와인이 필요하다.

삐노 그리지오 – 가볍고, 상쾌하며, 간단한 리조토의 맛을 누르지 않을 정도로 섬세한 맛을 지녔다.
삐노 블랑 – 향이 좋고, 상쾌하다. 약간 느껴지는 사과의 신맛이 쌀이 주로 들어가는 요리의 맛을 돋우어 준다.

채소

가지, 서양 호박, 토마토, 피망 등의 지중해 채소를 오븐에 구운 요리에는 산도가 조금 있는 와인을 서빙한다.

메를로 – 이탈리아산 풀-바디 메를로는 약간의 산도를 갖고 있기 때문에 여러 가지 채소에 잘 어울린다.
로제 – 이탈리아산 로제 와인인 라그레인-크렛저(Lagrein-Kretzer)는 맛이 부드럽고 균형을 갖추고 있으며, 약간의 쓴맛이 느껴지는데, 구운 채소 요리에 좋다. 프랑스산 로제도 나쁘지 않다.

계란

플란, 키시, 또띠야 등의 계란이 들어가는 요리는 부드러운 감촉 및 기타 재료의 맛에 어울리는 와인이 필요하다.

샤르도네 – 계란과 치즈 요리에는 오크 숙성을 하지 않은 와인을 선택한다.
삐노 그리 – 요리에 양파가 들었다면 드라이한 것을 고른다.
쏘비뇽 블랑 – 신선하고 과일 향이 풍부한 이 와인은 대부분의 계란 요리에서 느껴지는 부드러운 감촉에 잘 어울린다.

치즈

어떤 치즈는 와인에 어울리지 않지만 치즈 요리, 그중에서도 특히 구운 치즈 요리라면 대체로 문제가 없다. 맛이 너무 강하지 않으면서 요리의 맛을 이끌어 낼 수 있는 와인을 선택한다.

쎄미용-샤르도네 – 오스트레일리아산은 구운 치즈 요리와 완벽한 조화를 이룬다.
쏘비뇽 블랑 – 맛이 진한 퐁듀에는 뉴월드 와인을 고른다.

견과류와 콩

왈도프처럼 견과류가 주로 들어가는 샐러드는 맛과 감촉이 강하기 때문에 가볍고 맛이 풍부하며서도 신선한 와인이 필요하다. 오븐에 구운 견과류나 콩 요리에는 진한 레드 와인이 좋다.

이탈리아산 모스카토(Moscato) – 산도가 약간 있고, 견과류와 사과의 맛이 조금 난다. 샐러드에 이상적인 와인.
칠레산 메를로 – 오븐에 구운 견과류에는 미디움이나 풀-바디의 레드 와인이 완벽한 조화를 이룬다.

채소 스피링롤 – 신선하고 생기 넘치는 로제 와인을 서빙한다.

블라인드 테이스팅

모르는 와인을 테이스팅하여 향과 맛만으로 와인의 포도 품종, 지역, 빈티지를 맞추기 위해서는 뛰어난 능력뿐만 아니라 맛에 대한 좋은 기억력을 갖고 있어야 한다. 쉽지는 않지만 매우 즐겁고 보람찬 기술이기 때문에 시도해 볼 만한 가치가 충분히 있다. 관심이 비슷한 친구들과 함께 블라인드 테이스팅을 하거나, 제대로 실력을 갖추어 전문적인 블라인드 테이스팅 시험을 치를 수도 있다.

예상하지 못한 판단

와인에 대한 어떠한 정보도 없이 테이스팅하는 것은 자신의 편견을 검증할 수 있는 좋은 방법이다. 예컨대 싫어하던 특정 포도 품종을 블라인드 테이스팅에서는 전혀 알아차리지 못할 수도 있다. 매우 좋거나 나쁘다고 생각되는 와인을 가격을 모르는 채 마실 때도 예전과 같은 평가를 내릴 수 있을까?

어떻게 시작할까?

블라인드 테이스팅이 처음에는 어렵게 느껴질 수 있다. 예를 들어 20잔의 와인이 앞에 놓여 있는데, 색까지 거의 똑같다. 여기에 와인의 포도 품종, 생산국과 원산지, 빈티지를 적을 수 있는 종이가 주어진다. 당신은 와인에 대한 평가를 내리고 등급을 매겨야 할지도 모른다(95쪽 참고). 그렇지만 당황할 필요는 없다. 시간을 충분히 갖고 와인을 하나씩 테이스팅해 보면서 여러 가지 질문을 통해 가능성을 조금씩 좁혀 나가면 된다 (오른쪽). 분명한 결정을 내려야 하겠지만, 이것이 불가능하다면 테이스팅 노트를 자세히 적어서 토론에 참여할 수도 있다.

연습만으로 완벽해질 수 있다

경험이 적은 테이스터라면 여러 가지 포도 품종과 와인이 아직 익숙하지 않을 수 있다. 이러한 점이 블라인드 테이스팅의 함정이 될 수 있다. 새로운 것을 맛보는 경우에도 자신이 아는 와인의 변종이라고 판단할 가능성이 있다. 이러한 잘못을 쉽게 피할 방법은 없다. 전문가들도 이런 잘못을 저지르게 마련이다.

어떤 저명한 와인 비평가는 보르도를 부르고뉴로 착각한 적이 있느냐는 질문에 이렇게 대답했다. "아직 점심 식사가 끝나지 않았어요." 실수는 기분 좋게 받아들이자. 이것도 중요한 배움의 과정이기 때문이다.

중요한 질문

겉보기 – 어떻게 보이는가? 투명한가 아니면 혼탁한가? 흐린가, 진한가? 어떤 색을 띠는가? 레몬 또는 황금색? 핑크, 오렌지, 보라, 루비, 아니면 황갈색? 화이트 와인이 어둡다면 온난한 지역에서 생산되었거나 오랜 숙성을 거쳤다는 의미다.

향 – 어떤 냄새가 나는가? 깨끗하고 희미한가 아니면 분명한가? 과일, 꽃, 채소 또는 향신료의 향이 나는가? 화이트 와인의 진한 향과 열대 과일 향 그리고 레드 와인의 얼얼하고, 스파이시하고, 가벼운 잼(Jam) 냄새는 기후를 나타낸다. 반대로 화이트 와인의 날카로운 산도와 레드의 섬세한 향은 서늘한 기후를 나타낸다. 향은 포도 품종을 알아낼 수 있는 가장 결정적인 증거가 된다.

맛 – 어떤 맛이 나는가? 단맛, 신맛, 과일, 꽃, 채소, 향신료? 타닌은 어느 정도 느껴지는가? 입 안에서 어떻게 느껴지는가? 풀-바디인가? 여운이 있는가?
마음속에 떠오르는 포도 품종과 비교하며, 어떤 것과 가까운지 생각한다. 와인의 스트럭처를 느끼면 많은 단서를 찾을 수 있다. 예컨대 화이트 와인에서 잘 익은 살구 향과 맛이 나는데 산도는 낮다면 산도가 높은 리슬링이라기보다는 샤르도네일 가능성이 높다.

품질 – 와인의 지속성이 긴가? 기억에 남는가? 품질이 나쁜가, 보통인가, 좋은가? 숙성을 통해 맛이 개선될 수 있으리란 생각이 드는가? 지금 최고의 맛인가 아니면 이미 최고의 시기를 놓친 와인인가?

이 체크 리스트는 와인 및 알코올 교육 트러스트(Wine and Spirit Education Trust (WSET)의 테이스팅 노트 작성 가이드라인을 참고로 만들어졌다.

포도에 대해 알기 – 정확한 블라인드 테이스팅을 하려면 주요 포도 품종의 주 특징을 아는 것이 필수적이다(84~89쪽 참고).

객관식 게임

객관식으로 블라인드 테이스팅을 하면 초보 테이스터가 기술의 자신감을 키우는 데 도움이 된다. 이 게임은 오스트레일리아의 와인 애호가 렌 에번스(Len Evans)가 개발해냈다. 이를 하려면 여러 명의 테이스터와 와인을 잘 아는 한 명의 질문자가 있어야 한다. 질문자는 블라인드 테이스팅에서 추측하는 와인의 범위를 줄일 수 있도록 몇 가지 선택 사항을 제시한다. 예컨대 세 생산국, 그 다음 세 지역, 그리고 세 포도원, 마지막으로 세 빈티지가 선택 사항으로 주어진다. 답을 맞혀야만 다음 질문을 받을 수 있다.

와인 알아맞히기

정답에 가까운 신댁으로 좁혀 나가기
예컨대 쏘비뇽 블랑이라는 것은 안다. 그런데 그밖의 정보는 알 수 없다면 다음 질문을 통해 가능성을 좁혀 나갈 수 있다.
■ 선선한 기후인가 아니면 따뜻한 기후인가?
구즈베리 맛 – 선선한 기후.
멜론과 복숭아 맛 – 따뜻한 기후.
■ 선선하다면 유럽인가 아니면 뉴월드인가?

뉴월드의 것은 과일 향이 좀 더 강하다. 유럽산은 미네랄 맛이 더 느껴질 수 있다.
■ 유럽이라면 프랑스산인가?
프랑스는 유럽 쏘비뇽 블랑의 주산지이나 오스트리아, 스페인, 이탈리아에서도 쏘비뇽 블랑이 재배된다.
■ 프랑스가 맞는다면 보르도인가 루아르인가 남부인가?

선선한 기후의 것이라고 생각하고 있다면 남부는 아닐 가능성이 크다.
■ 영 와인인가 숙성된 와인인가?
루아르 쏘비뇽은 빨리 숙성된다는 점을 염두에 둔다.
■ 영이라면 어느 정도 영인가? 1년? 2년?
해가 지날수록 맛이 부드러워진다.

와인 테이스팅 계획 짜기

다양한 와인을 비교해 보면서 남들과 토론을 하면 자신이 좋아하는 와인을 구별할 수 있으며, 이것이 다른 와인과 어떻게 다른지 알 수 있다. 물론 혼자서 와인 비교 테이스팅을 해도 상관없지만 다른 사람들과 함께 의견과 가격 정보를 나눌 수 있다면 큰 도움이 된다. 와인을 마시는 행위를 너무 심각하게 생각할 필요는 없지만 많은 것을 알고 있다면 그만큼 더 즐길 수 있다.

이상적인 조건

와인 테이스팅을 성공적으로 치르려면 미리 계획을 짜는 것이 중요하다. 아침에 테이스팅하는 것이 이상적이지만 술을 마시기에는 너무 이르다고 생각되면 이른 저녁 또는 저녁 식사하기 전에 테이스팅을 한다. 식사는 미각을 둔하게 만드는 반면, 배고픔은 미각을 예리하게 만든다.

어떤 사람들은 타인의 평에 영향을 받지 않는 조용한 테이스팅을 선호한다. 반면에 자신의 느낌과 생각을 나누기 위해 다른 이들과 모여서 대화를 하는 테이스팅을 좋아하는 사람들도 있다. 테이스팅을 하기 전에 모인 사람들과 함께 어떻게 테이스팅할지 정하고, 참여자들에게 테이스팅 규칙을 빠짐없이 알려 준다.

어디에서 테이스팅을 할지 생각해 본다. 와인이 쏟아지는 것이 걱정되거나 장소가 좁다면 장소를 대여하는 것도 좋은 생각이다. 만약에 집에서 테이스팅한다면 다음 사항들을 고려해야 한다.

■ 손님들이 충분히 움직일 공간이 있는 방을 고른다. 사용한 잔과 와인을 뱉을 통을 둘 장소를 생각해 둔다.

■ 조명이 충분한지 고려한다. 하얀 테이블보 위에 잔을 두고, 조명을 충분히 비추어 참여자들이 색을 정확하게 볼 수 있도록 한다.

■ 강한 향기가 나는 꽃, 방향제, 음식 등을 치운다. 향수나 애프터셰이브를 사용하지 말아야 한다고 손님들에게 미리 말해 둔다. 이러한 향기는 와인의 아로마를 느끼는 데 방해가 된다.

테이스팅 글라스 – 전문적인 테이스팅 잔을 살 생각이 있다면 ISO(International Standards Organization)의 규격에 맞는 잔을 선택하거나 잔의 다리(leg)에 와인을 채우고, 잔을 돌려서 아로마를 뿜어낼 수 있는 리델(Riedel)의 잔을 구입한다.

테마의 설정

테마가 있는 테이스팅은 무계획적인 테이스팅보다 훨씬 흥미로우며, 와인의 미묘한 차이를 구별하는 괜찮은 방법이다. 우선 같은 지역이나 같은 포도 품종의 와인을 고른다.

테이스터들에게 와인을 한 병씩 가져오도록 부탁하고(필요하다면 가격대를 정한다), 테마에 관련된 와인의 정보를 함께 제공할 수 있다면 더욱 좋다.

가장 일반적으로 사용되는 테마는 다음과 같다.

수직 테이스팅(vertical tasting) – 같은 와인의 서로 다른 빈지티를 비교한다.

수평 테이스팅(horizontal tasting) – 같은 빈티지의 서로 다른 와인을 비교한다.

비교 테이스팅(comparative tasting) – 같은 스타일의 와인의 서로 다른 와인을 비교한다.

블라인드 테이스팅(blind tasting) – 정보가 없는 와인을 식별한다.

와인 테이스팅의 일반적인 순서

테마가 있는 테이스팅에서는 가격순으로 와인을 배열하는 것이 가장 일반적이다. 가장 저렴한 와인이 먼저 오게 된다. 또는 맛이 가벼운 와인부터 무거운 와인으로 테이스트한다. 물론 테이스팅 전에 어떤 것이 묵직하고 어떤 것이 가벼운지 알 수 없다면 다른 기준을 사용한다. 와인 테이스팅의 순서는 일반적으로 다음과 같다.

- 레드 이전에 화이트부터
- 숙성된 것 전에 숙성되지 않은 것부터
- 맛이 무거운 것 전에 가벼운 것부터
- 스위트한 것 전에 드라이한 것부터

테이스팅이 끝나면 특별한 와인으로 축배를 드는 것도 좋다. 이때는 테이스팅한 것들과 전혀 다른 와인을 선택하여 입맛을 바꾸어 준다.

테이스팅 준비물 체크 리스트

손님들이 도착하기 최소한 2시간 전에 모든 것을 내놓는다.

와인 – 75cl들이 한 병으로 15회의 테이스팅이 가능하다는 기준을 염두에 두고 와인이 어느 정도 필요한지 계산한다. 와인의 소비량을 조절해야 한다면 손님들이 와인을 직접 따르지 않도록 한다.

코르크 스크루 – 10병 이상의 와인을 열어야 한다면 쉽고 빠르게 열 수 있는 코르크 스크루를 사용한다(119~120쪽 참고).

깨끗한 잔은 충분히 준비 – 한 사람당 최소한 한 잔씩 준비한다. 기본적인 튤립 모양의 잔(130쪽 참고)이면 된다. 많은 와인 판매점이 적당한 가격에 와인잔을 빌려 주며, 와인을 많이 구입하면 무료로 빌려 주기도 한다. 전문적인 잔을 사용할 수도 있다(옆쪽 참고).

미네랄 워터와 비스킷 – 필요에 따라 입맛을 정리하기 위해 마른 비스킷을 준비한다. 소금을 뿌리거나 맛을 첨가한 비스킷은 와인의 맛에 영향을 주기 때문에 내놓지 않는다. 치즈 역시 맛이 강하기 때문에 와인 테이스팅에 방해가 된다.

와인을 뱉을 수 있는 통 – 일반적인 통도 되지만 원한다면 전문점에서 타구를 구입한다. 통에 톱밥을 넣어 두면 와인을 흡수하여 깔

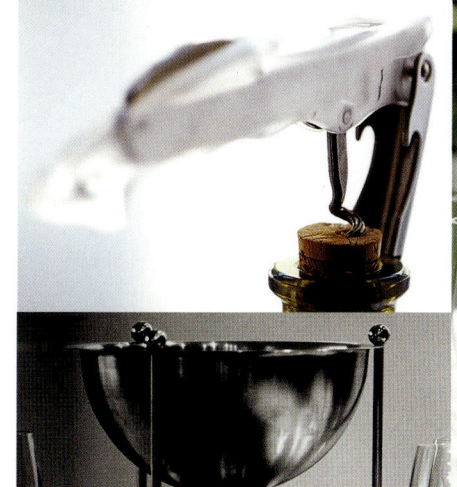

끔하게 보이지만 나중에 씻을 때 불편하다.

신문지 – 타구 또는 통 주위에 신문지를 충분히 깔아서 바닥에 와인이 묻지 않게 한다. 전문가조차 매번 정확하게 와인을 뱉기는 어렵다.

깨끗한 리넨 천 – 병목을 타고 흐르는 와인을 닦을 때 유용하다. 흘린 와인을 닦기 위한 종이 타월도 준비한다.

종이와 펜 – 모든 사람들을 위해 충분히 준

비한다. 테이스팅할 와인을 이미 표시해 둔 테이스팅 용지를 사용할 수도 있다. 필요하면 평가 등급 등을 위한 공간을 마련한다.

병 가리개 – 블라인드 테이스팅을 하려면 라벨을 가려야 한다. 은박지, 병을 위한 에이프런, 냅킨 등을 사용한다. 테이스터들이 쉽게 구별할 수 있도록 가리개 위에 번호를 매긴다.

이각

수련하기

좋아하는 와인이 몇 가지 생기게 되면 더 이상의 모험을 그만두고 그 와인들만 맛보고 싶은 유혹이 생긴다. 이것이 안전한 선택이기 때문이다. 더군다나 와인을 시험해 보는 것은 돈이 많이 들고 실망을 줄 수도 있다. 그렇다고 포기할 수는 없다. 여기서는 위험 부담을 줄이면서 선택의 폭을 넓히는 법을 소개했다.

실력의 향상

테이스팅 경험을 넓힐 수 있는 가장 쉬운 방법은 지역 내 와인 상점에서 할인 판매하는 와인을 구입하는 것이다. 오른쪽의 표는 가장 유명한 와인들에서 공통점을 지니고 있는 것들을 묶어 놓았다. 이 표는 새로운 와인을 살 때 위험 부담을 어느 정도 줄이는 데 도움이 된다. 더 깊게 시험해 보고 싶다면 다른 방법도 많다. 공식적인 테이스팅에 참가하기(92~93쪽 참고), 와인 수업 참여하기, 와인 관광하기, 스스로 와인 테이스팅 모임 만들기 등의 방법을 생각해 볼 수 있다. 테이스팅 결과를 적는 공책을 갖고 있으면 도움이 된다. 테이스팅 노트의 기록은 자신이 와인에서 원하는 것에 따라 달라지겠지만 다음 사항을 기록하는 것으로 시작해도 무방하다.

- 와인의 이름   ■ 와인 생산자   ■ 빈티지
- 구입한 곳 또는 테이스팅한 곳   ■ 가격

그리고 와인에 점수를 매기는 것도 한 방법이다(95쪽 참고). 이는 특별히 즐기는 것과 싫어하는 것을 평가하는 데 도움이 된다.

와인 수업 참여하기

인근 와인 판매상이 어떤 와인을 구비하고 있는지 알고 싶다면 판매점의 와인 리스트를 확인하거나 《와인 스펙테이터(Wine Spectator)》 또는 《디캔터(Decanter)》 등의 전문 와인 잡지를 참고한다. 책 뒤에 소개된 광고는 더 많은 정보를 얻는 데 유용할 것이다. 주요 와인 경매장들은 뛰어난 와인 코스를 운영하기도 한다. 와인 코스를 소개한 웹사이트도 여러 군데 있다(186~187쪽 참고). 와인 코스의 수준이 어떤지 우선 알아보는 것이 좋다. 만약 도움이 되지 않는 수업에 참여한다면 시간과 돈만 낭비할 뿐이다. 반면에 너무 어려워도 곤란하다.

와인을 전문적으로 공부하고 싶다면 와인 관련 사업에 도움이 될 만한 교육 코스에 참여하는 방법이 있다. 신뢰할 만한 와인 판매상에게 문의하면 이러한 코스가 어떤 것이 있는지 확인할 수 있으며, Wine and Spirit Educational Trust(186~187쪽 참고)를 통해 코스를 알아보는 방법도 있다. 이러한 교육 코스는 비용이 꽤 드는 편이며, 노력이 많이 필요하다. 또한 시험을 치르거나 사업 자격증이 필요할 수도 있다.

와인 관광하기

와인 관광은 전문적인 여행사 몇 군데에서 조직한다. 와인 관련 서적 및 웹사이트(186~187쪽 참고)에 있는 작은 광고와 여행사 웹사이트를 참고하자. 관광 가이드가 와인에 대한 경험을 많이 갖고 있는지 확인한다. 관광에 몇 명이 참여하는지 그리고 이들이 가진 와인에 대한 식견이 대강 어느 정도인지 알아본다. 팸플릿을 읽어 보면 양조장이 와인 관광에 얼마나 신경을 쓰는지 알 수 있다. 특별한 테이스팅 프로그램이 관광에 포함되는지 아니면 그저 평범한 양조장 관광인지 알아보자.

와인 테이스팅 모임 만들기

관심사가 같은 친구들이 몇 명 있다면 즐거운 와인 모임을 가질 수 있으며, 스스럼없이 와인에 대한 지식을 넓힐 수 있다. 몇 사람(10명 이내)을 집에 초대하여 그들에게 와인을 한 병씩 가져오게 한다. 와인의 가격을 제한하고 테마를 정한다면 테이스팅에 도움이 된다. 와인 테이스팅 모임에 대해 더 알고 싶다면 100~101쪽을 참고한다. 즐거운 만남과 진지한 테이스팅이 함께 어우러지며, 많은 지식을 얻을 수 있다.

모임을 정기적으로 갖고, 순서를 돌아가며 장소를 제공한다. 친구들이 와인에 관심이 없다면 와인 관련 잡지나 지역 내 소식지에 모임 광고를 낸다. 가까이에 같은 관심을 가진 사람들이 많을 것이다. 단지 아직 이들을 만날 기회가 없을 뿐이다.

프랑스의
레드 부르고뉴

괜찮다면 구입한다

오스트레일리아의
시라즈

칠레의
메를로

캘리포니아의
까베르네 쏘비뇽

캘리포니아, 뉴질랜드,
칠레의 삐노 누아르

스페인의 리오하

남아프리카의 피노타지

프랑스의 레드 론

캘리포니아의 씨라와

그르나슈 블렌드

남아프리카의 피노타지

캘리포니아의 진판델

캘리포니아이 메를로

칠레의 까르메네

프랑스의 보졸레

발데페냐스, 나바르라,
라 만차의 레드 와인

프랑스의 레드 보르도

칠레, 뉴질랜드, 불가리아,
남아프리카의 까베르네 쏘비뇽

캘리포니아의 진판델

칠레의 메를로

남아프리카의 피노타지

캘리포니아의
샤르도네

괜찮다면 구입한다

뉴질랜드의
쏘비뇽 블랑

독일의
리슬링

알자스, 프랑스의
게부르츠트라미너

오스트레일리아, 칠레, 스페이,
프랑스 남부의 샤르도네

오스트레일리아의 쎄미용

프랑스의 화이트 그라브(Graves)

스페인의 숙성된 화이트 리오하

프랑스의 쌍세르

프랑스의 뿌이-퓌메(Pouilly-Fumé)

칠레,
오스트레일리아의 쏘비뇽 블랑

스페인의 루에다

보스트리아, 프랑스의 리슬링

독일의 슈뢰베(Scheurebe)

영국의 세이블 블랑(Seyval Blanc)

오스트레일리아의 쎄미용

칠레, 워싱턴 주, 알토 아디제,
이탈리아의 게부르츠트라미너

알자스, 프랑스의 삐노 그리

론, 프랑스, 캘리포니아의 비오니에

알자스, 프랑스,
오스트레일리아의 드라이 뮈스까

매운 요리에 어울리는 와인

심하게 매운 요리는 와인이 감당하기 어렵지만 적당히 매운 요리는 괜찮은 와인의 선택으로 맛이 더욱 좋아질 수 있다. 와인을 마시기 전에 차가운 샐러드나 요구르트를 함께 서빙한다. 대부분의 매운 요리는 상쾌하고 시원한 화이트 와인이 가장 잘 어울리지만 예외도 있다.

매운 카레

심하게 매운 인도 카레는 입맛을 압도하기 때문에 고급 와인은 낭비다. 고급 와인의 섬세한 맛을 느끼기 어렵기 때문이다. 와인은 인도 식문화의 일부가 아니기 때문에 대부분 요구르트 음료 또는 맥주를 선택하게 된다. 와인을 마신다면 상쾌하고 가벼운 것을 시원하게 내놓아서 매운 맛을 식히자.

게부르츠트라미너 – 아마 매운 카레와 어울리는 유일한 와인일 것이다.

조금 매운 카레

요구르트를 함께 내놓거나 향신료를 적게 쓰면 와인을 고르기 쉬워진다.

진판델 – 화이트 진판델이 후추 맛은 적당히 매운 요리 대부분에 잘 어울린다.
샤르도네 – 뉴월드의 샤르도네는 코르마와 같이 부드러운 카레에 잘 어울린다.

태국 음식

태국 음식은 칠레 고추, 레몬그라스 (lemon grass), 기타 향신료를 사용하여 맛을 낸다. 차갑게 내놓을 수 있는 스파이시한 화이트 와인을 선택한다.

샤블리 – 요리의 향신료에 어울리는 높은 산도와 강한 맛을 지녔다. 샤블리 그랑 크뤼는 개성이 너무 강하기 때문에 태국 음식에 적절하지 않을 수도 있다.
샤르도네 – 뉴월드 와인은 견과류가 든 사테이 요리에 어울린다.
모젤 – 강한 향신료의 맛을 돋우어 주는 당도 높은 와인.

중국 음식

중국 요리의 톡 쏘는 맛은 섬세하기 때문에 은은한 맛이 나는 와인을 골라야 한다.

게부르츠트라미너 – 중국 음식에 어울리는 와인으로, 특히 달고 시큼한 요리에 좋다.
리슬링 – 섬세한 과일 맛, 높은 산도와 단맛을 갖고 있으므로 대부분의 중국 요리에 어울린다.

일본 음식

일본 요리는 가볍고 은은한 편이지만 날카로운 식초 맛이 입 안을 채우기도 한다. 이 날카로움에 대등할 정도로 강한 맛과 일본 음식의 섬세함을 맞출 수 있는 가벼움이 함께 있는 와인을 선택헤야 한다.

사케 – 쌀로 빚은 전통 일본 술. 대부분의 일식에 어울린다.
보졸레 – 일본 음식에 어울리는 적은 수의 레드 와인에 속한다.

멕시코 음식

멕시코 음식은 다양한 맛과 감촉을 갖고 있지만 매운 타코 요리는 와인을 맞추기 어렵다. 사워 크림과 함께 서빙하는 나초와 구아카몰은 와인을 선택하기가 수월한 편이다.

상그리아 (Sangria) – 과일 향이 많고, 알코올 함유량이 적다(151쪽 참고). 모든 멕시코 음식에 어울린다.
쏘비뇽 블랑 – 과일 향이 요리의 향신료 맛에 균형을 잡아 준다. 차게 내놓아서 입 안을 씻어 내린다.
그르나슈 – 레드 와인도 무방하지만 좀 더 가벼운 것이 좋다.

찐 참새우와 태국 스파이스 양념 – 차가운 샤블리 또는 모젤을 서빙한다.

레스토랑에서
와인 주문하기

요리 메뉴의 종류가 엄청나게 다양하듯 레스토랑의 스타일에 따라, 그리고 와인 판매에 얼마나 관심을 두느냐에 따라 레스토랑의 와인 리스트 역시 큰 차이를 나타낸다. 와인 리스트의 다양함, 리스트에 담긴 수많은 정보, 테이스팅 방법은 복잡해 보이기는 하지만 모두 손님을 위해 존재한다. 그러므로 이를 자신감 있고 유용하게 사용하자.

와인 리스트 보는 법

대부분의 와인 리스트는 섹션으로 구분되어 있다. 어떤 것은 간단하게 레드, 화이트, 스파클링 와인으로 나누고, 어떤 것은 국가와 지역으로 구분한다. 묵직한 와인 앞에 가벼운 와인을 두는 방법으로 구분되는 것도 있다. 선택에 도움을 주는 와인 리스트는 다음 정보를 담고 있다.

와인 보관 구역 번호 – 셀러의 어느 곳에 와인이 보관되어 있는지 나타내는 경우도 있으므로 번호로 주문해도 무방하다. 이는 소믈리에(sommelier : 프랑스어로 와인 웨이터라는 의미)의 일을 덜어 주는 데도 도움이 된다. 와인의 명칭으로 주문했는데 소믈리에가 와인 리스트를 보고 번호를 적는다 해도 놀랄 것은 없다. 셀러에서 와인을 찾기 위해 참고할 뿐이다.

와인의 명칭 – 이것은 포도 또는 지역의 명칭이다. 또는 양조장이나 생산자의 이름을 사용하기도 한다. 생산자의 이름은 품질을 가장 확실하게 보증하기 때문에 매우 중요하다.

빈티지 – 포도를 수확한 해.

테이스팅 노트 – 주문한 식사에 어울리는 와인을 선택하는 데 매우 유용한 정보다. 와인을 선택하기 전에 요리를 주문하는 데도 도움이 된다.

가격 – 감당할 만한 가격인가?

리스트의 디자인

몇 년 동안 갱신되지 않은 것처럼 보이며 가죽으로 묶여 있는 커다란 리스트를 주의해야 한다. 긴 리스트를 한참 본 다음에 원하는 와인이 없다는 사실을 확인하는 것처럼 피곤한 일도 없기 때문이다.

최고의 와인 리스트는 와인의 재고가 바뀌면 쉽게 고칠 수 있도록 프린트한 종이다. 계절과 특정 요리에 따라 다른 와인 리스트를 가진 레스토랑도 있다.

선택의 폭은 넓다

하우스 와인 – 요즘은 질이 나쁜 하우스 와인을 갖고 있는 레스토랑을 거의 찾아보기 어렵다. 와인 생산자들의 평균적인 품질 기준이 그만큼 상승했다는 증거다. 레스토랑의 와인 리스트가 훌륭하다면 하우스 와인도 나쁘지 않을 것이다. 하우스 와인은 요리와 조리법에 알맞게 선택한다. 하우스 와인은 레스토랑을 이끄는 기함이나 마찬가지다. 하우스 와인은 언제나 세심하게 고른 와인이므로 맛이 좋고 믿을 만하다고 할 수 있다.

잔으로 판매하는 와인 – 와인을 잔으로 주문하면 병으로 주문하는 것보다 비용이 더 든다. 주문하기 전에 와인을 어느 정도 마실 것인지 예상한다. 2잔을 주문한다면 하프–바틀을 주문하는 것이 더 저렴하다. 4잔을 주문한다면 다 마시지 않더라도 한 병을 주문하는 것이 더 낫다. 어떤 레스토랑은 잔으로 파는 와인도 다양한 종류를 구비해 놓는다. 그리고 특정 요리에 어떤 와인이 어울리는지 추천하기도 한다.

자신의 와인 가져가기 – 어떤 레스토랑은 손님이 자신의 와인을 가져오는 것을 허락한다. 제공되는 와인잔과 서비스에 대한 비용으로 코키지(corkage) 요금을 요구할 수도 있지만 장기적으로 본다면 이 방법이 더 저렴하며, 자신이 선택한 와인과 함께 식사를 즐길 수 있다.

와인 리스트 – 소믈리에가 와인 리스트를 가져오면 충분한 시간을 갖고 읽어 보고 요리를 선택한 다음에 와인을 최종 결정한다. 선택하기 어렵다면 소믈리에에게 도움을 요청한다.

발음

발음이 부정확한 와인을 주문하고 싶다면 메뉴를 손가락으로 가리키거나 번호로 주문한다. 다음은 유명한 와인 및 와인 용어의 발음이다.

Alsace	알자스	Cuvée	뀌베	Pouilly Fuissé	뿌이 퓌세
Amontillado	아몬띠라도	Chenin	슈넹	Rhône	론
Beaujolais	보졸레	Claret	끌라레	Riesling	리슬링
Beaune	본	Côte	꼬뜨	Rioja	리오하
Brouilly	브루이	Côteaux	꼬또	Rosé	로제
Brut	브륏	Domaine	도메인	Quincy	껭시
Cabernet	까베르네	Frascati	프라스카티	Saumur	쏘뮈르
Chablis	샤블리	Graves	그라브	Sauvignon	쏘비뇽
Chardonnay	샤르도네	Hermitage	에르미따쥬	Sémillon	쎄미용
Châteauneuf du Pape	샤또네프 뒤 빠프	Macon	마꽁	Soave	소아베
Clos	클로	Madeira	마데이라	Valpolicella	발폴리첼라
		Médoc	메독	Verdelho	베르델로
		Merlot	메를로	Vin de pays	뱅 드 뻬이
		Navarra	나바르라	Vinho Verde	비뉴 베르드
		Penedes	뻬네데즈	Viognier	비오니에
		Pinot Grigio	삐노 그리지오		

다수의 사람들을 위해 와인 선택하기 – 서로 다른 요리를 주문한 사람들을 위해 와인을 고르는 것은 까다로울 수 있다. 이때는 사람들에게 의견을 구한다(필요하다면 와인 리스트를 더 요청한다). 레드와 화이트 와인을 최소한 한 병씩 주문하고, 미네랄워터를 많이 시킨다.

와인의 선택

특별한 와인을 마시는 것이 아니라면 와인보다 요리를 먼저 주문한다. 그래야 요리와 와인이 확실히 어울릴 수 있다(46~47쪽 참고). 조언이 필요하다면 소믈리에에게 이렇게 구체적인 질문을 한다.

- 양고기와 가장 잘 어울리는 레드 와인은 무엇인가요?
- 진판델은 맛이 어떤가요?
- 17번과 23번 중에서 어떤 것을 추천하시겠어요?

와인의 가격

모든 레스토랑은 와인의 가격을 높게 책정한다. 원래 가격의 두 배는 기본이다. 대부분의 레스토랑은 도매가로 와인을 구입하지만 와인 상점의 가격을 기대할 수는 없다. 어떤 레스토랑은 원가에 정해진 금액을 추가하여 가격을 정하기 때문에 저렴한 와인보다 비싼 와인을 주문하는 것이 (손님에게) 더 이득이 될 수 있다.

그러나 원하는 와인이 가장 저렴하다면 이를 선택하는 것이 가장 훌륭한 선택이다. 와인 리스트의 와인은 모두 일정 수준 이상의 뛰어난 품질을 갖고 있으므로 굳이 비싼 와인을 주문할 필요는 없다. 뉴월드의 와인은 저가에도 괜찮은 품질을 제공한다.

와인을 서빙하는 의식

주문한 와인이 맞는지, 와인에 문제가 없는지 확인할 수 있는 기회이지 와인이 입맛에 맞는지 확인하는 기회가 아니다.

식사의 손님이든 주최자든 레스토랑에서 소란을 일으키는 것은 볼썽사나울 수도 있지만 주문한 와인에 문제가 있다면 문제삼지 않고 돈을 내기보다는 문제를 시정하는 편이 훨씬 낫다. 와인을 어느 정도 마신 후에는 되돌릴 수는 없으므로 서빙 의식(오른쪽 참고) 도중에 와인을 잘 살펴보자.

잘못된 빈티지

이것은 자주 일어나는 실수로 한 빈티지가 동났을 때 와인 리스트를 갱신하지 않은 채 다른 빈티지로 재고를 채우기 때문에 일어나는 일이다. 특별한 빈티지를 주문했는데, 별로 좋지 않은 빈티지가 대신 나왔다면 당연히 이의를 제기해야 한다. 원하는 빈티지가 없다면 다시 와인 리스트를 보고 다른 와인을 주문한다. 빈티지가 크게 의미가 없는 영 화이트 와인이라면 나온 와인을 그대로 받아들여도 괜찮다.

잘못된 와인

와인에 문제가 있다고 생각되면 다른 손님에게 어떤지 물어보거나 소믈리에에게 물어본다. 와인에 문제가 있는 것으로 나타나면 소믈리에는 다른 와인으로 즉시 교체하고, 와인이 어떤지 다시 확인하게 된다. 손님이 난처하게 느낄 필요는 없다. 와인은 병입이나 운반 도중에 문제가 생길 수 있으며, 레스토랑의 관리 소홀일 가능성은 매우 적다. 오히려 이 때문에 레스토랑이 도매상에게 손해 배상을 청구할 수도 있다.

■ 소믈리에가 판단하기에 와인에 문제가 있는 것이 아니라 단지 스타일이 문제일 뿐이라고 판단된다면 손님은 선택을 해야 한다. 소믈리에의 판단에 따르거나 반대하면 된다. 이는 자신의 판단에 얼마나 자신이 있는지에 따르는데, 곤란한 순간이지만 여기에는 정답이 없다. 능숙한 소믈리에라면 손님이 소란을 일으키지 않게 할 것이다.

■ 두 번째 병에도 문제가 있다면 역시 당당하게 이의를 제기하면 된다. 이를 갖고 농담을 하여 분위기를 부드럽게 할 수도 있다. 사실 레스토랑이나 소믈리에의 실수일 가능성은 거의 없다. 차라리 다른 와인을 주문하는 것이 현명할 수도 있다.

■ 소믈리에가 같은 병을 가져올 가능성은 거의 없지만 캡슐이 잘 닫혀 있는지 확인한다. 캡슐이 잘 닫혀 있지 않다면 다른 병을 품위 있게 요청한다.

■ 디캔팅을 요청했는데 확실히 처리되지 않아서 잔에 침전물이 가라앉았다면 와인을 필터 처리하라고 소믈리에에게 요청한다. 와인에 하얀 결정이나 코르크 조각이 있는 것은 문제가 아니지만(80~81쪽 참고), 디캔팅을 요청할 수 있다.

잘못된 온도

마시기에 적당한 와인만이 와인 리스트에 있어야 한다. 이와 마찬가지로 와인은 적당한 온도로만 서빙되어야 한다. 이는 특히 산지가 아닌 국가에서 와인을 마실 때 문제가 된다. 고급 레드 와인이 셀러의 온도로 서빙된다면 소믈리에는 일반적인 경우보다 차갑게 서빙된다고 경고를 해 줘야 한다.

와인이 미지근하다면 아이스 버켓을 요청한다. 레드 와인이든 화이트 와인이든 상관없다. 마시기 전에 와인이 차가워지도록 버켓에 몇 분 동안 놔둔다. 와인이 차가워지면 와인을 따라 마신다. 뛰어난 소믈리에라면 잔이 비는 대로 와인을 채워 줄 것이다.

레스토랑에서 와인 확인하기

1 소믈리에가 아직 열지 않은 병을 보여 준다. 주문한 와인인지 확인한다. 올바른 빈티지인지 소믈리에에게 물어본다.

2 와인을 확인했다면 소믈리에가 병을 연다. 소믈리에가 코르크를 보여 줄 수도 있다. 코르크에 문제가 없는지 확인하고, 의심스럽다면 코르크에서 곰팡이 냄새가 나는지 확인한다. 잔에 따른 와인의 냄새를 맡아보면 문제가 있는지 없는지 확실히 알 수 있다.

3 소믈리에가 와인을 주문한 손님의 잔에 약간 따르거나 누가 맛볼 것인지 물어본다. 두 병 이상의 와인을 주문했다면 소믈리에가 각 병을 누가 마셔 볼 것인지 물어볼 수도 있다.

디저트에 어울리는 와인

신선한 과일 샐러드든 초콜릿 케이크든 디저트와 함께 식사를 멋지게 마무리할 와인이 필요하다. 디저트의 맛을 죽이지 않으면서 강조할 수 있는 와인을 선택한다.

초콜릿

초콜릿은 매우 달고, 매우 풍부한 감촉이 입 안을 뒤덮기 때문에 와인을 맞추기가 어렵다. 초콜릿의 두 가지 특징을 모두 이겨낼 수 있는 와인이 필요하다 (포트가 괜찮은 선택이다).

뮈스까 – 오스트레일리아산 뮈스까는 대부분의 디저트에 너무 강한 편이지만 진한 초콜릿에는 잘 어울린다.
모리(Maury) – 이 프랑스산 와인은 거의 대부분의 초콜릿 디저트를 위한 멋진 와인이다.

과일

과일을 어떻게 내놓느냐에 따라 선택이 달라진다. 신선한 샐러드, 구운 타르트, 또는 스튜가 될 수 있다. 와인을 선택할 때는 감촉, 온도, 산도를 고려한다.

뮈스까 - 드 - 봄 - 드 - 브니스(Muscat-de-Beaumes-de-Venise) – 자두나 블랙베리와 함께 서빙하면 매우 감각적인 배합이 된다.
리슬링 – 과일 타르트는 스위트 리슬링에 잘 어우러진다.
쏘떼른 – 대황과 사과의 날카로운 맛을 돋우어 준다.

크림

크림이 듬뿍 든 디저트는 산도가 높은 과일과 함께 서빙하지 않으면 입 안을 뒤덮는 느낌을 이겨내기 어렵다. 크림의 물리는 맛에 어울리는 와인이 필요하다.

쎄미용- 쏘비뇽 – 뉴월드의 스위트한 블렌드 와인으로서 치즈 케이크처럼 크림 맛이 진한 디저트에 어울리는 맛과 농도를 갖고 있다.
셰리 – 크렘 브륄레(crème brûlée) 등의 커스터드가 든 디저트에는 스위트 셰리를 곁들인다.

차가운 디저트

아이스크림과 소르베는 식사 끝에 입맛을 상쾌하게 해 주는 전통적인 디저트이다. 함께 서빙하는 와인도 입이 얼얼할 정도로 차갑게 내놓는다. 마데이라가 디저트와 좋은 대조를 이룬다.

모스카토 다스티(Moscato d'Asti) – 얼음처럼 차가운 과일 소르베에는 당도가 높은 스파클링 와인을 서빙한다.
뮈스까 – 뮈스까-드-봄-드-브니스가 바닐라 아이스크림에 가장 어울리는 농도를 갖고 있다.

뜨거운 디저트

막 구운 뜨거운 디저트는 겨울철에 최고다. 커스터드 또는 아이스크림과 함께 내놓고, 맛이 진한 디저트 와인이나 주정 강화 와인을 곁들인다.

맘지 마데이라(Malmsey Madeira) – 뜨거운 당밀 타르트의 진한 맛을 돋우어 주는 데 제격이다.
슈넹 블랑 – 뜨거운 애플파이에는 달콤한 스타일을 선택한다.
쏘떼른 – 대황과 사과의 과일 맛에 어울리므로 구운 과일 디저트에 내놓는다.

케이크와 과자

가벼운 스펀지 케이크를 내놓든 맛이 무겁고 진한 과일 케이크를 내놓든 디저트의 맛을 돋우어 주고 목을 축이기에 좋은 와인을 서빙한다.

샴페인 – 경사스런 일에 케이크를 내놓는 경우에는 특별한 스파클링 와인을 서빙한다.
꼬또 뒤 레이용(Coteaux du Layon) – 아몬드와 마르지판 케이크에서 느껴지는 견과류 맛과 진한 감촉을 배가시키는 와인이다.
뮈스까 – 진한 맛의 과일 케이크에는 당도와 알코올 함량이 높은 와인이 어울린다.

여름 과일 페이스트리 – 차가운 뮈스까와 함께 서빙한다.

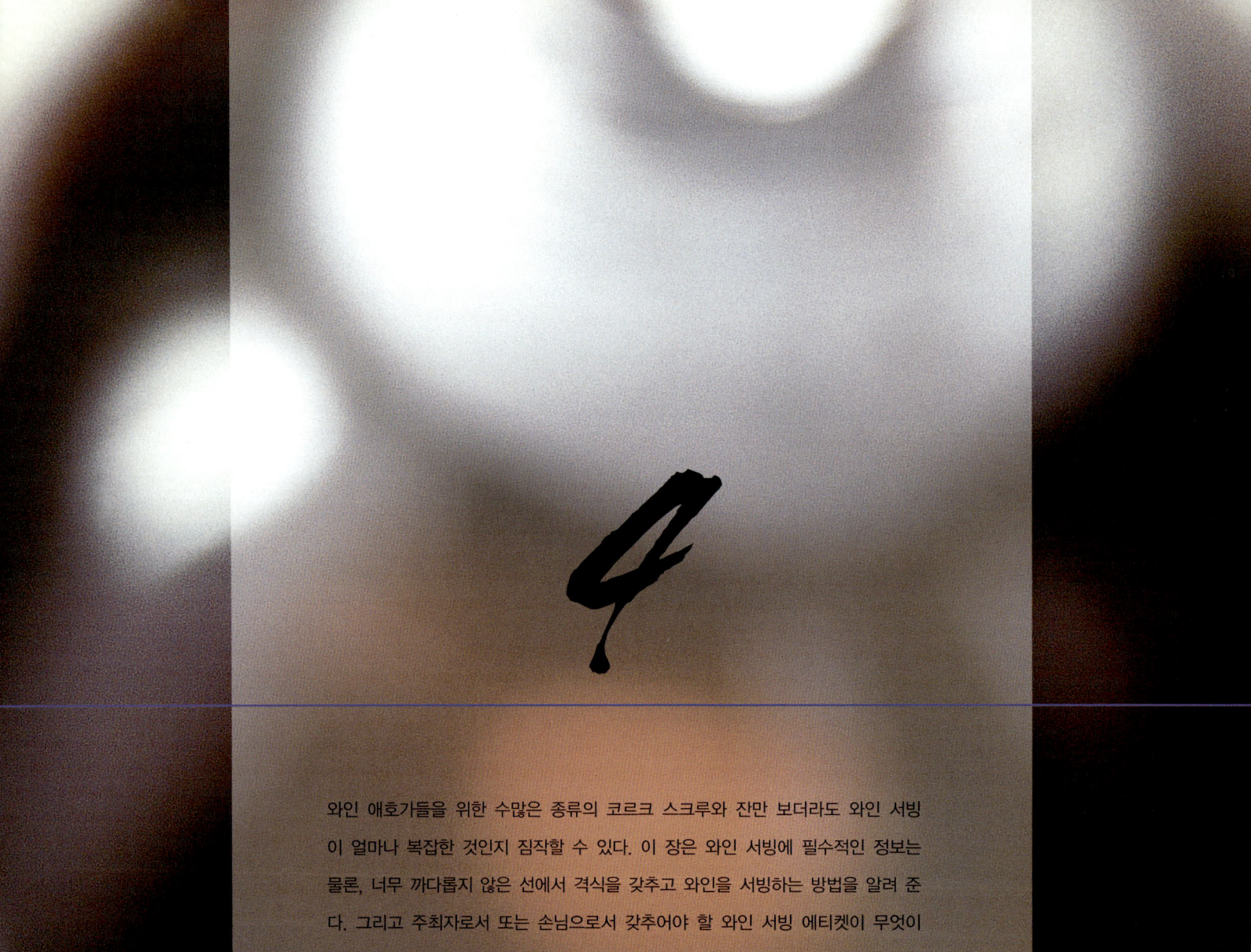

4

와인 애호가들을 위한 수많은 종류의 코르크 스크루와 잔만 보더라도 와인 서빙이 얼마나 복잡한 것인지 짐작할 수 있다. 이 장은 와인 서빙에 필수적인 정보는 물론, 너무 까다롭지 않은 선에서 격식을 갖추고 와인을 서빙하는 방법을 알려 준다. 그리고 주최자로서 또는 손님으로서 갖추어야 할 와인 서빙 에티켓이 무엇이 있는지 살펴보자.

다음과 같은 내용을 확인할 수 있다. 적당한 온도로 와인 서빙하기, 와인 병 여는 법, 와인을 따르는 법, 디캔팅과 브리딩(breathing). 와인의 맛을 돋우기 위해 잔 선택하기, 테이블 세팅, 잔을 씻고 손질하는 법, 마지막으로 특별한 행사를 위한 계획을 세우는 법과 전통적인 칵테일을 포함한 여러 가지 와인 베이스 음료를 소개했다.

와인

서빙하기

적정 온도

맞추기

와인을 적절한 온도로 맞추어 서빙하면 와인의 제 맛을 즐길 수 있다. 이를 기계적으로 따를 필요는 없지만 대체로 화이트 와인은 시원한 느낌이 들 정도로 차가운 것이 좋고, 레드 와인은 이보다 약간 따뜻해야 한다. 뜨거운 여름날에는 추운 겨울 저녁보다 더 시원하게 마시는 것이 나을 수 있다.

레드 와인

서늘한 셀러에서 레드 와인을 막 꺼냈다면 온도가 천천히 올라가게 놔두는 것이 급하게 데우는 것보다 낫다. 이는 몇 시간이 걸릴 수도 있으므로 가능하다면 미리 꺼내 놓는다. 와인의 온도가 너무 올라가면 맛이 떨어지기 때문에

이름에 담긴 뜻

Chambré(샹브레) – 실온을 뜻하는 프랑스어. 레드 와인을 서빙하기 알맞은 온도를 나타낸다. 그러나 실온은 변화할 뿐만 아니라 집안의 온도가 평균적으로 낮았던 때를 기준으로 하는 온도이기 때문에 이 용어는 오해의 소지가 있다.

걱정이 된다면 약간 차갑게 서빙한다. 와인의 온도는 잔을 든 손이나 식당의 온기로 곧 따뜻해진다. 다음과 같은 방법으로 와인을 데울 수 있다.

■ 병을 부엌에 몇 시간 동안 세워 둔다. 집에서 가장 따뜻한 곳이 부엌이다.

■ 미지근한 물이 담긴 싱크대나 통에 병을 담근다. 섭씨 20도의 물이면 8분 정도 뒤에 와인을 섭씨 15~18도로 만들어 준다. 하지만 이 방법을 이용하면 라벨이 떨어질 수 있다.

■ 와인 온열기 또는 떼르모루즈(Therm au Rouge)를 사용한다. 이것은 래피드-칠 슬리브(rapid-chill sleeve)와 비슷한 모양으로 끓는 물에 담갔다가 병에 씌워서 와인을 데우는 효과가 있다. 데운 레드 와인을 다시 셀러에 두는 것은 좋지 않다. 온도의 변화가 와인에 나쁜 영향을 끼칠 수 있다(44~45쪽 참고).

와인을 너무 데우면 물리는 맛이 난다.

와이노미터(wineometer)

어떤 와이노미터는 일반적인 온도계처럼 생겼는데, 병 안에 집어넣어서 사용한다. 어떤 것은 병 밖에 고정된다. 후자는 병을 열지 않고도 온도를 측정할 수 있기 때문에 온도를 미리 알 수 있다.

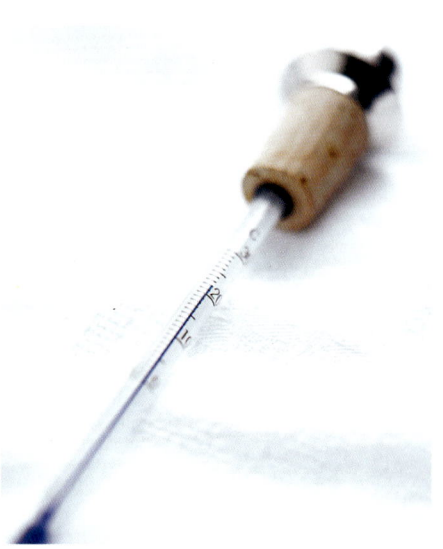

와인 서빙 온도 가이드

(풀-바디 레드 와인)　　　　　　　　(라이트 레드 와인)

빈티지 포트/레드 보르도
바롤로/바르바레스코
화이트 부르고뉴　　리오하
레드 부르고뉴/삐노 누아르
씨라/시라즈

18°　　17°　　16°　　15°　　14°　　13°　　12°　　11°

◄ 실온　　　　　　　　　　　　　　　　▲ 이상적인 셀러 보관 온도

화이트 와인

레드 와인보다는 화이트 와인이 적절한 온도에 서빙하기가 쉽다. 셀러에서 막 가져올 때의 온도가 적당한 경우도 있다. 화이트 와인의 품질이 높을수록 서빙하는 온도는 일반적인 화이트 와인보다 조금 높다. 이는 맛을 완전히 즐기기 위한 조치다. 화이트 와인의 온도는 다음과 같은 방법으로 조절한다.

■ 서빙하기 전에 병을 냉장고에 1시간 동안 둔다. 와인이 심하게 차가워지면 맛이 나지 않을 수도 있으므로 냉장고에 너무 오랫동안 두지 않는다.

■ 병 전체를 얼음물(오른쪽 내용 참고)에 10분 동안 담가 둔다. 물은 공기보다 더 효과적인 냉매이므로 이 방법이 냉장고보다 더 효과적이다.

■ 급할 때는 병을 냉동고에 15분 동안 넣어 둔다. 그러나 이 방법을 고급 와인에 사용하는 것은 좋지 않다. 와인이 얼지 않도록 자주 확인한다.

■ 많은 와인 판매점이 몇 분 안에 와인을 식힐 수 있는 냉장 장치를 구비하고 있다. 와인을 곧바로 파티에 가져가는 경우라면 효과적이다.

　와인의 온도를 심하게 내리지 않는다. 이는 와인의 맛과 아로마를 죽일 수 있다. 와인을 너무 따뜻하게 하면 맛이 없어진다.

테이스팅 준비물 체크 리스트

테이블에서 사용되는 쿨러
병을 차갑게 유지할 수 있는 도구를 이용하여 와인을 따르는 사이에 따뜻해지지 않게 한다. 쿨러는 다양한 종류가 있다.
테라코타 와인 쿨러 – 사용하기 30분 전에 얼음과 물을 채우고, 병을 넣기 직전에 내용물을 따라 버린다. 테이블 위에서 와인의 온도를 2시간 동안 일정하게 유지시켜 준다.

플라스틱 진공 쿨러 – 보온병과 같은 원리로 진공으로 병을 감싸서 차갑게 유지시킨다.
아이스 버켓 – 병을 빠른 시간 안에 차갑게 하거나 뚜껑을 연 병을 차갑게 유지하는 데 사용한다(아래 내용 참고).
래피드 - 칠 슬리브(rapid-chill sleeve) – 냉동고에 두었다가 병을 씌워 준다.

아이스 버켓 사용하기

1 얼음과 물을 섞어서 버켓에 담는다. (얼음만으로는 충분하지 않기 때문에 물을 반드시 사용한다) 열지 않은 병을 거꾸로 넣어서 2~3분 간 둬둔다. 병을 돌려서 2~3분 기다리면 병 전체가 차가워지게 된다.

2 병을 제대로 뒤집어서 5분 더 둔다. 수시로 병을 돌려서 병 전체가 차가워지게 한다. 병을 냅킨으로 싸서 물이 흐르지 않게 와인을 잔에 따르고, 병을 다시 버켓에 넣어 둔다.

	(드라이 화이트 와인)		(스위트 화이트 와인)	
보졸레 누보	쌍세르/뿌이 퓌메		뮈스까/쏘떼른	
뗌쁘라니요 샤블리	샴페인과 스파클링 와인 씨라/시라즈			
샹 샤르도네	게부르츠트라미너			

11°　　10°　　9°　　8°　　7°　　6°　　5°　　4°

일반 냉장고의 온도

*치즈*에 어울리는 와인

와인과 치즈를 함께 먹는 행사는 매우 인기가 좋지만 이 둘을 성공적으로 조화시키기는 의외로 매우 까다롭다. 치즈의 강한 맛과 감촉이 대부분 와인의 맛과 감촉을 압도해 버리기 때문이다. 식사가 끝나고 치즈를 서빙한다면 한 종류의 좋은 치즈와 맛좋은 와인 한 가지만을 내놓도록 한다.

크림 및 소프트 치즈

브리, 까멩베르, 크림 치즈는 입 안을 뒤덮는 느낌을 주기 때문에 와인에 맞추기가 매우 어렵다. 스파클링 와인은 입 안을 씻어 내리는 효과가 있어서 이러한 치즈에 잘 어울린다.

샴페인 – 소프트 치즈의 싸한 맛이 샴페인의 이스트 맛과 조화를 이룬다. 샴페인의 기포가 입 안에 퍼지는 크림의 느낌을 줄여 준다.
샤르도네 – 숙성된 샤르도네는 치즈의 젖산을 누그러뜨려서 크림 맛을 돋우어 준다.

염소 치즈

염소 치즈의 독특하고 매력적인 산도에 맞출 수 있는 와인을 찾기란 쉽지 않다. 샐러드 채소, 사과, 회향풀을 곁들여서 치즈의 맛을 누그러뜨리고, 산도가 낮고 과일 맛이 나는 와인을 함께 서빙한다.

그르나슈 – 스파이시하고 과일 맛이 나는 레드 와인으로서 염소 치즈의 이상적인 파트너.
쌍세르 – 염소 치즈에 전통적으로 곁들이는 와인. 상쾌한 맛이 치즈의 크림 맛과 진한 맛을 돋우어 준다.

블루 치즈

맛이 강한 블루 치즈는 매우 독특한 맛을 갖고 있다. 맛이 진한 디저트 와인 또는 주정 강화 와인이 블루 치즈의 진하고 엄청난 맛과 입 안에 퍼지는 느낌을 살려 준다.

쏘떼른 – 차갑게 서빙하면 블루 치즈의 크림 맛에 또다른 감각을 더해 준다. 잘 익은 배 한 조각과 함께 식사의 끝에 내놓는다.
포트 – 빈티지나 토니 포트는 단단하고 풍부한 맛을 지닌 블루 치즈의 날카로움을 누그러뜨린다.
에르미따쥬 – 맛이 강하고 진한 레드 와인이기 때문에 맛이 강한 치즈에도 압도되지 않는다.

조금 단단한 치즈(semi-hard cheese)

체다 및 그 밖의 조금 단단한 치즈는 숙성된 와인의 맛을 이끌어 내기 좋다. 숙성된 쎄미용이라면 대부분의 조금 단단한 치즈에 어울린다. 드라이한 올로로쏘 세리 역시 좋은 선택이다.

쎄미용 – 와인의 버터와 토스트 아로마가 조금 단단한 치즈의 크림과도 같은 느낌을 살려 준다.
포트 – 대부분의 치즈와 함께 전통적으로 서빙하는 와인. 특히 맛이 강한 치즈에 어울린다.

단단한 치즈(hard cheese)

파마잔, 페코리노, 삽사고는 맛이 강하고 단단한 치즈이다. 이들은 주로 얇게 깎거나 갈아서 사용한다. 단단한 치즈는 맛이 진한 레드 와인이 가장 잘 어울린다. 요리의 고명으로 사용할 때는 요리의 주재료에 와인을 맞추는 것이 현명하다.

이탈리아산 레드 와인 – 세계 최고의 단단한 치즈 생산자들처럼 맛이 진한 바롤로와 키안띠를 서빙하면 후회할 일이 없다.

훈제 치즈

훈제 치즈의 소금기와 베이컨 맛은 매우 독특하기 때문에 맛을 유지하면서 어우러질 수 있는 와인을 찾기는 극히 어렵다.

쏘떼른 – 훈제한 치즈의 맛을 견디려면 스위트한 디저트 와인이 필요하다.
게부르츠트라미너 – 맛을 견딜 수 있도록 풀-바디 와인을 내놓는다.
시라즈 – 론의 씨라보다 맛이 더욱 달콤하고 진한 오스트레일리아산 시라즈를 선택한다.

염소 치즈, 나도냉이, 호두 샐러드 – 그르나슈처럼 과일 향이 풍부한 레드 와인이 염소 치즈의 진한 맛에 어울린다.

와인병

열기

병에서 빠져나오는 코르크의 부드러운 소리, 그리고 와인을 따를 때 나는 소리보다 더 경쾌한 소리는 정말 찾기 어렵다. 와인의 병을 스스로 열 생각이라면 전문가처럼 쉽게 열 수 있게 하자. 이번에는 와인병을 능숙하게 여는 방법을 소개한다.

시작하기 전에

와인 애호가를 위한 도구는 여러 가지가 있지만 그중에서 필요한 것은 몇 개나 될까? 이는 와인을 몇 병 열 것인지, 그리고 병을 연 뒤에 모습을 얼마나 우아하게 유지할 것인지에 따라 달라진다. 병을 최대한 간단하게 여는 법을 알아보자.

코르크와 캡

와인병의 마개는 여러 가지가 있는데, 그중에서도 코르크가 가장 많이 사용된다.

코르크 – 이것은 굴참나무의 껍질을 사용하는 전통적인 마개다. 자연 제품이므로 품질은 제 각각이며, TCA(80~81쪽 참고)의 영향을 받을 수 있다. 사람들은 특히 TCA의 예측 불가능한 성질 때문에 코르크에 대해 걱정한다. TCA에 감염된 코르크는 그렇지 않은 코르크와 별로 차이가 없어서 와인을 마셔 보아야만 확인할 수 있다.

플라스틱(또는 합성) 코르크 – 최근에 개발된 발명품으로 생산자와 소비자 모두에게 환영받고 있다. 전통적인 코르크와 같은 방법으로 뽑아 낸다. 전통적인 코르크보다 더 믿을 만하고 튼튼하다.

스타퍼(stopper) 코르크 – 눕히지 않고 세워서 보관하는 주정강화 와인에 사용된다. 전통적인 코르크로 만들어지고, 위에 플라스틱이 달려 있다. 돌려서 열 수 있다.

스크루 캡(screw cap) – 공기가 통하지 않는 마개로 와인을 매우 신선하게 유지하며, 쉽게 빼고 막을 수 있다. 와인을 보관할 때 코르크만큼 효과적이라는 연구 결과가 있지만 소비자들이 좋아하지 않을 것으로 생각해서 와인 생산자들은 거의 사용하지 않는다.

스크루의 타입 – 코르크스크루 디자인은 몇 세기에 걸쳐서 발전되었다. 최근 것은 코르크를 쉽게 뺄 수 있고, 소비자들의 마음에 들게 만들어진다. 다양한 디자인을 살펴보고, 자신에게 가장 적당한 것을 구입한다.

스틸(still) 와인의 병 열기

1 병을 테이블에 올려 둔다. 캡슐의 윗부분을 제거하여 코르크를 보이게 한다. 어떤 캡슐은 떼어 내기 위한 줄이 달려 있다. 이것이 없다면 코르크스크루의 끝으로 찢거나, 포일 커터를 사용한다(오른쪽 하단 내용 참고).

2 코르크스크루의 끝을 코르크의 중앙에 대고, 누른다. 코르크스크루와 병을 단단하게 쥐고 나선이 코르크의 끝까지 들어가도록 돌린다.

3 (사진처럼) 스크루 풀을 사용한다면 코르크 스크루를 계속 돌려서 코르크를 병목에서 뽑아 낸다. 다른 스크루는 아래와 다음 쪽의 내용을 참고한다.

바틀 스타퍼 – 자연적인 코르크(왼쪽)가 병을 막는 데 전통적으로 사용되었지만, 요즘은 플라스틱 코르크(오른쪽)의 인기가 올라가고 있다.

포일 커터(foil cutter)

병의 꼭대기는 코르크를 빼기 전에 제거해야 하는 은박지나 플라스틱 포장(캡슐)으로 덮여 있다. 많은 병을 열어야 하거나 캡슐을 깔끔하게 제거하고 싶다면 포일 커터가 매우 유용하다. 커터를 병 위에 대고 돌리면 된다.

코르크스크루

시장에는 다양한 코르크스크루가 시판되며, 어떤 것은 다른 것들보다 더욱 사용하기가 편리하다. 사람들은 취향에 따라 다른 코르크스크루를 사용한다. 다음은 가장 일반적인 코르크스크루에 대한 설명 및 그 사용법이다.

기본적인 코르크스크루 – 손잡이에 스크루가 달려 있을 뿐이다. 코르크에 스크루를 돌려 넣고 병을 단단하게 쥔다. 손잡이를 쥐어서 코르크를 뽑아 낸다. 정확하게 사용하기 꽤 어려우며, 힘이 필요하다.

웨이터즈 프렌드 – 스크루를 코르크에 돌려 넣고 팔 부분의 박차를 병의 입구에 댄다. 능숙하게 사용하려면 연습이 필요하지만 대부분의 소믈리에가 사용하는 코르크스크루이다. 특히 플랜지-탑을 가진 병을 열기에 좋다(125쪽 참고).

스크루 풀 (위 사진 참고) – 가장 간단하고 문제가 일어날 가능성이 적은 코르크스크루이다. 병의 목에 끼고 스크루를 돌려 넣는다. 같은 방향으로 계속 돌리면 코르크를 뺄 수 있다.

레버 스크루 풀 – 스크루 풀이 변형된 모양. 손잡이가 두 개 있으며 이를 눌러서 병목을 잡고 레버를 이용하여 코르크를 뽑는다.

더블 스크루 코르크 스크루 – 코르크에 스크루를 돌려 넣고 역 스크루 손잡이를 천천히 돌려서 코르크를 뽑는다.

트윈-레버(또는 윙) 코르크 스크루 – 스크루를 돌려 넣으면 두 개의 레버가 천천히 올라온다. 이를 강하게 내려서 쥐면 코르크가 빠져나온다.

투-프롱드 (도둑) 코르크 스크루 – 이론상 코르크에 구멍을 내지 않고 코르크를 뺄 수 있기 때문에 '도둑' 이라는 별명이 붙었다. 그러나 실제로 해 보면 코르크가 나오면서 팽창되어 병에 다시 완전하게 들어가지 않는다. 병목과 코르크 사이의 틈에 날을 집어넣어서 사용한다. 날을 쉽게 집어넣으려면 톱질하는 동작을 해야 한다. 날이 제대로 들어가면 강하게 당겨서 코르크를 뽑아 낸다.

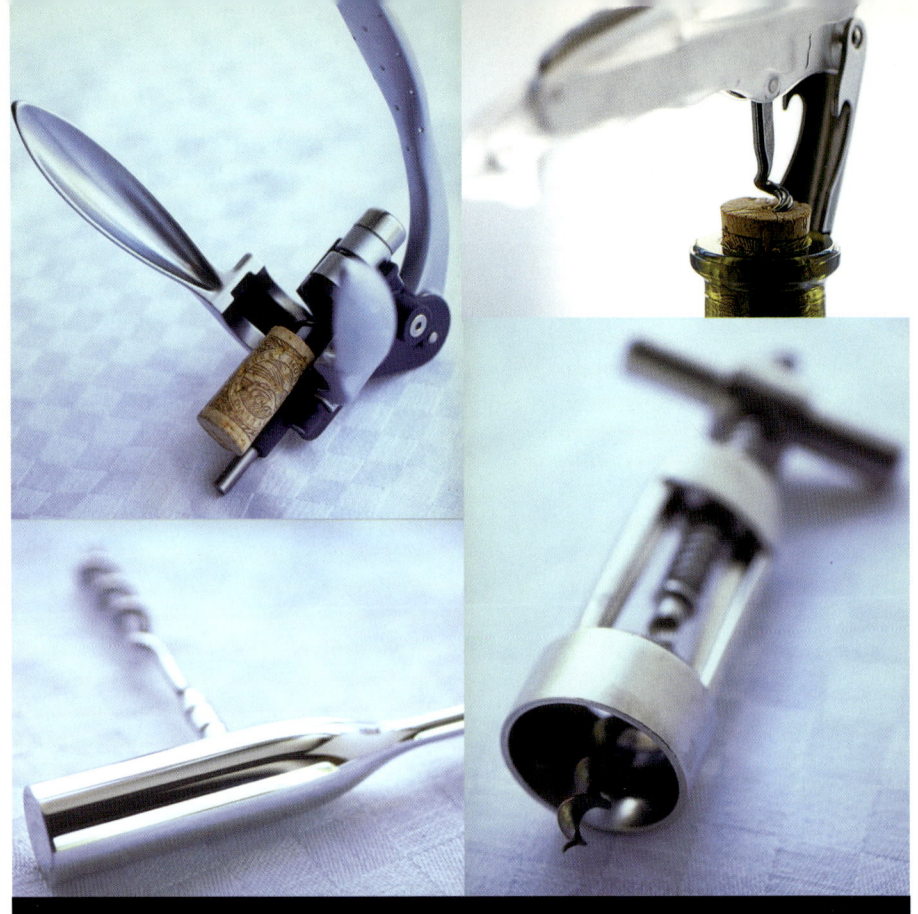

최신 코르크 스크루 디자인 – 오른쪽 상단부터 시계 방향으로 : 웨이터즈 프렌즈, 더블-스크루 코르크 스크루, 기본 코르크 스크루, 트윈-레버(윙) 코르크 스크루. 기본 디자인의 다양한 변형이 있지만, 사용 방법은 거의 동일하다.

스파클링 와인의 병 열기

1 병을 몸의 바깥쪽으로 향하게 한 뒤 45도 각도로 켠다. 한 손을 코르크에 대고, 철사 망을 조심스럽게 제거한다. 코르크가 튀어나오는 것을 방지하기 위해 위에 엄지를 대고 제거한다.

2 손으로 코르크를 확실히 덮어서 튀어 나가지 않게 한다. 코르크를 쥔 채 병을 돌린다 (코르크를 돌리지 않는다). 코르크를 돌리면 손에서 코르크가 부서질 위험이 있다.

3 손바닥으로 병 주둥이를 덮어서 코르크가 천천히 나오게 한다. 코르크가 나오는 순간에 코르크를 눌러서 천천히 나오게 한다. 펑 소리 대신에 바람 새는 소리가 나야 한다. 코르크가 잘 나오지 않으면 냅킨을 이용하여 병을 더 단단하게 쥔다.

코르크 문제 해결하기

아무리 조심하더라도 코르크가 병에서 막혀 버리거나 부서질 수 있다. 코르크는 자연 제품이기 때문에 불량이 있거나 잘못 생산되거나 시간이 오래 지나서 상태가 나빠질 수 있다. 병에 낀 코르크(오른쪽 내용 참고)는 빼기가 까다롭고, 안에서 부서져서 와인에 떠다니게 된다. 잔에 떠다니는 코르크 조각은 와인이나 와인의 맛에 영향을 주지는 않지만 와인에 빠지지 않게 조심하는 것이 가장 좋다.

부서진 코르크

코르크를 뽑을 때 코르크가 부서지면서 조각이 병 안에 남을 수가 있다. 남은 조각이 크다면 코르크 스크루를 이용하여 뽑으면 된다. 코르크 스크루(웨이터즈 프렌드가 가장 효과적이다)를 45도로 기울인 다음에 돌려 넣어서 평상시처럼 뽑는다. 대부분의 경우에 효과가 있으며, 남아 있는 코르크를 문제없이 빼낼 수 있다. 그러나 스크루를 돌려 넣기가 어려우면 코르크를 병 안으로 밀어 넣는 것이 오히려 나을 수도 있다.

코르크를 병에 밀어 넣어도 문제가 없다면 긴 꼬챙이로 코르크를 고정한 채 와인을 디캔터나 주전자에 따른다. 아니면 코르크 리트리버(아래 내용 참고)를 사용한다. 코르크가 조각

막힌 코르크 빼기

코르크 스크루가 코르크를 그냥 통과해서 코르크가 빠져나오지 못할 수도 있다. 이렇게 되면 코르크가 망가지기 때문에 코르크 스크루를 이용하여 다시 뺄 수가 없다. 이때는 다음 방법을 사용한다.

■ 코르크를 병 안으로 살며시 밀어 넣는다. 지금까지 병을 막고 있는 상태이기 때문에 힘을 줘야 하는데, 코르크가 빠져서 와인이 튀는 것을 조심한다.

■ 2~3분 동안 흐르는 뜨거운 물에 병목을 대어 유리를 팽창시킨다. 그 다음에 코르크를 밀어 넣는다.

■ 코르크와 병목 사이에 가늘고 날카로운 칼을 집어넣는다. 코르크를 느슨하게 하거나 조각 낸다.

이 났다면 디캔터를 사용하여 잔에 코르크 조각이 들어가는 것을 방지할 수 있다.

코르크 리트리버(cork retriever) 사용하기

1 손잡이에서 3cm 거리인 리트리버의 위로 메탈 링(metal ring)을 올린다. 다리 부분을 병에 넣고 링을 풀어서 다리를 벌린다. 코르크를 쥔다. 코르크가 옆으로 떠 있을 가능성이 큰데, 코르크를 세로로 쥔다.

2 코르크를 확실하게 쥐려면 코르크를 병에서 뺄 때 링을 다리 쪽으로 밀어서 고정시킨다. 코르크가 눕혀져서 올라오더라도 빼낼 수 있을 것이다.

요리

레드 보르도와 투스칸 와인에 어울리는 요리

뛰어난 와인 산지인 보르도와 투스카니에서 생산되는 레드 보르도와 투스칸 와인은 레드 중에서도 가장 맛이 진하다. 이들의 섬세한 맛을 살리려면 즙이 많은 요리와 함께 서빙한다. 와인의 숙성도 역시 요리의 선택에 영향을 준다.

추천 요리	
붉은살코기	●●●●●
파스타	●●●●
흰살코기	●●●
생선	●●
채식 요리	●●

레드 보르도(Red Bordeaux)

영 레드 보르도 와인에는 맛이 강한 요리를 서빙한다. 와인에서는 장과류의 맛이 나는데, 이를 요리의 소스에 사용할 수도 있다. 예컨대 어린 비둘기고기에는 레드커런트 주스와 갈은 셀러리 뿌리를 곁들이면 된다.

어느 정도 숙성된(8∼10년 숙성) 레드 보르도는 맛이 더 부드럽지만 과일 맛이 조금 남아 있다. 여기에는 향기가 좋은 채소를 곁들인 붉은 살코기 프라이팬 구이 또는 파르마 햄으로 감싼 무화과를 곁들인 어린 오리고기 로스트를 서빙한다. 무화과의 과일 맛과 햄에서 풍기는 견과류의 느낌이 고기와 와인의 진한 맛을 모두 돋우어 준다.

10년 이상 숙성된 와인은 매우 다른 특징을 갖고 있다. 처음에는 맛이 무딘 듯하지만 차츰 입 안에서 활기가 되살아나는 느낌이 든다. 이 와인에는 적당한 감촉을 가진 요리를 서빙한다. 오븐에 천천히 구운 쇠고기 필레가 숙성된 레드 보르도에 특히 잘 어울린다(오른쪽 내용 참고). 소스로는 덜 숙성된 (그리고 보다 저렴한) 보르도를 사용한다.

투스칸 와인(Tuscan wines)

가장 유명한 투스칸 와인은 키안띠와 키안띠 클라시코이다. 키안띠는 맛이 강한 편인 반면, 키안띠 클라시코는 맛이 억제되고 내성적이다. 키안띠에는 맛이 진한 이탈리아 전통 요리나 맛이 강한 고기 카나페를 서빙한다.

영 키안띠에는 오쏘 부코(송아지의 무릎 도가니를 토마토, 양파, 마늘과 함께 살짝 튀겨 끓인 것)를 서빙하면 와인의 과일 맛을 한층 돋우어 줄 수 있다. 클라시코에는 맛이 진한 토마토 스튜와 고기가 주재료인 파스타 요리가 썩 잘 어울린다.

쇠고기 필레와 버섯 소스

맛이 진하고 타닌이 많은 레드 와인은 맛이 강하고 육질이 좋은 붉은 살코기와 어울린다. 육즙이 많은 흙내음이 나는 버섯을 곁들인 필레가 와인의 진한 맛을 이끌어 낸다.

4인분

25g 버터

150ml 올리브유

500g 쇠고기 안심

500ml 진한 레드 와인

500ml 송아지 육수

15g 차갑게 굳은 버터, 깍뚝썰기한 것

소금과 후추, 간에 맞게

100g 팽이버섯

100g 표고버섯

100g 어린 버섯

300g 다양한 야생 버섯 (느타리버섯, 살구버섯, 무쏘농, 피에 드 무통 등)

오븐을 섭씨 180도로 예열한다.

버터와 올리브유 100ml를 바닥이 넓고 얇은 프라이팬에 가열한 뒤, 쇠고기 안심을 양쪽으로 1분씩 튀겨서 육즙이 빠져나가는 것을 막는다. 쇠고기를 오븐에 넣고 20~25분 동안 굽는다. 오븐에서 꺼내어 5분 동안 놔둔다.

소스팬에 레드 와인을 약간 부어 80% 정도로 졸인다. 송아지 육수를 붓고, 양이 반으로 줄어들 때까지 졸인다. 불을 끄고, 차가운 버터를 넣어 휘젓는다. 양념을 뿌리고, 소스를 체에 거른다.

팬에 남은 기름에 열을 가하여, 버섯이 살짝 익을 정도로만 튀긴다.

쇠고기를 4등분하여 접시의 중앙에 놓고, 버섯을 곁들여 쇠고기 위에 소스를 끼얹은 뒤에 서빙한다.

와인 따르기

공식적인 만찬을 준비하든 친구 몇 명을 불러서 조촐하게 와인을 마시든 와인을 올바르게 따르는 행위는 와인과 손님 모두를 올바르게 대우하는 데 필요하다. 와인을 흘리지 않고 따르는 기술 역시 따르는 방법을 통해 배울 수 있다.

와인 따르기를 위한 에티켓

와인의 병을 연 다음 문제가 있는지 확인하고, 필요한 경우에 디캔트를 마쳤다면 와인을 따르기 위한 준비가 된 것이다(아래 내용 참고). 이웃 등을 초대한 편안한 자리라면 첫 잔을 따라 준 다음 손님들이 스스로 따라 마시도록 병을 테이블에 두면 된다. 격식을 차려야 하는 만찬이라면 병을 들고 테이블 주위를 다니면서 와인을 따라 준다. 가장 나이가 많은 여성에게 먼저 따른 다음 시계 방향으로 테이블을 돌면서 와인을 따른다. 손님의 오른쪽에 서서 와인을 따르고, 테이블 건너편으로 팔을 뻗어서 와인을 따르지 않도록 한다. 자신의 잔은 마지막에 채운다.

멋진 호스트가 되는 법

강압적으로 권하지 않으면서 손님들이 와인을 원하는 만큼 충

┌─────────────────────────────────┐
스파클링 와인 따르기

■ 샴페인 또는 스파클링 와인을 성공적으로 따르는 것은 병을 어떻게 열었는가에 달려 있다(120쪽 참고). 와인에서 심하게 거품이 나면 거품이 줄어들도록 병을 잠시 동안 내려 둔다.
■ 우선 잔을 45도 각도로 기울여서 거품이 많이 일어나는 것을 막고, 잔이 차는 것을 보면서 잔을 똑바로 세운다.
└─────────────────────────────────┘

분히 마실 수 있게 하는 것이 호스트의 가장 중요한 임무다. 사람들은 저마다 다른 속도로 와인을 마시며, 자신의 속도가 느리더라도 손님의 빈 잔을 채우는 것을 잊지 않도록 한다. 그런데 비지 않은 잔에 호스트가 와인을 계속 따라 주면 손님들은 자신이 얼마나 마시는지 알 수 없다. 그러므로 잔이 완전히 비거나 거의 빈 다음에 와인을 권하는 것이 낫다. 물어보지 않은 채 와인을 따르는 것은 실례다. 격식 없는 자리에서는 손님들이 마음대로 따라 마실 수 있도록 병을 가까이 두는 것이 좋다.

스틸 와인 따르기

1 잔을 바로 세우거나 테이블에 올려 둔다. 스틸 와인은 잔을 기울일 필요가 없다. 병의 중간 부분을 쥐고 잔 근처로 병을 숙인다.

2 병의 주둥이를 잔 중앙에서 1cm 위로 든다. 와인이 끊이지 않고 나오도록 병을 살며시 기울인다.

3 와인을 충분히 따른 다음 병을 자신의 몸 쪽으로 돌리면서 천천히 병을 들어올려 와인이 흐르는 것을 최대한 방지한다.

흘린 와인과 얼룩 처리하기

아무리 조심스럽게 와인을 따르더라도 가끔씩은 만찬과 파티에서 와인을 흘리게 되어 있다. 즉시 처리하지 않는다면 흘린 와인이 천으로 덮인 비품, 카펫, 의류, 가구에 지울 수 없는 자국을 남길 수 있으므로 빨리 처리하자.

드라이 화이트 와인은 거의 모든 직물에 얼룩을 남기지 않는다. 카펫과 가구에 흘린 화이트 와인은 부엌용 종이 타월로 빨리 훔쳐내면 얼룩이 사라진다. 그러나 냄새를 제거하려면 행주와 세제가 필요할 수도 있다. 옷에 묻은 화이트 와인은 종이 타월로 어느 정도 흡수시키고 평소처럼 세탁한다.

문제는 레드 와인이다. 레드 와인 얼룩을 지우는 방법은 여러 가지가 있지만 이러한 방법은 직물의 종류와 레드 와인의 진하기에 따라 성공 여부가 달라진다. 레드 와인의 색이 어둡고 타닌이 많을수록 얼룩이 남을 가능성이 크다.

레드 와인 닦아 내기

드라이 화이트 와인 – 레드 와인 얼룩을 지우는 데 탁월한 효과를 발휘한다. 얼룩진 카펫이나 가구에 화이트 와인을 천으로 묻히거나 옷감을 화이트 와인이 든 그릇에 담근다. 그 다음에 차가운 물로 씻고 평소처럼 세탁한다.

소금 – 카펫에 흘린 레드 와인에 소금을 뿌리기도 한다. 액체를 어느 정도 흡수하는 데는 효과가 있을지 모르지만 얼룩을 제거하는 데는 의미가 없다.

세탁 – 옷에 레드 와인이 묻으면 차가운 물로 최대한 씻어낸다. 좋은 세제를 사용하면 세탁기로 세탁하는 과정에서 얼룩을 어느 정도 뺄 수 있으나 진한 색의 레드 와인은 세탁 후에 흐릿한 청색 얼룩을 남긴다.

얼룩 제거제 – 레드 와인이 묻은 부위의 색이 바랠 가능성이 없고, 세탁이 가능한 것이라면 레드 와인 얼룩 전용 제거제를 사용해도 무방하다. 대체로 탁월한 효과를 볼 수 있다. 사고를 예방하는 차원에서 제거제를 사 두는 것이 좋다. 레드 와인이 묻었을 때는 최대한 빨리 조치를 취하는 것이 효과적이기 때문이다.

드라이클리닝 – 세탁이 불가능한 것은 드라이클리닝을 맡기고, 레드 와인 얼룩이 생겼다고 밝힌다. 색이 빠지는 직물이라면 얼룩을 지우지 못할 가능성이 있다.

플랜지-탑(flange-top) – 캘리포니아의 로버트 몬대비 양조장에서 플랜지-탑 병목을 처음 개발했다. 많은 와인 생산자들이 이 디자인을 도입했다. 주둥이의 모양이 와인 방울이 떨어지는 것을 방지하기 때문에 드립-스타퍼와 포일 디스크가 필요 없다(아래 내용 참고).

와인 따르는 도구

드립-스타퍼(drip-stopper) – 병의 주둥이에 부착하고, 와인 방울이 흐르지 않게 한다.

와인 칼러(wine collar) – 흡수제로 되어 있는 링으로 병목에 부착하여 와인 방울이 흐르는 것을 방지한다.

포일 디스크(foil disc) – 플라스틱으로 만들어진 포일로 와인 테이스팅 행사에서 와인을 깔끔하게 따르는 데 주로 사용된다.

요리

레드 부르고뉴와 삐노 누아르에 어울리는 요리

삐노 누아르는 부르고뉴 와인의 주축이 되는 포도 품종으로, 타 지역에서 재배되는 삐노 누아르는 이와는 다른 특징을 갖고 있다. 삐노 누아르의 오묘하고, 진하고, 흥미로운 맛에는 고급 요리가 어울린다.

추천하는 요리	
가금류	•••••
야생 고기	••••
생선과 해산물	•••
붉은 살코기	••
여름 과일	••

레드 부르고뉴(Red Bourgogne)

레드 부르고뉴는 가장 풍부한 맛을 가진 와인이다. 향이 강하고 색이 매력적이며, 맛이 약간 스파이시하다. 삐노 누아르는 와인 양조에서 가장 다루기 어려운 포도 품종에 속하기 때문에 부르고뉴의 가격은 높게 책정된다. 맛이 섬세하고바디가 가벼우며 산도가 꽤 높은 경우도 있지만 모든 레드 부르고뉴는 놀라운 맛을 선사한다. 장과류의 향기와 옅은 색을 얕잡아 봐서는 안 된다. 레드 부르고뉴에 가장 잘 어울리는 요리는 야생 고기이며, 특히 체리 스튜와 함께 서빙하는 오리 요리는 와인의 향을 돋우어 주기 때문에 더욱 좋다.

그 밖에는 버섯 소스와 뿔닭, 트러플 에센스 소스와 송아지 무릎 도가니에 어울린다. 부르고뉴와 트러플은 잘 어울리는 한 쌍이다.

영 레드 부르고뉴와 신선한 라즈베리를 함께 서빙하면 굉장한 미감을 느낄 수 있다.

삐노 누아르(Pinot Noir)

뉴월드의 삐노 누아르 와인은 프랑스의 것보다 더 익은 느낌이 들고, 미디엄부터 풀-바디에 이르는 다양한 느낌을 갖고 있으며, 여운이 길고, 맛이 강하다. 숙성된 뉴월드 삐노 누아르는 생선, 특히 연어와 참치에 잘 어울린다. 특별한 경우라면 버섯이 든 크림 소스와 바닷가재 요리를 서빙해도 좋다.

캘리포니아산 삐노 누아르의 농후한 과일 맛은 대부분의 간단한 가금류 요리와 훌륭한 파트너가 될 수 있다.

비둘기 프라이팬 구이와 붉은 양배추

비둘기는 매우 독특한 맛을 갖고 있는데,
복잡한 맛을 가진 레드 부르고뉴와 삐노
누아르와 함께 들면 더욱 맛있게 즐길 수
있다.

4인분

50g 씨 없는 건포도

250ml 루비 포트

3 테이블스푼 레드커런트 젤리

50ml 레드 와인 식초

1 작은 붉은 양배추, 잘게 썬 것

500ml 야생 고기 육수

소금과 후추, 간에 맞게

비둘기 2마리의 가슴과 다리살(각 280g)

50g 버터

50ml 올리브유

12살럿 감자, 작은 크기, 껍질을 벗기고 부드러워질
정도로 끓인 것

4 로즈마리 줄기

2 계피 토막, 반을 자른 것

20 레드커런트

씨 없는 건포도와 포트 1/4을 소스팬에 부어
반이 될 때까지 졸인다. 젤리와 식초를 넣어
젤리가 녹을 때까지 젓는다. 양배추를 추가하
고 30분 동안 조린다.

다른 팬에 남은 포트를 붓고, 반이 될 때까지
졸인다. 육수를 넣어 다시 반이 될 때까지 졸
여 양념을 뿌리고, 따뜻하게 둔다.

버터와 올리브유를 넣은 프라이팬에 비둘기가
황금색으로 이을 정도로 5분 간 튀긴다. 프라
이팬에서 비둘기고기를 건져서 5분 정도 식힌
다.

양배추 썬 것을 4인분으로 나눠서 접시 중앙
에 담는다. 가슴살을 썰어 다리와 함께 사진처
럼 놓는다. 감자를 비둘기 옆에 놓고, 포트 소
스를 접시 언저리에 뿌린다. 레드커런트, 계
피, 로즈마리로 장식한다.

디캔팅(decanting)과 브리딩(breathing)

우선 사실부터 밝히자면 사람들은 필요 이상으로 디캔팅에 대해 염려한다. 그러나 디캔팅이 필요한 와인은 얼마 되지 않으며, 모든 레드 와인에 브리딩이 필요한 것도 아니다. 그렇지만 이와 상관없이 디캔팅을 해도 상관없다. 아름다운 디캔터에 담긴 와인은 보기에 좋고, 손님들에게 기대감을 주는 효과도 있다.

와인을 디캔팅하는 실질적인 이유는 두 가지다. 하나는 오랜 숙성으로 인해 생긴 침전물을 거르는 것이고, 다른 하나는 와인에 공기를 쐬어 주는 것, 즉 와인을 '브리딩' 하는 것이다. 이는 와인의 부케와 맛을 향상시켜 준다. 디캔터에 와인을 보관하는 것은 사람들이 일반적으로 저지르는 잘못인데, 디캔터에 담긴 와인은 시간이 지나면서 품질이 떨어진다.

어떤 와인에 디캔팅이 필요한가?

앞에서 설명했듯이 디캔팅이 필요한 와인은 병 숙성을 오래한 와인뿐이다. 최고급 레드 보르도, 까베르네 쏘비뇽, 레드론, 시라즈, 레드 부르고뉴, 바롤로, 그 밖에 최고급 이탈리아 레드 와인과 빈티지 포트가 여기에 포함된다.

와인에 침전물이 있는지 확인하려면 병을 광원에 비추어 본다. 보관했을 때 아래에 위치한 면에 어두운 얼룩이 보인다면 침전물이 있다는 증거다. 또는 와인병의 바닥에 검은 입자가 보이는지 확인해 본다.

■ 5년 이하의 숙성 기간을 가진 레드 와인은 디캔팅이 필요 없다. 그렇지만 고급 영 레드 와인이라면 잠깐 동안의 브리딩으로도 맛이 좋아진다.

■ 화이트 와인은 디캔팅이 필요 없다. 공기에 장시간 동안 접촉하면 화이트 와인의 신선한 맛이 모두 사라지게 된다.

디캔트를 하는 적절한 시기는?

브리딩은 일반적으로 긴 것보다는 짧은 것이 좋다. 매우 오래되고 섬세한 와인은 1시간 내로 산화되기 시작하며, 맛이 금방 없어진다. 문제가 생기기 전에 조치를 취하는 편이 훨씬 낫다. 브리딩이 더 필요하다고 생각되는 와인이라도 잔에 따르면 금방 변하게 된다.

디캔팅을 하기 가장 좋은 때는 손님들이 도착하기 직전이라고 할 수 있다. 이는 와인을 마시기 대강 1시간 전일 가능성이 높기 때문이다. 이 정도가 대부분의 와인 브리딩에 충분한 시간이며, 오래된 와인에도 그리 위험한 시간이 아니다.

실내 장식에 어울리는 디캔터 – 사진에 보이는 리델에서 생산된 스토퍼가 달린 크리스털 디캔터처럼 멋진 디자인을 가진 디캔터에 담긴 와인은 매우 아름답게 보인다.

디캔터에 담긴 와인의 수명은?

와인은 디캔터에 보관할 수 없다. 빈티지 포트처럼 강한 와인 조차도 디캔터에 보관할 수 없다. 포트가 산화되려면 어느 정도의 시간이 필요하긴 하지만 이것도 마찬가지로 며칠 내로 아로마가 사라지기 시작한다.

디캔터에 담긴 와인은 한 번에 다 마시는 것이 좋다. 다 마시지 않는다면 남은 와인을 비어 있는 깨끗한 와인병에 담고, 140~141쪽의 보존 방법을 실시한다.

병에서 브리딩하기

서빙하기 1~2시간 전에 병을 열어 두면 브리딩이 된다. 이는 대부분의 와인에 충분한 시간이며, 귀찮은 디캔터를 사용하고 싶지 않은 경우에 유용한 방법이다.

디캔팅 도구

깔때기 – 와인이 옆으로 새나가는 것을 방지하기 위해 병목에 깔때기를 꽂는다. 다양한 소재로 만들어지며, 은으로 된 것도 있다. 전용 깔때기를 구입할 생각이 없다면 주방용 플라스틱 깔때기로도 충분하다.

크레이들 – 병의 와인을 고르게 따를 수 있도록 보조하는 비싼 도구.

디캔트하는 법

1 디캔팅하기 24~48시간 전에 병을 바로 세워 둔다. 병을 조심스럽게 연다. 근처에 조명을 둔다. 디캔터를 와인의 병목에 대고 조심스럽고 안정적으로 따른다.

2 와인이 거의 전부 내려갈 즈음 침전물이 병목으로 내려가는 것이 보인다. 침전물이 빠져나오기 직전에 와인 따르기를 멈춘다.

3 손이 떨리거나 마지막 한 방울까지 따를 생각이라면 디캔팅 전용 깔때기를 사용한다. 깔때기를 디캔터의 병목에 꽂아 와인을 따르면 된다. 깔때기가 침전물을 걸러 준다.

디캔터의 디자인

디캔터의 디자인은 지난 250년 동안 거의 변하지 않았다. 디캔터는 대부분 투명한 유리로 만들어지며, 손잡이와 스타퍼가 있다.

스피릿 디캔터(spirit decanter)
네모난 모양이 많다. 이를 와인에 사용하는 경우는 흔하지 않지만 와인에 사용해도 전혀 상관없다.

19세기 디캔터
둥그런 모양의 통과 긴 병목을 갖고 있다. 가격이 저렴하며, 널리 사용된다.

18세기 디캔터
대체로 경시진 어깨 모양이며, 옆면이 평평하거나 약간 볼록하다.

쉽스 디캔터(ship's decanter)
바닥이 넓게 퍼진 모양이기 때문에 안정적이다.

현대적 디자인
다양한 모양을 갖고 있다.

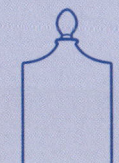

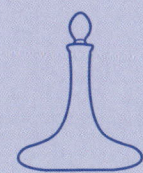

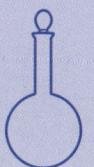

올바른 잔

선택하기

올바른 잔을 이용하여 마시면 와인을 즐기는 데 큰 차이를 느낄 수 있다. 특히 잔의 모양은 와인의 맛에 영향을 준다. 와인의 맛을 향상시키는 잔이 특별히 비싼 것은 아니다. 모양이 바르지 못하고, 장식만 화려한 잔은 가격만 비쌀 뿐 와인의 맛을 향상시키는 데는 전혀 도움이 되지 않는다.

잔의 디자인

아로마와 맛이 좋은 와인을 마실 때는 와인의 개성을 이끌어 낼 수 있는 잔을 사용해 보자. 위쪽 끝 부위가 가는 잔(튤립 모양)은 아로마를 풍기게 하고, 와인을 혀에 잘 닿게 해 준다. 잔의 세공, 색, 장식은 와인의 색을 보는 데 방해가 되므로, 투명한 유리나 크리스털로 만들어진 잔을 선택한다. 튤립 모양의 잔은 모든 와인에 적합하며 샴페인이나 스파클링 와인에도 좋다. 유리가 얇은 잔을 선택하는 것이 이상적인데 이러한 잔이 입에 대기에 가장 편하다.

잔에 투자할 생각이 있다면 레드, 화이트, 스파클링 와인을 위한 잔을 따로 구입한다. 기본적인 튤립 모양으로도 되지만 레드는 아로마가 잘 퍼질 수 있는 큰 잔을 사용한다. 샴페인과 스파클링 와인은 플루트 모양의 긴 잔을 이용하면 기포가 아름답게 올라온다. 이 역시 튤립 형태를 사용하여 기포가 너무 빨리 사라지지 않게 한다.

텀블러(tumbler)와 파리 고블릿(paris goblet)

유럽의 어떤 바와 카페들은 정확하게 따지자면 올바른 모양이 아닌 잔으로 와인을 서빙한다. 이는 와인의 맛을 향상시키지는 않지만 평상시에는 문제가 없다. 텀블러는 야외에서 사용하기에 적당하다. 텀블러는 밖에 쉽게 가져갈 수 있고, 가격이 저렴하다.

튤립형 잔 – 끝이 좁은 모양의 잔은 거의 모든 와인에 적당하다. 이 모양은 잔을 돌릴 때 와인이 쏟아지는 것을 막고, 와인의 아로마를 잡아 준다.

피해야 할 잔

■ 가장자리가 밖으로 벌어진 잔. 아로마가 잔에서 빠져나간다.

■ 아로마를 간직할 공간이 없는 작은 잔.

■ 색, 그림, 세공 장식이 있는 잔. 잔에 든 와인의 색을 정확하게 볼 수 없다.

전문적인 잔

여기에 소개한 리델(Riedel)과 같은 전문적인 잔 제조 기업은 모든 와인용 잔을 생산한다. 하지만 모든 모양의 잔이 필요할까? 와인의 맛은 실제로 잔의 모양에 따라서 달라진다. 샤르도네를 가느다란 플루트 잔과 커다란 레드 와인용 잔에 따라서 마셔 보면 알 수 있다. 제조 업체들은 잔의 모양이 와인이 혀에 닿는 부위를 다르게 하여 와인의 개성적인 맛을 살린다고 설명한다. 예를 들어 리델 리슬링 잔은 와인을 혀끝에 닿게 하여 리슬링의 상쾌한 과일 맛을 느끼게 하고, 혀 뒤로 와인을 흘려 보내서 긴 여운을 남게 한다.

　　모든 와인의 종류에 따라 잔을 구비할 수 있는 사람은 많지 않으며, 기본적인 튤립 형태의 잔으로도 충분하다. 그렇지만 특별히 좋아하는 와인이 한두 가지 있다면 이를 위해 특수한 잔을 사는 것은 충분히 가치 있는 구매 행위다.

전용 잔의 선택

샤르도네 잔 – 튤립 모양이 신선함을 유지시키고, 숙성된 화이트 와인의 풍부한 향미를 느끼도록 한다.

리슬링 잔 – 과일 향을 돋우어 주고, 리슬링의 가벼운 맛과 산도의 균형을 이루어준다. 가장자리가 와인을 혀끝에 닿게 하여 단맛과 과일 맛을 잘 느끼게 해 준다.

보르도 잔 – 잔이 크기 때문에 까베르네 쏘비뇽 및 그 밖의 보르도 와인의 맛, 아로마, 감촉을 더욱 증진시킨다. 이 모양은 또한 여운을 길게 남기는 데도 도움이 된다.

부르고뉴 잔 – 품질이 좋은 삐노 누아르 또는 부르고뉴의 과일 맛, 산도, 균형을 돋우어 준다. 와인의 부케가 잔 안에서 피어나며, 살짝 벌어진 가장자리가 와인을 입 앞쪽으로 모아서 과일 맛을 느끼게 해 준다.

샴페인 잔 – 좋은 샴페인의 부케, 크림 맛, 농후함을 이끌어 낸다. 그리고 잔을 타고 올라오는 기포가 지속적으로 올라오도록 한다.

다양한 모양의 잔 식별 – 특정 와인을 위해 제작된 와인을 구입할 수 있다. 여기의 잔들은 서른 가지가 넘는 와인 잔의 모양 중에 일부를 소개한 것이다.　　왼쪽부터 : 샤르도네, 리슬링, 보르도, 부르고뉴, 샴페인

테이블 세팅하기

손님들에게 다양한 코스를 맛보게 하면서 여러 가지 와인을 내놓는 경우라면 격식이 있는 만찬을 차리는 일이 꽤 어려울 수 있다. 기본적인 가이드라인 몇 가지를 지킨다면 테이블 세팅을 정확하고 쉽게 관리할 수 있다. 격식을 차리는 자리 또는 레스토랑에서 여러 개의 잔을 사용할 때도 마찬가지 원칙을 적용할 수 있다.

잔의 세팅

테이블을 세팅할 때는 각 자리의 나이프 오른쪽 위에 잔을 놓는다. 한 가지 와인만을 서빙하는 경우, 와인 잔 하나와 물 잔 하나면 충분하다. 준비된 잔이 몇 개 없다면 서빙할 와인에 가장 잘 어울리는 잔을 선택한다(130~131쪽 참고).

코스가 다양하며, 모든 코스마다 서로 다른 와인을 서빙한다면 각 와인을 위한 잔이 필요하다. 코스마다 잔을 바꿔도 되지만 집에서는 필요한 잔을 모두 테이블에 두는 것이 편하다. 자신이 원하는 대로 잔을 두거나 다음 방법을 참고하여 세팅한다.

잔의 배열

삼각형 – 잔 3개- 오른쪽의 잔을 먼저 사용하고, 그 다음부터는 시계 반대 방향으로 사용한다.

사각형 – 잔 4개- 사각형의 오른쪽 하단에 위치한 잔에 첫 와인을 따른다. 그 다음은 오른쪽 상단을 사용한다. 즉 시계 반대 방향을 따른다.

직선 – 잔 5개- 나이프, 포크와 마찬가지로 바깥쪽부터 사용한다. 즉 오른쪽 끝의 잔부터 사용한다. 물 잔은 왼쪽 끝의 것이 먼저다. 대체로 기타 식기 세팅을 기준으로 삼아 사선으로 잔을 배치한다. 수평으로 배열해도 상관없다.

서빙 순서

와인은 요리 코스에 맞추어 서빙한다. 각 코스마다 서로 다른 와인을 서빙한다면 병을 치우거나 와인을 모두 마시도록 한다. 와인이 아직 남아 있는 잔은 손님에게 물어본 다음에 가져간다.

병과 디캔터의 배치

병과 디캔터를 테이블에 놓을 때는 상식적으로 처리한다. 와인을 차갑게 유지해야 한다면 와인 쿨러가 필요한지 고려해 본다. 와인 쿨러는 공간을 많이 차지하기 때문에 테이블 옆에 두는 것이 낫다. 공간을 많이 차지하지 않는 와인 쿨러 슬리브와 재킷(115쪽 참고)을 구입하여 사용하는 것이 더 좋을 수도 있다.

잔 치우기

손님이 코스를 마치고 접시를 비우면 코스에 사용했던 잔을 치운다(잔이 빈 경우). 식사가 끝나면 디저트 와인이나 샴페인 잔 그리고 물 잔만 테이블에 남는다.

식사가 끝나고 스파클링 와인이나 샴페인을 서빙할 계획이라면 잔이 깨끗한지 그리고 와인을 따를 수 있는 상태인지 확인한다. 손님이 틀린 잔을 사용하는 경우가 발생할 수도 있다. 손님들이 깨끗한 잔을 이용하여 건배를 할 수 있도록 샴페인 플루트 잔을 식사가 끝난 다음에 내와도 상관없다.

포트를 서빙한다면 각 자리의 오른쪽 나이프 위에 포트 잔을 둔다. 커피는 손님 앞에서 따라도 무방하다.

레스토랑의 테이블 세팅

레스토랑은 많은 잔을 테이블에 놓는 대신 물 잔과 와인 잔 하나만을 올려 둔다. 잔이 더 필요하거나 잔을 바꾸고 싶다고 하면 소믈리에가 와인에 어울리는 잔을 가져와서 빈 잔을 가져간다.

서빙 순서 – 잔을 사용할 때 손님들에게 혼란을 주지 않기 위해서는 사용하는 순서대로 오른쪽부터 왼쪽으로 잔을 배치한다. 잔의 배치는 삼각형, 사각형, 직선 모양이 있다(왼쪽 상단부터 시계 방향).

요리

에르미따쥬, 꼬뜨 로띠, 시라즈에 어울리는 요리

씨라 포도 품종으로 양조한 와인, 특히(시라즈로 불리는) 오스트레일리아와 론 밸리의 와인은 색, 향, 맛이 매우 강하다. 이 와인에도 마찬가지로 강한 맛과 감촉을 가진 요리가 어울린다.

꼬뜨 로띠(Côte Rôtie)

맛이 풍부하고 개성이 있는 진한 레드 와인. 씨라에 화이트 비오니에를 더하여 약간의 머스크 향을 내기도 한다. 특히 숙성된 와인을 서빙한다면 에르미따쥬와 마찬가지로 쇠고기 캐서롤 또는 오븐에 구운 야생 고기를 함께 내놓는 것이 좋다. 10년 이상 숙성한 와인의 맛은 복잡하기 때문에 이에 상응할 만한 감촉이 있는 진한 요리가 필요하다. 영 꼬뜨 로띠 와인은 송아지 및 질그릇에 넣어 만든 돼지고기 요리에 어울린다.

에르미따쥬(Hermitage)

론 북부의 씨라 포도로 양조한 유명한 와인으로서 입맛 좋은 향신미와 매운맛이 나고 타닌이 풍부하다. 풀-바디이며 맛이 꽉 차 있기 때문에 육질이 좋고 육즙이 많은 요리가 필요하다.

    석쇠에 굽거나 바비큐로 구운 쇠고기 요리는 바삭바삭하고 육즙이 많기 때문에 에르미따쥬에 완벽하게 어울리는 감촉을 갖고 있다. 마늘 버터 또는 머스터드 소스와 함께 서빙한다.

    에르미따쥬는 하드 치즈, 특히 그중에서도 영국산 치즈와 잘 어울린다.

시라즈(Shiraz)

씨라의 변종인 오스트레일리아의 시라즈는 프랑스산 씨라보다 맛이 부드럽고 섬세하며, 과일 향이 더욱 많이 난다. 쇠고기나 사슴고기가 어울리는데, 맛이 풍부한 오븐에 구운 양고기 요리를 서빙해도 좋다(오른쪽 참고). 오래 숙성한 시라즈(10~15년)는 크리스마스에 먹는 칠면조 요리에 적격이다. 진한 맛이 있는 고기와 함께 마시면 맛이 특히 좋고, 칠면조의 속을 채우는 양념이 된 빵 스터핑이 와인과 이상적인 배합을 이룬다. 그리고 숙성된 와인의 과일 맛은 칠면조의 크랜베리 소스와 적당한 조화를 이룬다.

양갈비와 향풀

어린 양고기는 육질이 부드럽고 맛이 진하기 때문에 앞에 소개한 맛좋은 레드 와인의 감촉을 돋우어 준다.

4인분

50ml 올리브유

2 양갈비, 지방을 제거한 것

150g 신선한 흰빵 부스러기

40g 파슬리

1 달걀

소금과 후추, 간에 맞게

30g 겨자, 도정하지 않은 것

12 작은 골파

12 마늘, 껍질 깐 것

30g 흑설탕

50g 차갑게 굳은 버터, 깍뚝썰기한 것

100ml 루비 포트

500ml 양고기 육수

4 타임, 작은 줄기

4 로즈마리, 작은 줄기

오븐을 섭씨 200도로 예열한다.

프라이팬에 올리브유를 넣고 가열하여 양고기가 황금빛의 갈색을 띠게 굽는다. 오븐에 넣어 15~20분 동안 구운 다음에 꺼낸다.

믹서로 빵 부스러기, 파슬리, 달걀을 곱게 간다. 겨자를 양고기에 바르고 간 재료를 고기에 입힌다.

골파와 마늘을 은박지에 놓고 흑설탕과 버터를 뿌린다. 은박지와 함께 15분 내지 황금빛의 갈색을 띨 때까지 오븐에 굽는다.

팬에 포트와 양고기 육수를 붓고 반이 될 때까지 졸인 다음 간을 맞춘다.

석쇠를 예열한다. 크러스트(crust)를 입힌 쪽을 위로 하여 석쇠에 5분 동안 굽는다. 5분 동안 식힌 다음 커틀릿 모양으로 자른다.

접시에 커틀릿을 놓고 주위에 골파와 마늘을 배열한다. 소스를 접시에 둥글게 붓고 로즈마리와 타임을 한 줄기씩 올려서 서빙한다.

잔과 디캔터

세척하기

와인을 충분히 즐기려면 깨끗하고 윤이 나는 잔이 필요하다. 잔을 깨끗하게 닦으려면 시간이 꽤 걸리지만 이는 최고의 상태를 유지하기 위해 치러야 할 필수 과정이다. 자동 식기 세척기 덕분에 잔을 씻는 것이 쉬워졌지만 고급 크리스털 잔은 손으로 씻는 것이 안전하다.

유리와 크리스털 잔 다루기

와인은 증발하면서 잔에 둥그런 테두리 자국을 남긴다. 이는 큰 문제가 아니지만 금방 씻어 내지 않으면 잔이나 디캔터에 얼룩을 남기는 경우도 있다.

대부분의 잔은 식기 세척기에 넣어도 무방하며(옆쪽 내용 참고), 어떤 와인 잔 제조 업체는 이를 권장하기도 한다. 그러나 어떤 와인 잔은 너무 길어서 식기 세척기에 들어가지 않을 수도 있다. 만약에 약한 크리스털 잔이 걱정된다면 손으로 직접 씻는 것이 오히려 낫다(아래 내용 참고). 디캔터는 세척하기가 어려울 수 있다. 이것은 식기 세척기에 넣을 수 없으며, 병목이 좁기 때문에 안쪽을 씻기 어렵다. 그러나 와인 잔보다는 두꺼운 유리로 만들어지기 때문에 마음놓고 닦을 수 있다.

디캔터 세척하기

사용한 뒤에는 가능한 한 빨리 따뜻한 물로 디캔터의 안을 씻어 낸다. 세제는 사용하지 않는다. 디캔터는 병목이 좁기 때문에 안에 남은 세제 찌꺼기를 씻어 내기 매우 어렵다. 닿기 어려운 부분은 행주를 로프처럼 감아서 병목으로 집어넣고 돌린

손으로 직접 와인 잔 세척하기

1 싱크를 따뜻한 물로 채운다. 세제로 닦을 필요는 없다. 수도꼭지가 방해되지 않게 이를 옆으로 돌려놓는다. 한 번에 하나씩 씻고, 먼지가 없는 행주를 사용한다.

2 미근한 온도의 흐르는 물에 잔을 씻어서 남은 와인을 없앤다. 잔 안쪽의 냄새를 맡아서 잔이 깨끗한지 확인한다.

3 잔에 특별히 윤을 내려면, 잔을 말리기 전에 다리(Stem)를 잡은 채 끓는 물의 위쪽에 가져가서 잔의 외면에 증기를 쐬게 한다.

4 먼지가 없는 깨끗한 행주를 이용하여 잔을 닦아 말린다. 잔의 둥근 부분을 한 손으로 잡고, 다른 손을 이용하여 말린다. 닦을 때 잔의 다리 부분을 잡으면 부러질 위험이 있다.

5 필요하다면 나무 숟가락을 행주로 감아서 잔의 안쪽 바닥을 말린다. 손으로 행주를 잔 안에 넣으면 잔이 깨질 위험이 있다.

다. 아니면 나무 숟가락의 손잡이를 병에 집어넣어서 구석까지 닦아 낸다. 얼룩은 병 닦는 솔을 이용하여 제거한다. 솔의 재질은 유리가 긁히는 철사보다는 나일론을 사용한다.

전통적으로 얼룩이 누적되면 납알을 디캔터에 집어넣어서 흔드는 방법으로 이를 제거했다. 요즘은 납이 아닌 재질로 만들어진 것(아래 내용 참고)을 사용하거나 얼룩 제거 파우더를 이용한다.

디캔터를 건조시키려면 마른 행주를 로프처럼 말아서 안을 닦거나 디캔터 드라이어를 사용한다. 디캔터 드라이어 속에는 습기를 흡수하는 결정이 들어 있는 작은 모슬린 주머니가 있다. 씻은 디캔터에 넣고 하루 정도나 습기가 흡수될 때까지 기다린다. 이러한 건조기는 효과가 좋으며 다시 사용할 수 있다.

세척구

요즘은 납알 대신에 구리 구슬을 이용하여 디캔터의 와인 얼룩을 제거한다.

식기 세척기로 잔 세척하기

1 다른 종류의 식기와 분리하여 음식 찌꺼기가 잔에 묻는 것을 방지한다.

2 잔을 뒤집어서 세척기에 넣는다. 잔 안에 물이 고이거나 세척 중 잔이 흔들리는 것을 방지한다.

3 타이머를 가장 짧은 시간으로 맞추어서 세척한다. 세제를 사용할 필요는 없다. 세제는 잔의 외양에 영향을 주고, 많이 사용하면 잔에 세제의 맛이 남게 된다.

4 세척이 끝나면 문을 연다. 습기찬 곳에 오래 놓아두면 잔이 흐려진다.

5 먼지가 없는 행주로 닦아 말린다. 한 손으로 잔의 우묵한 부분을 잡고, 다른 손으로 잔의 물기를 제거한다. 물기가 떨어지도록 기다리면 잔에 자국이 남는다.

바텐더 팁

■ 잔은 냄새를 흡수하기 때문에 이것이 와인 맛에 영향을 준다. 잔은 열린 선반에 반듯하게 세워서 보관한다. 이를 통해 잔에 공기가 순환된다. 판지로 된 상자나 닫힌 선반에 잔을 두는 것은 바람직하지 않다. 판지나 선반에 함께 보관한 다른 물건의 냄새가 옮을 수 있다.

■ 달라붙은 냄새를 제거하려면 잔 안에 신선한 공기가 들어가도록 공중에서 빠르게 돌린다. 이것이 효과가 없으면 차가운 물에 헹구거나 필요하다면 서빙할 와인을 조금 붓는다.

■ 잔을 닦아 말리는 데 사용하는 행주는 반드시 청결한 것을 선택한다. 그렇지 않으면 오래되거나 더러운 행주의 냄새가 잔에 옮는다. 행주는 일반적인 세제로 씻고, 옷감 연화제는 천에 얇은 막을 남길 수 있으므로 사용하지 않는다.

■ 먼지가 나지 않는 천을 사용한다. 면 소재의 천은 잔에 실 조각을 남긴다.

요리

바롤로와 바르바레스코에 어울리는 요리

네비올로 포도로 만들어진 최고급 이탈리아 레드 와인, 바롤로와 바르바레스코는 알코올 함유량이 많고 맛이 농후하다. 아름다운 꽃 향기가 나므로 이들의 복잡한 맛에 견줄 만한 멋진 요리를 선택해야 한다.

추천 요리	
붉은 살코기	●●●●●
야생 고기	●●●●
파스타	●●●
채식 요리	●●

바롤로(Barolo)

네비올로 와인 중에서 맛이 가장 강렬하다. 이 와인은 강하고 타닌 함량과 산도가 높기 때문에 이를 견딜 수 있는 호화로운 요리가 어울린다.

맛이 진한 쇠고기 요리는 품질이 좋은 바롤로의 완벽한 파트너다. 예컨대 즙이 많은 캐서롤이나 샐러드, 육회(옆쪽 참고)가 적격이다. 맛이 농후한 야생 고기 스튜에도 바롤로는 썩 잘 어울린다. 야생 고기의 육질과 바롤로의 느낌이 입 안에서 조화롭게 어우러진다.

바롤로는 저녁 식사의 가벼운 요리에도 잘 어울린다. 향이 좋은 요리, 예컨대 양고기 타진(tagine : 모로코식 스튜)과 향기로운 쿠스쿠스가 잘 어울린다. 다른 모로코 전통 요리는 로즈 워터로 양고기의 맛을 내는데, 이는 와인의 장미 향을 이끌어 내는 데 적격이다.

바롤로의 달콤한 맛에서 과일 맛을 느낄 수 있지만 실은 초콜릿에 더 가까운 맛이다. 이런 단맛은 와인의 달콤함을 충분히 견딜 만한 단맛을 지닌 농후한 파스타 요리에 어울린다. 볼로네제 스파게티처럼 고기가 듬뿍 든 파스타가 좋다.

바르바레스코(Barbaresco)

바롤로보다 맛이 더 가볍고, 더 드라이하고, 더 아로마틱한 바르바레스코는 오븐에 살짝 구운 쇠고기나 스테이크에 어울리고, 간과 콩팥의 독특한 풍미와 감촉에도 잘 어울린다.

적절하게 요리한다면 가금류도 바르바레스코에 잘 어울릴 수 있다. 레드 와인, 버섯, 마늘과 함께 요리한 닭이나 오리고기 콩피(confit : 고기 조림)가 좋다.

파스타 요리도 바르바레스코에 잘 어울린다. 크림보다는 토마토 소스가 풍부한 파스타 요리가 낫다.

채식 요리는 진한 레드 와인에 어울리지 않지만 바르바레스코는 예외다. 바르바레스코는 오븐에 구운 채소 요리와 쿠스쿠스에 멋지게 어우러진다.

녹인 쇠고기 카르파쵸

이탈리아의 전통 전채 요리이며, 점심 식사로도 좋다. 앞서 소개한 고급 이탈리아 레드 와인에 어울린다.

4인분

30g 겨자, 도정하지 않은 것
300g 쇠고기 안심
75g 파마진 치즈
175g 나도냉이, 씻은 것
24 검은 올리브
24 햇빛에 말린 토마토
50ml 발사믹 식초
100ml 올리브유
소금과 후추, 간에 맞게
(선택 사항) 파마잔 치즈, 얇게 깎은 것

오븐을 섭씨 180도로 예열한다.

겨자를 쇠고기 안심에 바르고, 소금과 후추로 간을 맞춘다. 고기는 랩으로 싸서 냉동고에 넣어 거의 얼도록 둔다(고기가 약간 얼면 썰기가 수월하다).

냉동고에서 고기를 꺼내 매우 날카로운 칼로 안심을 얇게 저민다(1인분에 6~8 조각). 고기를 베이킹 접시에 배열하고, 베이킹 파치먼트 종이로 싼 다음 냉동고에 다시 넣는다.

파마잔 치즈를 곱게 간다. 파치먼트를 깔아둔 다른 베이킹 접시에 치즈를 네 개의 원으로 뿌린다. 원의 직경은 약 10cm로 한다. 황금빛 갈색이 되도록 5~7분 동안 굽는다. 오븐에서 꺼내어 1분 동안 식힌다. 아직 부드러운 상태에서 원을 팔레트 나이프로 들어내고, 이를 원뿔 모양으로 만든다.

파마잔 원뿔을 접시의 중앙에 놓고, 나도냉이, 올리브, 토마토를 주위에 배치한다. 식초와 올리브유를 섞어서 드레싱을 만들고, 이를 샐러드 위에 뿌린다. 쇠고기 절편을 접시의 샐러드 위에 층층이 놓고 간을 맞춘다. 얇게 깎은 파마잔 치즈를 위에 올리고 서빙해도 좋다.

와인 신선하게 유지하기

병이 열리는 순간부터 와인과 공기는 반응하기 시작한다. 처음에는 공기가 와인의 향과 아로마를 이끌어 내지만 너무 오랫동안 공기와 접촉하면 산화가 된다(80~81쪽). 이 때문에 와인의 맛이 밋밋해지고 사라지며 결국 완전히 변질된다. 그렇다면 와인을 최상의 상태로 보관할 수 있는 방법은 무엇일까?

남은 와인 보관하기

남은 와인은 빨리 보관하면 할수록 좋다. 공기가 와인에 접촉하는 시간이 짧을수록 와인의 맛과 아로마를 제대로 간직할 수 있다. 시장에서 구할 수 있는 최고 품질의 와인 보존 도구(옆쪽 참고)를 사용하더라도 와인은 일주일 이상 보관하기 어렵다. 고급 와인이라도 어떤 조건에서라도 몇 시간 이상 맛을 유지할 수 없기 때문에 최대한 빨리 마시는 것이 좋다.

병을 연 뒤 하루가 지나면 대부분의 와인에서 아로마가 사라지며 맛이 없어진다. 병을 막아 실온에 두면 24시간 내지 몇 시간 더 보관할 수 있다.

와인 보관에는 두 가지 방법이 있다. 공기의 접촉을 막거나 병에 들어간 공기를 빼내는 것이다.

병에서 공기 제거하기

시중에서 판매되는 공기 제거기를 사용하면 병에서 효과적으로 공기를 빼낼 수 있다. 여기에는 두 가지 방법이 이용된다. 병에서 산소를 빼내거나 불활성 기체를 주입하는 것이다. 오른쪽 위의 설명을 참고하자.

삼페인 스타퍼(Stopper) – 코르크가 나오면서 팽창하기 때문에 삼페인 병을 코르크로 다시 막는 것은 매우 어렵다. 삼페인을 신선하게 유지하고 기포가 빠져나가지 않게 하려면 탄산가스를 견딜 수 있도록 집게가 달린 스타퍼를 사용한다.

와인 보관에 사용되는 도구

프라이빗 프리저브(private preserve) – 불활성 기체가 담긴 작은 통. 와인병에 가스를 주입하고 코르크를 다시 막는다. 매우 효과적인 보존 방법이다.

진공 와인 세이버 – 매우 간단한 도구다. 병에서 공기를 수작업으로 빼낸다. 재사용이 가능한 고무 스타퍼와 함께 판매된다(오른쪽과 아래 사진 참고).

와인 병 스타퍼 – 매우 다양한 디자인으로 만들어지며, 공기가 병에 들어가는 것을 막는다(오른쪽 끝 사진). 코르크와 같은 역할을 한다.

공기와 접촉하는 것을 방지하는 법

- 병을 다시 막은 와인(레드와 화이트)은 냉장고에서 2~3일 정도 상태가 유지된다. 레드 와인은 마시기 전에 약간 데울 필요가 있다(114쪽 참고).
- 코르크가 망가졌다면 와인병 스타퍼를 사용한다. 스타퍼가 약간 '눌리는' 느낌이 있어야 병목에 들어간 다음에 다시 팽창하여 공기가 들어가는 것을 막는다.
- 디캔터에 남은 와인은 원래의 병을 씻은 다음 다시 담는다. 앞에 소개한 보존 방법 중에서 한 가지를 사용한다.
- 남은 와인이 반 병 이하의 양이라면 깨끗한 하프 사이즈 병에 담고 코르크나 스타퍼로 막는다. 이 때문에 하프 사이즈 병을 버리지 않고 보관하면 쓸모가 있다. 더군다나 하프 바틀은 와인에 접촉하는 공기의 양이 풀 사이즈 병에 든 와인보다 적다.

기포 빠져나가지 않게 하기

스파클링 와인은 이산화탄소가 들어 있기 때문에 다른 와인보다 더 오래 간다. 여기서는 기포가 빠져나가지 않게 하는 것이 관건이다. 스파클링 와인의 병을 열어 두면 스틸 와인보다는 더 오랫동안 맛이 유지되지만 마개로 막은 것보다는 맛이 빨리 사라진다.

와인병을 진공으로 하지 않으면 공기 유입으로 와인이 무미 건조하게 된다. 그러나 공기가 유입되는 것은 막을 수 있다. 원래의 코르크 마개는 빠지면서 팽창하기 때문에 다시 사용하기가 대단히 어렵다. 그래서 꽉 조이는 스타퍼(stopper)를 사용하는 것이 가장 좋다. 이것은 기포의 압력으로 스타퍼가 빠질 위험을 줄여 준다.

아니면 원래 코르크를 나이프로 적당히 깎아서 병을 다시 막는 방법도 있다. 단, 그 위에 철사 망을 이용해 코르크가 빠지지 않게 해야 한다.

병목에 티스푼을 놓으면 스파클링 와인의 기포가 빠져나가지 않는다는 주장이 있지만 최근 연구에 의해 이 이론은 틀린 것으로 판명되었다.

진공 와인 세이버 사용하는 법

1 우선 스타퍼를 물에 적셔서 공기가 새지 않게 한다. 고무 스타퍼를 병의 구멍에 꽂는다. 쉽게 들어갈 것이다.

2 스타퍼 위에 펌프를 대고 위아래로 움직여서 공기를 제거한다. 동작을 반복하다 보면 펌프를 움직이기 어려워진다. 그러면 펌프를 떼고 고무 스타퍼는 병에 그대로 둔다.

와인 에티켓

모든 에티켓은 일반 상식에 의거하며, 와인을 마실 때도 이는 마찬가지다. 풍습, 전통, 유행은 변화하게 마련이므로 장소와 상황에 따라서 다르게 행동해야 한다. 여기에 나온 내용을 참고하여 행여라도 창피를 당하는 일이 없도록 하자.

공식 석상

결혼, 세례식, 비즈니스 만찬 또는 그 밖에 격식이 있는 자리를 주최하는 입장이라면 다양한 와인을 서빙할 필요가 없다. 손님이 메뉴를 선택하는 것이 아니라면 와인도 굳이 다양할 필요가 없다. 내놓는 요리에 가장 어울리는 와인을 제공하면 된다(46~47쪽 참고). 요리에 와인이 어울린다고 생각되면 레드 와인과 화이트 와인을 각각 한 가지씩 서빙하면 충분하다.

손님들이 와인을 충분하게 마실 수 있게 준비한다. 그리고 잔에 와인을 따르는 것은 호스트의 책임이다. 손님인 경우, 스스로 따라 마실 수 있게 테이블에 와인이 준비되어 있지 않다면 호스트가 권할 때까지 기다린다.

와인 웨이터는 자리의 오른쪽에서 와인을 따른다. 와인을 마시지 않는다면 와인 웨이터가 와인을 따르기 전에 미리 말한다. 잔을 엎어 놓으면 안 되고, 사용하지 않는 잔은 사용하지 않는 잔은 웨이터가 가져가도록 한다. 와인 웨이터가 오른쪽에서부터 알아서 잔을 가져간다. 요리는 왼쪽에서 서빙하고 치워 간다.

테이블 메뉴

테이블 메뉴를 제공한다면 여기에 와인에 대한 정보를 추가해도 좋다. 빈티지, 포도 품종 또는 아뻴라시옹과 생산자의 이름을 기입한다. 와인은 함께 서빙되는 요리의 아래에 적는다.

틀린 잔으로 마시는 경우

테이블에서 잔을 사용하는 순서에 대해서는 132~133쪽에 설명했다. 이를 참고로 하여 혼란을 피하면 좋지만 틀리더라도 상관은 없다. 다른 손님이 자신의 잔을 사용하면 실수를 지적하기보다는 웨이터에게 새 잔을 갖다 달라고 요청하는 것이 현명하다.

잔 들기

테이스팅

공식적인 테이스팅 자리에서는 잔의 다리의 아랫부분을 잡아서 와인을 관찰하고 돌린다(71쪽 참고). 이렇게 하면 우묵한 부분에 지문을 남기지 않을 수 있다.

레드

대부분의 사람들은 레드 와인과 브랜디를 마실 때 볼(Bowl) 부분을 잡는다. 이렇게 하면 손의 온기가 점차적으로 와인의 아로마를 이끌어 내며, 특히 와인이 약간 차가우면 더욱 도움이 된다.

화이트

화이트와 스파클링 와인을 마실 때는 잔의 다리를 쥐어서 와인이 미지근해지는 것을 방지한다. 만약에 잔에 와인을 너무 많이 따랐다면 볼 부분을 잡는 것이 나을 수도 있다. 편한 대로 잔을 쥐는 것이 최고다.

와인 선물하기 – 와인은 언제나 인기 있는 선물이며, 특히 샴페인이 선물로 애용된다. 디너 파티에 와인을 가져갈 때는 주의할 점이 있다. 호스트가 이미 요리에 와인을 모두 맞추어 놓았다면 선물로 가져온 와인은 당장 마시지 않을 수도 있다.

축배를 드는 사람을 위한 팁

■ 호스트기 우선 축배를 든다. 예컨대 결혼식에서는 신부의 아버지가 첫 축배를 들고, 기업에서는 대표가 축배를 든다.

■ 축배를 들 경우에는 우선 사람들을 집중시킨다. 숟가락으로 잔을 가볍게 치거나 지배인을 시켜서 사람들을 조용히 시킨다. 또는 자리에서 일어나 자신 있는 모습으로 사람들에게 조용하기를 요청한다. 소리를 지를 필요는 없지만 필요하다면 말을 반복한다.

■ 축배를 성공적으로 들기 위해서는 다음 네 가지 원칙을 준수하자. 일어선다. 성실하게 임한다. 짧게 한다. 그리고 앉는다.

■ 다른 사람이 축배를 들면 특별한 이유가 없는 한 일어선다.

■ 잔을 부딪치는 것은 원래 악령을 내쫓는 관습이었는데, 요즘도 자주 사용된다. 축배를 받는 대상을 향해 잔을 들 수도 있다. 어떤 것을 해도 무방하지만 다른 이들의 행동을 보고 따라하면 편하다.

■ 축배를 받는 사람은 잔을 들지 않는다. 하지만 고맙다는 인사 정도는 하는 것이 좋다.

■ 어떤 관습을 따라야 할지 모르겠다면 주위 사람들에게 물어본다. 대학교와 같은 조직은 특별한 전통을 갖고 있을 수도 있다.

요리

리오하와 뗌쁘라니요에 어울리는 요리

리오하 지역의 요리는 섬세하고 맛이 풍부한 것부터 푸짐하고 꾸미지 않은 것까지 매우 다양하다. 이 지역의 와인 역시 요리에 맞추기 쉽기 때문에 여러 가지 요리에 어울린다.

추천하는 요리	
고기	●●●●●
채소	●●●●
매운 요리	●●●
생선	●●

리오하(Rioja)

스페인산 뗌쁘라니요와 가르나차(또는 그르나슈)의 블렌드 와인으로서 다양한 요리에 어울린다. 영 리오하는 과일 향이 풍부하고, 입 안에 맛이 오래 남고, 오크, 스파이스, 딸기 맛이 난다. 리오하의 전통 요리인 석쇠에 구운 양고기 요리나 돼지고기와 함께 서빙하면 최고다. 시골풍으로 만든 채소 스튜에 튀긴 아티초크 조각을 넣은 미네스트라와도 잘 어울린다. 미네스트라의 감촉은 리오하와 아름다운 조화를 이룬다.

5~6년 정도 숙성된 리오하는 맛이 강한 마늘, 향초와 함께 오븐에 구운 양고기 요리에 어울린다. 숙성된 리오하의 스파이스 향과 흙내음은 매우 즐거운 경험이며, 약간의 스파이스가 가미된 스튜 요리에 좋다. 캐러웨이씨 가루, 계피 가루를 육즙이 많은 오리나 닭 가슴살에 뿌려서 요리하면 군침 도는 식사가 될 수 있고, 리오하와 함께 서빙하면 멋진 향과 맛이 일품을 이룬다.

뗌쁘라니요(Tempranillo)

뗌쁘라니요만으로 생산한 와인은 과일 향이 풍부하고, 리오하보다 오크 향이 대체로 덜 난다. 소스의 맛이 무겁지 않은 가벼운 붉은 살코기 요리에 어울린다.

양파, 마늘, 약간의 겨자와 레드 와인으로 요리한 콩팥 요리는 영 뗌쁘라니요의 완벽한 파트너다. 석쇠에 구운 양고기나 돼지고기 스테이크를 과일 소스와 함께 내놓으면 뗌쁘라니요의 과일 향을 더욱 돋보이게 할 수 있다. 버터를 발라 구운 버섯과 썬 마늘이 여기에 멋지게 어울린다.

크림이 아닌 토마토 소스를 사용한 해산물 파이 역시 뗌쁘라니요가 제격이다. 오리와 같은 야생 고기를 맛이 풍부한 과일과 함께 서빙하여(오른쪽 참고) 뗌쁘라니요와 함께 즐겨도 좋다. 프라이팬에 튀긴 오리와 오븐에 구운 양파 마멀레이드도 잘 어울린다.

바삭바삭하게
요리한 오리와 글레이즈 과일

과일 향이 좋은 고급 리오하와 함께 서빙
한다.

2인분

1 오리
500g 오리 지방
1 그래니 스미스 사과, 조각 내서 튀긴 것(깎아 낸
껍질을 남겨 둔다)
30g 버터
400ml 오리 육수
30g 가루 백설탕
200ml 오렌지 주스
50ml 올리브유
2 말린 월계수 잎, 튀긴 것
8 글레이즈한 체리, 기름에 살짝 튀긴 것

오븐을 섭씨 200도로 예열한다.

다리와 가슴살을 떼어 내고, 오리를 다듬는다.
고기를 호두 크기로 잘라서 20~30분 동안 오
븐에 굽는다.

커다란 팬에 오리 지방을 넣고 열을 가한다.
오리 다리를 넣고 아삭아삭해질 때까지 천천
히 약 50~60분 동안 바싹 튀겨 식힌다.

오븐에서 요리한 고기를 꺼내서 지방을 덜어
내고 커다란 팬에 올린다. 사과 껍질을 버터에
살짝 튀겨 팬에 넣는다. 30분 동안 끓인 뒤남
은 액제를 걸러서 남겨 둔다.

설탕을 팬에 녹인다. 오렌지 주스를 넣어 반이
될 때까지 졸인다. 육수와 섞는다.

남은 버터의 반과 기름의 반을 가열해 가슴살
이 황금빛이 될 때까지 튀긴다. 가슴살을 오븐
에 넣어서 10분 동안 구운 뒤 꺼내서 5분 동안
식힌다.

가슴살을 썰고, 다리와 함께 사진처럼 접시에
놓는다. 접시에 월계수 잎, 튀긴 사과, 체리를
올려 놓고 육수 소스를 뿌린다.

특별한 행사 준비하기

대규모의 공식 행사든 식구들을 위한 단란한 바비큐든 약간의 준비 계획만으로도 호스트와 모든 사람들이 즐거운 시간을 보낼 수 있다. 손님에게 가장 적합한 와인을 선택하는 법, 필요한 와인의 양, 쉽게 서빙하기, 그리고 숙취 극복하기에 대해 알아보자.

어떤 행사를 준비하는가?

결혼식 피로연, 세례식, 특별한 생일 등의 커다란 행사에는 자신이 구할 수 있는 최고급의 와인을 사용한다. 공식 행사에서 와인을 서빙하는 법은 142쪽에서 다루었다.

■ 손님들이 식사를 한다면 와인을 요리에 맞춘다(46~47쪽 참고).

■ 까나페나 뷔페를 서빙하는 음료 위주의 파티라면 한두 가지 와인만을 내놓는다.

시기

와인을 선택할 때는 계절과 기온을 고려해야 한다. 여름 파티와 바비큐에는 가볍고 시원한 와인을 선택한다. 이때는 샤르도네와 쌍세르가 인기 있는 선택이다. 그리고 차갑게 내놓는 것을 잊지 않는다. 또한 손님들이 스프리쩌(154쪽 참고)를 만들어서 마실 수 있도록 소다수를 준비한다. 레드 와인을 서빙해도 상관

없지만 맛이 가볍거나, 오크 향이 없는 것을 고른다. 가벼운 메를로, 삐노 누아르, 로제 와인이 좋으며, 차갑게 내놓는다.

특별한 경기, 오페라, 야외 무대 등을 위한 좀 더 격식을 차려야 하는 피크닉에는 좋은 품질의 샴페인이 좋다.

겨울에는 어떤 와인도 좋지만 저녁이라면 진한 레드 와인을 준비한다. 까나페만을 서빙한다면 샴페인이나 따뜻한 와인 음료를 준비한다(151쪽 참고).

잔

대부분의 파티에서 잔의 모양은 그리 중요한 문제가 아니다. 스파클링 와인에는 플루트 잔이 필요하지만 스틸 와인은 기본적인 와인잔으로도 충분하다. 잔은 거의 모든 와인 상점에서 대여해 주며 잔이 깨끗한지 미리 확인해 둔다. 손님이 도착했을 때 더러운 잔을 발견하면 정말 곤란하다.

파티 계획을 위한 팁

■ 요리를 서빙하는 위치와 바 테이블 사이에 공간을 두면 손님들이 음료를 가져다 마시기에 편하다. 부엌에 바 테이블을 차리면 음료가 쏟아져도 청소하기가 수월하다.

■ 냉장고에 와인을 식힐 공간이 없다면 욕탕에 물과 얼음을 함께 부어 커다란 즉석 얼음통을 만들어 사용할 수 있다.

■ 손님들이 도착하자마자 음료를 마실 수 있게 준비한다. 첫 손님이 오기 전에 몇 병은 코르크

마개를 열어 코르크를 다시 반쯤 눌러 놓는다. 이렇게 하면 실수로 와인이 쏟아지는 것을 방지할 수 있고, 손님이 왔을 때 쉽게 코르크를 열 수 있다.

■ 마실 물을 많이 준비한다. 술을 마시지 않는 손님을 위해 그들이 좋아할 만한 무알코올 음료를 준비한다.

와인을 얼마나 사야 할까?

75cl들이 병은 6잔의 와인이 나온다(큰 병은 14쪽의 표를 참고한다). 이를 기준으로 삼아 아래의 가이드에 따라서 필요한 와인의 양을 계산한다. 와인이 모자란 것보다는 남은 것을 반품하는 것이 안전하다.

- 음료만 마시는 경우   일인당 반 병
- 저녁 식사와 함께   처음에 1잔
                          메인 코스에 2잔
                          디저트에 1잔

한계

영국은 1cl를 알코올 섭취의 기준으로 정한다. 1단위는 작은 잔으로 와인 1잔 정도다. 영국 보건부는 하루에 성인 남성은 3~4단위, 여성은 2~3단위 이상 마시지 않는 것을 추천한다.

예산에 맞는 소비

얼마나 살까? – 필요한 병의 수를 정했으면(위의 내용 참고) 병당 얼마나 지불할 수 있을지 결정한다.

할인 – 12병 이상 산다면 할인이 가능한지 물어본다. 할인이 되는 와인은 왜 그러한지 물어본다. 새 빈티지가 곧 출시된다면 신선한 와인을 사기 위해 기다릴 수 있다.

염가 판매 – 와인 상점도 여느 상점처럼 세일을 하며, 다량으로 구매한다면 세일 기간을 기다려도 좋다. 스파클링 와인과 샴페인은 크리스마스 전후에 세일 판매하는 경우가 많다.

저알코올 와인

무알코올 와인은 알코올을 제거한 와인이며 저알코올 와인은 약간만 발효시킨 것이다. 무알코올 또는 저알코올 와인을 손님들에게 서빙하는 것은 괜찮은 아이디어다. 이를 위해 화이트 와인이 많이 사용되지만 레드로 스피리쳐를 만들면 비용을 절감할 수 있다.

숙취 피하는 법

숙취라고 부르는 증세(두통, 멀미, 어지러움, 구토증)는 주로 탈수증 때문에 일어난다. 와인을 적당히 마시면(위의 내용 참고) 부작용을 덜 수 있으며, 음식 섭취와 물을 많이 마시는 것도 도움이 된다. 숙취를 피하려면 다음 사항을 참고하자.

전날

- 와인을 마시는 도중이나 마시기 전에 음식을 충분히 먹는다. 위장에 부담이 될 만한 요리는 피한다.
- 물을 많이 마신다. 와인 한 잔에 물 한 잔이 적당하다.
- 스프리쳐나 쿨러를 만들어 마신다(154쪽 참고).

다음날 아침

- 탈수증을 방지하기 위해 물을 많이 마신다. 카페인이 든 음료는 마시지 않는다. 카페인은 탈수증을 심화시킨다.
- 아침 식사를 통해 혈당치를 높인다. 달걀에는 몸의 해독 작용을 돕는 시스테인 성분이 있어서 효과가 좋다.

요리

샤르도네, 샤블리, 화이트 부르고뉴에 어울리는 요리

샤르도네 와인은 요리에 맞추기가 매우 쉬운 편이다. 육류와 생선 모두에 잘 어울리지만 기름기가 많은 요리는 피하는 것이 좋다. 품질이 뛰어난 샤블리와 다른 화이트 부르고뉴 와인은 다양한 해산물 및 흰 살코기 요리에 어울린다.

추천 요리	
흰 살 생선과 해산물	●●●●●
흰 살코기	●●●●
까나페	●●●
파스타	●●
채식 요리	●●

샤르도네(Chardonnay)

오크 향이 나는 맛이 진한 샤르도네는 지중해식 요리에 좋다. 피망과 고추로 양념하여 마리네이드하고, 석쇠에 구운 돼지고기와 참치, 닭고기에 모두 잘 어울린다.

맛좋은 빵, 샐러미, 녹색 올리브와 쿠스쿠스에 좋은 샤르도네를 곁들이면 느긋하고 기분 좋은 오찬을 즐길 수 있다. 프라이팬에 튀긴 전자리상어도 잘 어울린다.

샤블리(Chablis)

전통적인 샤블리는 철분과 미네랄의 멋진 풍미를 갖고 있으며 이는 오븐에 구운 닭고기, 생선, 채식 요리에 이상적인 음료가 될 수 있다. 굴, 해산물 리조토, 석쇠에 구운 새우, 프라이팬에 튀긴 연어, 석쇠에 굽거나 끓인 바닷가재도 뛰어난 샤블리에 매우 잘 어울리는 요리들이다. 오크 향이 나는 숙성된 샤블리는 고기의 맛이 진한 황새치나 참치와 함께 서빙하는 것이 가장 좋다.

화이트 부르고뉴(White Bourgogne)

'화이트 부르고뉴'에는 마꽁(Mâcon), 꼬뜨 드 본(Côte de Beaune) 등이 포함된다. 풀-바디이며, 견과류의 맛이 나는 고급 화이트 부르고뉴는 오븐에 구운 닭고기, 마늘 새우, 석쇠에 구운 연어나 바닷가재에 서빙해야 한다.

트러플(송로) 기름을 뿌린 매시드 포테이토와 좋은 돼지고기 소시지는 가벼운 식사에 안성맞춤이다. 맛이 진한 버섯 리조토 역시 화이트 부르고뉴에 매우 좋다.

브레이즈 바닷가재와 토마토 콩피

뛰어난 샤르도네 또는 화이트 부르고뉴에 어울리는 우아한 해산물 요리

2인분

1 월계수 잎

1 타임 풀

1 바닷가재 (약 1kg)

50㎖ 올리브유

1 티스푼 토마토 퓨레

100㎖ 화이트 와인

50㎖ 브랜디

1L 생선 국물

200㎖ 크렘 프레슈

1 작은 샬롯, 잘게 썬 것.

1쪽 작은 마늘, 잘게 썬 것.

4 토마토, 잘 익은 것, 껍질을 벗겨 씨를 빼서 4등분
한 것.

2쪽 나륵풀(basil), 장식에 사용

소금과 후추, 간에 맞게

큰 팬에 물을 끓여 월계수 잎과 타임 풀을 넣는
다. 바닷가재를 8~10분 동안 끓인 다음 물
에서 꺼내어 식힌다. 꼬리와 집게를 떼어 내
고, 머리와 내장은 버린다.

올리브유 2 티스푼을 넣고 바닷가재 껍질을
살짝 튀긴다. 토마토 퓨레, 화이트 와인, 브랜
디를 더한 다음 내용물을 반으로 졸인다. 생선
국물을 더해 1/4이 될 때까지 졸인다. 소스를
걸러 크렘 프레슈를 더한다. 2~3분 동안 끓이
고, 간을 맞춘다.

토마토 콩피를 만들려면 남은 올리브유를 팬
으로 가열하고, 여기에 샬롯, 마늘, 4등분한 토
마토를 넣는다. 뚜껑을 덮고 약한 불에 15분
동안 익힌다.

콩피를 두 접시에 나눈다. 바닷가재 꼬리 부위
를 동그랗게 썰어 집게 부위의 살을 껍질에서
꺼낸다. 바닷가재를 콩피에 넣고, 크렘 프레슈
소스를 뿌린다. 나륵풀로 장식한다.

레드 와인 음료

레드 와인은 다양한 칵테일에 사용되며, 대표적인 것으로 전통 스페인 음료, 상그리아, 뜨겁게 마시는 펀치로 글뤼바인, 멀드 와인이 있다. 레드 와인은 다양한 온도에 맞출 수 있기 때문에 다른 음료와 잘 섞인다. 얼음을 넣어서 차갑게 마시거나 실온에서 또는 따뜻하거나 뜨겁게 마실 수 있다.

다양한 레드 와인

더운 날에는 좀처럼 레드 와인을 서빙하지 않지만 차갑게 서빙을 하면 맛이 좋다. 스프리쩌(오른쪽 참고)나 스파클링 레드 와인을 만들어 마실 수 있다. 다른 스파클링 와인과 마찬가지로 얼음처럼 차갑게 하여 마신다. 차갑게 마시는 음료에는 품질이 좋은 가벼운 레드 와인을 사용하고, 스파클링 레드 와인을 만들면 좋다. 데워 마실 레드 와인은 과일과 스파이스를 첨가해도 맛이 죽지 않는 풀-바디 레드를 사용한다. 레드 와인에 향료를 첨가하면 나쁜 맛이 가려지고, 보통 품질의 와인의 맛을 향상시켜 준다.

레몬 껍질 트위스트

레드와 화이트 와인 칵테일의 장식에 사용된다. 카넬 나이프를 사용하여 껍질을 가늘고 길게 벗겨 낸다. 과일의 윗부분부터 아래를 향하여 조심스럽게 깎는다. 최소한 5cm 이상 길이로 깎는다.

정향 장식 레몬 슬라이스

1 레몬의 양쪽 끝을 잘라 버린다. 레몬을 단단하게 쥐고 부드럽게 톱질하듯이 0.5cm 두께로 자른다.

2 각을 도마에 평평하게 놓고 정향을 0.5 cm 간격으로 껍질 둘레에 단단하게 박는다.

레드 와인 스프리쩌(spritzer) – 스프리쩌에는 어떤 라이트 바디 레드 와인을 사용해도 좋다. 여름에 레드 와인을 서빙하는 데 매우 좋은 방법이다. 하이 볼 글라스에 얼음을 두세 개 넣고 와인 1잔을 따른 다음 소다수나 스파클링 미네랄 워터를 더한다.

멀드(mulled) 와인

6인분
125ml 가루 백설탕
1 계피 막대
6 정향 장식 레몬 슬라이스 (왼쪽 아래 참고)
125ml 물
1*75cl들이 병 레드 와인

설탕, 계피 막대, 레몬 슬라이스를 물에 넣어서 끓기 직전까지 데워 불을 끈 다음 30분 동안 식힌다.

물을 걸러 다시 팬에 내용물을 넣는다. 와인을 부어 잘 섞일 때까지 젓는다. 끓기 직전까지 다시 천천히 가열하면서 부드럽게 저은 뒤 불을 끄고 서빙한다.

상그리아(Sangría)

6인분
1 제빙 쟁반에 얼린 얼음 한 판
125ml 오렌지 주스
100g 가루 백설탕
500ml 스파클링 레모네이드
60ml 브랜디
1*75cl들이 병 레드 와인
2 오렌지나 레몬, 자른 것

얼음을 펀치 보울이나 피처에 넣고 오렌지 주스와 설탕을 붓는다. 설탕이 녹을 때까지 젓는다.

레모네이드, 브랜디, 레드 와인을 더해 펀치 국자나 나무 숟가락으로 섞는다. 오렌지나 레몬 조각을 넣어서 서빙한다.

바텐더 팁

■ 와인을 데울 때는 끓지 않도록 조심한다. 맛이 변할 수 있다.

■ 펀치 보울에 서빙할 때는 국자를 사용한다. 컵이나 잔이 부서질 수 있기 때문에 이를 사발에 넣어서 뜨지 않도록 한다. 부서진 조각이 펀치에 빠질 수 있다.

■ 뜨거운 음료를 서빙한다면 국자, 컵, 잔 등이 열을 견딜 수 있는지 확인하고 손잡이가 있는 것을 사용한다. 잔이 넘치지 않게 따라서 뜨거운 음료가 잔을 들고 있는 사람에게 쏟아지지 않게 한다.

요리

쌍세르, 뿌이 퓌메, 쏘비뇽 블랑에 어울리는 요리

쏘비뇽 블랑 와인은 허브 향이 나고 맛의 여운이 길어 해산물에 매우 잘 어울린다. 해산물 외에도 맛이 가볍고 섬세한 요리와 순한 치즈에 어울린다.

추천 요리	
어패류	•••••
까나페	••••
치즈	•••
달걀	••
채식 요리	••

쌍세르(Sancerre)

영 쌍세르는 산도가 높지만 이 맛이 까나페와 석쇠에 구운 오징어로 만든 따파스와 또띠야의 맛을 돋우어 준다. 모든 생선과 조개류는 쌍세르에 잘 어울린다. 연어는 특별한 식사에 내놓기 좋다. 약간의 레몬 주스나 디종 머스터드를 위에 뿌려 서빙한다.

쌍세르에서 살짝 나는 구즈베리 향은 염소 치즈의 날카로운 맛과 거친 감촉에 잘 어울린다.

뿌이-퓌메(Pouilly-Fumé)

맛이 진하고 드라이한 화이트 와인으로서 독특한 스모크 향을 갖고 있기 때문에 조개에 잘 어울린다. 버터와 레몬으로 조리한 바닷가재나 크림 소스를 얹은 게살 요리도 무척 좋다.

쌍세르와 마찬가지로 뿌이 퓌메는 까나페에 좋은 와인이다. 차가운 뿌이 퓌메에는 훈제 연어나 닭간 빠테와 크로스티니를 내놓는다.

쏘비뇽 블랑(Sauvignon Blanc)

뉴월드의 쏘비뇽 블랑 와인은 허브 향이 나는 기분 좋은 아로마와 열대 과일 맛, 긴 여운을 갖고 있으므로 식사 중에 마시기 좋다.

모든 생선 및 채식 요리가 쏘비뇽 블랑에 어울리지만 특히 네덜란드 소스를 얹은 아스파라거스가 최고의 선택이다. 와인의 상쾌한 맛이 크림 소스와 잘 어울린다.

연어 파슬과 퐁당 포테이토

부서지기 쉬운 페이스트리와 함께 구운 연어의 섬세한 맛은 입맛을 돋우고, 앞에 소개한 자극적인 드라이 화이트 와인의 맛을 활짝 펴 준다.

4인분

6 필로(filo) 페이스트리

100g 녹인 버터

4 연어 필레, 껍질 벗기고 뼈를 발라낸 것

소금과 후추, 간에 맞게

4 작은 왁시 감자, 둥글게 모양낸 것

50g 버터

50ml 올리브유

125ml 채소 국물

4 체리 토마토, 튀긴 골파, 처빌, 장식에 사용

4 토마토, 잘 익은 것, 껍질 벗기고 자른 것, 장식에 사용 (선택)

오븐을 섭씨 220도로 예열한다.

페이스트리 한 장에 녹인 버터를 바르고, 그 위에 페이스트리를 한 장 얹어 버터를 또 바르고, 세 번째 장도 마찬가지로 얹고 버터를 바른다. 반으로 잘라 나머지 3장도 마찬가지로 겹쳐서 버터를 바른다. 총 네 조각이 나온다.

페이스트리 조각을 베이킹 시트에 올린다. 연어 필레에 양념을 뿌려 필로 페이스트리 조각의 중앙에 얹는다. 연어 위에 페이스트리의 끝을 올려서 꾸러미(파슬)를 만든다. 가장사리를 봉하고, 녹인 버터를 바른다. 바삭바삭하고 황금빛이 도는 갈색을 띨 정도로 15분 동안 굽는다. 오븐에서 꺼내고, 오븐의 온도는 180도로 낮춘다.

퐁당 포테이토를 만들려면 감자가 황금색을 띨 정도로 버터와 올리브유에 튀겨 채소 국물을 더해 부드러워질 정도로 15분 동안 굽는다.

연어 파슬과 감자를 사진처럼 접시에 놓고 서빙한다. 감자 위에 체리 토마토를 얹고, 골파와 처빌로 장식한다. 주위에 조각 낸 토마토를 놓아도 좋다.

화이트 와인 음료

와인 칵테일은 파티에 내놓기에 손색이 없고, 예산이 제한되어 있을 때 특히 좋은 선택이다. 와인 칵테일은 좋은 음료이며, 와인 대신에 작은 변화를 주기에 좋다. 이번 장에는 대표적인 화이트 와인 음료를 소개하고, 파티를 더욱 신나게 해 주는 칵테일 마무리 비법을 알아본다.

혼합 음료

화이트 와인은 맛이 좋은 다양한 음료에 사용된다. 대표적인 화이트 와인 음료로 쿨러, 스프리쩌, 키르(Kir)가 있다. 쿨러를 만들려면 얼음이 든 하이볼 잔에 드라이 화이트 와인을 따르고, 레모네이드를 더한다. 스프리쩌를 만들려면 레모네이드 대신 스파클링 워터나 소다수를 더한다. 키르를 만들려면 화이트 와인에 끄렘 드 까시스(créme de cassis)를 추가한다(오른쪽 참고).

스웨덴은 크리스마스에 뜨거운 멀드 화이트 와인 음료인 화이트 글뢰그(glö-gg)를 마시기도 한다. 151쪽의 글뤼바인에서 레드 와인 대신에 화이트 와인을 사용해도 좋다.

그렇지만 대부분의 화이트 와인 음료는 매우 차갑게 서빙한다. 음료가 차가우면 맛을 완벽하게 즐길 수 없으므로 최고급 와인을 칵테일에 사용하는 것은 낭비다. 물론 평상시에도 마시지 않는 질 나쁜 와인은 사지 않는다. 샤르도네와 쎄미용 정도의 드라이 와인이면 된다.

차갑게 유지

차가운 음료는 모든 재료를 차가운 것을 사용한다. 긴 잔에 담긴 음료에는 얼음 2~3덩이가 적당하다. 얼음이 많으면 묽어지므로 그 이상은 넣지 않는다. 스파클링 와인 음료는 얼음을 더하면 기포가 사라진다.

대량으로 만드는 펀치 등의 음료에는 아이스큐브보다는 커다란 얼음 덩어리를 사용한다. 얼음 표면의 면적이 좁을수록 녹는 속도가 느려져 음료를 더 오랫동안 차갑게 유지할 수 있다.

- 플라스틱 통에 물을 넣고 얼려서 커다란 얼음 덩어리를 만든다.
- 잘게 부순 얼음은 금방 녹아서 음료를 묽어지게 하므로 사용하지 않는다.

감귤류 과일 조각 내기

레몬 또는 라임 조각을 이용하여 스프리쩌와 쿨러에 장식한다. 과일을 옆으로 쥐고, 카넬 나이프를 이용하여 껍질을 한 바퀴씩 돌려서 여러 줄 벗겨 낸다. 과일을 6조각으로 자른다.

허브 또는 과일 아이스큐브

1 제빙 쟁반에 물을 1/3 정도만 채워 단단해질 정도로 2~3시간 얼린다.

2 허브 잎이나 장과류 열매, 작은 과일을 칸에 넣고, 물을 1/3 더 부어 얼린다. 그 위에 물을 조금 더 부어 다시 얼린다. 쿨러와 스프리쩌에 보통 얼음 조각 대신에 넣으면 특별해 보인다.

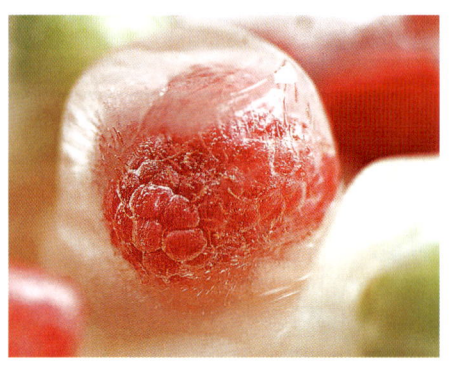

머들러(muddler)

머들러(swizzle-stick, 스위즐 스틱)를 이용
하면 화이트 와인 음료의 재료를 고르게 혼
합할 수 있다. 다양한 디자인이 있으며, 모
두 제 성능을 발휘한다. 사용하는 잔의 바닥
에 닿으며, 유연하고 강해서 부러지거나 조
각이 떨어지지 않고, 씻어서 다시 사용할 수
있는 것을 산다. 스파클링 와인 음료에 들어
가는 재료는 스스로 섞이며, 머들러를 사용
하면 오히려 기포가 빠져나간다.

화이트 와인, 펀치

20인분

펀치 보울에 적당한 얼음 덩어리
3*75cl들이 병 드라이 화이트 와인(원한다면 일
정량을 과일 주스로 대체할 수 있다)
375ml 술, 원하는 종류
450g 계절 과일, 썬 것
보리지 또는 박하 몇 잎

얼음 덩어리를 커다란 펀치 보울에 넣는다.
와인과 선택한 술을 붓고, 나무 숟갈이나 펀
치 국자로 휘젓는다.

서빙하기 직전에 과일을 더해 과일이 전체
적으로 퍼지도록 서서히 저어 준다. 보리지
나 박하 잎을 장식으로 띄운다.

스파클링 화이트 와인과 샴페인 음료

가장 유명한 스파클링 화이트 와인은 스파클링 와인의 대명사가 된 프랑스의 샴페인이다. 이 지역 외에도 고급 스파클링 와인이 많이 생산되지만 유럽의 법에 따라 샴페인이라는 명칭을 붙일 수 없다. 샴페인이든 스파클링 와인이든 맛좋은 칵테일을 만드는 데는 어떤 것을 사용해도 상관없으며, 파티와 축하연에 완벽하게 어울리는 음료다.

스파클링 와인 칵테일

요리법에 샴페인 또는 스파클링 와인이 표시되어 있다면 이 가운데서 어느 것을 사용해도 무방하다. 자신의 기호와 예산에 따라 선택한다. 스페인의 까바(Cava), 이탈리아의 프로세코(Prosecco), 독일의 젝트(Sekt)는 모두 맛이 좋은 스파클링 화이트 와인이며, 다른 재료와 혼합하여 맛좋은 축하연 칵테일을 만들 수 있다. 스파클링 레드 와인을 대신 사용해도 좋으며, 화이트와 동일한 기술이 적용된다.

샴페인 칵테일

프랑스에서 소비되는 샴페인 5병 중 한 병은 칵테일에 사용된다. 최고급 샴페인을 칵테일에 사용하는 것은 낭비지만 그 자체만을 마실 때에도 맛이 좋은 샴페인을 사용하면 칵테일의 맛을 살려 준다. 샴페인 생산 초창기에는 설탕과 비터스를 사용하여 맛을 냈다. 전통 샴페인 칵테일을 만들 때 아직도 이 가미 방법을 사용한다(옆쪽 참고).

스파클링 와인과 샴페인 칵테일은 기포의 움직임만으로 재료가 섞이기 때문에 흔들거나 젓는 경우가 거의 없다. 음료를 뒤흔들면 기포(mousse)가 사라진다.

잔에 프로스팅 장식하기

설탕 시럽 또는 리큐르를 부어서 접시의 바닥을 얇게 덮는다. 두 번째 접시에 가루 백설탕을 적당량 부어 설탕이 평평하게 퍼질 때까지 접시를 살짝 흔들어 준다.

깨끗하고 마른 잔을 사용하여 잔의 가장자리를 첫 번째 접시에 댄다. 살짝 흔들어 준 다음 잔의 가장자리를 두 번째 접시에 댄다.

바텐더 팁

■ 표준 크기의 샴페인 한 병은 6~8잔 정도의 칵테일을 만들 수 있다. 한 명당 칵테일 3잔씩을 마신다고 예상하고, 다섯 명당 두 병을 준비한다(병의 크기는 14쪽을 참고한다).

■ 좋은 품질의 스파클링 와인과 샴페인은 섭씨 7도에서 최고의 맛을 낸다. 다른 재료들도 충분히 차갑게 준비하여 이 온도를 유지시킨다.

- 칵테일은 값이 싼 재료부터 넣어서 마지막 순간까지 맛과 구성을 보존한다. 얼음과 설탕을 먼저, 주스와 약한 술을 그 다음, 독한 술 그 다음, 마지막에 샴페인을 더한다.

■ 샴페인 소서(saucer) 그라스로 마시면 재미있지만 표면적이 넓기 때문에 샴페인의 기포가 빨리 사라진다. 가능한 한 샴페인 플루트나 튤립 형태의 잔을 사용한다.

■ 길이가 짧은 레몬 껍질 트위스트를 사용하여(150쪽 참고) 잔에 걸치거나 물에 띄운다. 커다란 조각은 기포를 끌어당기기 때문에 맛이 밋밋해진다.

비터스위트 – 흰 각설탕에 앙고스투라 비터즈 (Angostura bitters) 두 방울을 떨어뜨리면 음료에 맛을 더해 주며, 무쓰가 향상된다.

샴페인

1 각설탕, 앙고스투라 비터스(Angostura bitters)
10~12방울(2dash) 첨가(왼쪽 사진 참고)
150ml 샴페인
1 레몬 껍질 트위스트 (150쪽 참고)

각설탕을 샴페인 플루트 바닥에 놓는다.

잔을 약간 기울여 샴페인을 더한다. 샴페인의 기운이 가라앉았으면 레몬 껍질 트위스트를 띄운다.

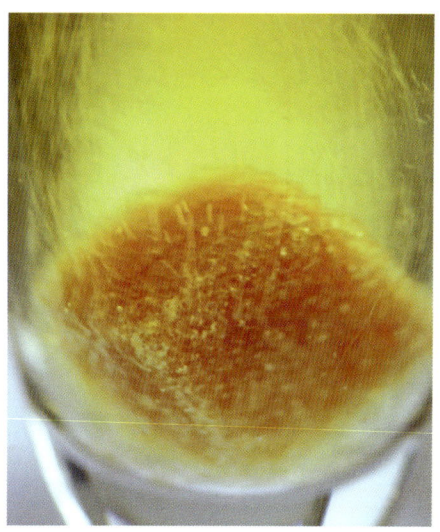

블랙 벨벳(Black Velvet)

드래프트 기네스(Draft Guinness)
샴페인

플루트 잔이 반 정도 찰 때까지 기네스를 조심스럽게 따른다. 기네스의 기운이 가라앉도록 1~2분 기다린다. 잔 끝에서 0.5cm 아래까지 샴페인을 천천히 더한다. 긴 숟가락이나 머들러(muddler)로 젓는다.

벨리니(Bellini)

50ml 백도 넥타 또는 복숭아 주스
1 티스푼 끄렘 드 뻬슈(crème de péche, 복숭아 리큐르)
75ml 샴페인 또는 프로세코

복숭아 넥타를 잔에 조심스럽게 따른다. 끄렘 드 뻬슈를 더해 부드럽게 젓는다.

잔을 살짝 기울여 잔 끝 0.5cm까지 샴페인이나 프로세코를 따른다.

잘 어울리는 재료

과일 주스, 넥타, 리큐르, 브랜디, 슈넵스(schnapps) 적당량을 스파클링 와인이나 샴페인에 잘 섞는다.

■ 75ml : 50ml 주스 또는 넥타(Necter)
■ 125ml : 25ml 리큐르, 브랜디, 슈넵스

오렌지 주스인 벅스 피즈(Buck's fizz)와 복숭아 넥타인 벨리니가 전통적인 배합이지만 어떤 과일 주스를 사용해도 스파클링 와인과 샴페인에 잘 어울린다.

요리

리슬링에 어울리는 요리

생산지에 따라 품질에 차이가 나는 섬세한 와인이지만 대부분이 깔끔하고, 상쾌하고, 향기로운 맛을 낸다. 리슬링을 마시면 입 안을 씻어내는 느낌과 신선함을 느낄 수 있다. 디저트와 함께 마시면 특히 좋지만 다른 다양한 요리에도 잘 어울린다.

추천 요리	
어패류	●●●●●
흰 살코기	●●●●
붉은 살코기	●●●
파스타	●●
과일 디저트	●●

올드월드(Old World)

독일과 프랑스산 리슬링의 맛은 가볍고 향기로운 특징을 갖고 있으며, 드라이한 것부터 스위트한 것까지 다양한 종류가 있다. 볶음이나 삶은 요리처럼 간단한 조리 과정을 거치는 요리에 가장 잘 어울린다.

영하고 신선한 리슬링은 해산물에 완벽하며, 레몬즙과 신선한 후추를 살짝 뿌린 굴과 가리비에 특히 좋다. 다양한 녹색 채소와 꽃 샐러드(mixed leaf and flower salad)를 곁들이면 매우 특별한 맛의 조화를 경험할 수 있다.

숙성된 리슬링의 맛은 진하고 버터 향이 나며, 복잡하다. 숙성된 고급 리슬링의 맛을 살리려면 버터를 바른 국수에 토마토를 얹어서 프랑스식 송아지고기 라구(ragoût : 일종의 스튜)를 함께 서빙한다.

가금류는 독일산 스패트레제(Spätlese)나 아우스레제, 프랑스에서 늦게 수확한 포도로 양조한 리슬링과 아름다운 조화를 이룬다. 거위와 오리고기는 삶아 내고, 이를 간단한 과일 주스로 맛을 내면 스위트한 리슬링 와인이 맛을 더욱 돋우어 준다.

리슬링의 신선함과 산뜻함은 식사를 달콤하게 마무리하는 데 손색이 없다.

여기에 과일, 특히 사과나 복숭아로 만든 디저트를 더해 주면 금상첨화다.

뉴월드(New World)

오스트레일리아산 리슬링은 올드월드의 리슬링보다 진하며, 과실의 향기가 풍부하다. 토스트의 맛이 약간 느껴지는데, 이 맛 때문에 생선 빠테(pâtés : 고기를 양념하여 틀에 넣어 구운 요리), 차가운 흰 살코기, 오븐에 구운 채식 요리가 잘 어울린다. 뉴월드 와인은 맛이 순한 카레에도 잘 어울리지만 카레가 와인의 섬세한 맛을 압도하지 않도록 조심해야 한다.

뉴질랜드의 리슬링은 독일산 리슬링과 비슷하지만 극히 빨리 마실 수 있는 매우 달콤한 디저트 와인도 생산한다. 이는 과일 디저트에 매우 잘 어울린다.

오븐에 구운 복숭아와 바닐라 시럽

즙이 많은 복숭아와 같은 과일을 재료로 사용하는 디저트는 리슬링의 신선함과 산뜻함으로 맛이 더욱 좋아진다.

4인분

2 잘 익은 복숭아, 씨 빼고 4등분한 것
2 잘 익은 승도복숭아, 씨 빼고 4등분한 것
100g 데메라라 설탕(황갈색 설탕)
50g 버터
100g 가루 백설탕
100ml 물
4 박하 잎, 장식에 사용
2 바닐라 콩, 반으로 자른 것
8 스타 아니스
100g 흑설탕
1 티스푼 발사믹 식초

오븐을 섭씨 220도로 예열한다.

복숭아와 승도복숭아 조각들을 껍질 쪽을 아래로 하여 커다란 은박지에 올려놓는다. 이 위에 데메라라 설탕을 뿌리고, 과일 조각 위에 작은 버터 조각을 하나씩 올려 둔다. 은박지의 끝을 감싸서 꾸러미를 만들고, 베이킹 쟁반에 놓는다. 15분 정도 과일이 황금빛 갈색이 될 정도로 굽는다.

가루 백설탕을 물에 넣어 열을 가하고, 바닐라 콩 씨와 스타 아니스를 첨가한다. 끓인 다음 완전히 졸인다.

다른 팬에 흑설탕을 낮은 온도로 가열하여 황금빛 캐러멜로 만든다. 불을 끄고, 1 테이블스푼의 물을 붓는다.

네 개의 접시에 과일을 나누어 놓는다. 바닐라 시럽을 과일에 얹고, 사진처럼 주변에 캐러멜 시럽과 발사믹 식초를 뿌린다.

수세기 전까지만 하더라도 모든 와인은 통으로 운반되어 술이 쉽게 상하거나 산화되었다. 와인 생산자들은 와인의 안정화를 위해 알코올 함량이 높은 포도 주정을 더해서 와인을 강화했다. 셰리, 포트, 마데이라, 마르살라, 브랜디(순수 포도 주정)는 가장 인기 있는 주정 강화 와인으로 와인 애호가들이 일반적인 와인 대신 즐겨 마시는 술이다.

　　　　이번 장은 주정 강화 와인의 종류, 기원, 양조 방법을 소개하고 투자하기 좋은 각 종류별 최고의 와인을 추천했다. 주정 강화 와인은 자주 마시지 않기 때문에 품질의 저하 없이 장기간 보관할 수 있는 법을 설명했다. 또한 언제, 어떻게 서빙하는 것이 와인을 만끽하는 데 좋은지 설명했다.

주정 강화

와인과 포도 주정

셰리

세계에서 가장 인기 있는 아페리티프로서 백포도로 만든 주정 강화 와인이다. 셰리는 크게 피노(fino)와 올로로쏘(oloroso) 두 종류로 나뉜다. 셰리의 생산 과정, 그 특징이 부여되는 경위, 셰리를 보관하고 서빙하는 방법을 알아보고, 최대한 즐겨보자.

셰리의 생산 과정

셰리는 스페인 안달루시아 지방의 헤레스 데 라 프론떼라(Jerez de la Frontera)(헤레스가 셰리의 어원이다), 뿌에르또 데 산따 마리아(Puerto de Santa Maria), 산루까르(Sanlúcar)가 원산지다. 이 밖에도 스페인, 사이프러스, 오스트레일리아, 캘리포니아 등지에서도 셰리가 생산되지만 1990년대에 헤레스 지역 생산자들의 노력으로 셰리라는 용어는 헤레스에서 생산되는 술만을 지칭하는 것으로 합의되었다.

셰리의 생산 과정은 헤레스의 포도 품종인 팔로미노(Palomino)를 이용하여 화이트 와인을 만들 때부터 시작된다. 여기에 알코올을 더하는데, 알코올 함량이 셰리의 종류를 결정하게 된다. 피노 셰리는 알코올 함유율이 15%인 반면, 올로로쏘는 18%이다. 주정이 더해진 다음에 2~3개월이 지나면서 둘 중의 한 가지 방법으로 와인이 숙성된다.

섬세하고 알코올이 적게 든 피노 저장 통에서는 '플로르(flor)'라는 효모가 와인 위에 퍼지면서 톡 쏘는 듯한 효모의 맛을 더해 준다. 플로르는 와인의 표면을 느리게 덮으면서 더 이상의 산화를 방지한다. 이렇게 양조된 셰리는 색이 창백하고 밝다.

조금만 따른다 – 셰리는 튤립형 잔이라면 어떤 것이라도 괜찮다. 아로마를 즐기기 위해 잔의 1/3 높이 이하로만 따르도록 한다.

셰리 서빙하기

■ 피노는 신선함이 가장 중요하다. 이 때문에 재고 회전율이 빠른 슈퍼마켓에서 사는 것이 좋다. 병은 일단 열었으면 냉장 보관하고, 3일 안으로 마셔야 한다. 피노는 매우 차갑게 마신다. 가늘고 긴 잔인 '꼬뻬따(copita)'로 마시면 좋지만 작은 튤립형 잔을 이용해도 상관없다. 신선한 새우구이 등의 갑각류에 서빙하면 맛이 좋다.

■ 올로로쏘와 아몬띠야라도는 병을 연 뒤에 2~3주 동안은 마실 만하지만 그 후부터는 변질되기 시작한다. 견과류의 향이 나고, 몸을 따뜻하게 해주기 때문에 겨울철 아페리티프로 좋다. 잔 끝이 안쪽으로 약간 굽은 것을 사용하면 아로마를 즐기기에 좋다. 올로로쏘와 아몬띠야라도는 수프 종류, 그중에서도 특히 콘소메에 잘 어울린다. 식사 전후에 견과류 열매와 함께 즐겨도 좋다.

■ 크림 셰리는 병을 연 뒤 2~3개월 동안 마실 수 있다. 냉장 보관할 필요는 없다. 끝이 좁은 셰리 잔에 따라 마신다. 좋은 품질의 크림 셰리는 그 자체로도 맛이 좋지만 고급 바닐라 아이스크림 위에 뿌려서 먹어도 일품이다.

고급 피노 - 안달루시아 헤레스 지방의 곤살레스 비아쓰 띠오 뻬뻬(Gonzalez Byass Tio Pepe) 양조장은 전통 방법을 사용하여 매우 질이 높은 셰리를 생산한다.

올로로쏘처럼 알코올이 많이 든 셰리에서는 플로르의 성장이 방해되기 때문에 공기에 접촉한 채로 와인이 숙성된다. 그래서 올로로쏘 셰리는 피노 셰리보다 색이 어둡고 진하다.

플로르가 어떻게 생겨났는지는 알 수 없지만 헤레스 지역에서는 매우 흔하며, 다른 지역에는 존재하지 않는다. 이 때문에 헤레스에서 생산된 셰리가 가장 높은 평가를 받는다.

솔레라 시스템(solera system)

셰리 생산자들은 '솔레라 시스템' 이라고 부르는 통 숙성 체계를 이용한다. 이는 셰리 생산 과정에서 매우 중요한 요소다. 솔레라 통은 숙성된 셰리를 병입하는 동시에 새로운 셰리를 통 안에 부어서 와인을 고르게 숙성시키고, 품질을 높게 유지한다. 셰리 통은 보데가스(bodegas : 통 저장소)에 보관하는데, 이는 와인 증발을 일으켜 알코올 함유율을 더욱 높인다. 오래된 올로로쏘 셰리 중에는 알코올 함유율이 24%인 것도 간혹 존재한다.

셰리의 종류

피노(Fino) - 색이 옅고 드라이한 셰리. 바디가 가볍고, 모든 셰리 중에서 가장 섬세한 맛을 지녔다. 피노는 향기롭고 상쾌하며 톡 쏘는 느낌을 준다. 값에 비해 맛이 좋다.

만사니랴(Manzanilla) - 피노 스타일로 산루까르에서만 생산되는 매우 드라이한 셰리. 산루까르가 연안 지역이기 때문에 소금기가 약간 느껴진다. 산루까르의 또다른 특산품으로 만사니랴 빠사다(pasada)가 있다. 모두 짜릿하고 신선하며, 아페티리프로 마시기 좋다.

아몬띠랴도(Amontillado) - 맛을 풍부하게 만들기 위해 충분히 숙성시킨 피노 셰리. 정통 아몬띠랴도는 드라이하고 견과류의 향이 나며, 농후한 맛을 띤다. 이는 올로로쏘와 비슷한 특징이지만 올로로쏘보다 섬세한 맛을 갖고 있다. 블렌딩하지 않은 순수한 아몬띠랴도는 찾아보기 어렵다. 실제로 당분을 첨가해서 미디엄 또는 미디엄 드라이 와인으로 판매된다.

올로로쏘(Oloroso) - 오랫동안 숙성시켜서(100년 숙성한 것도 있다) 맛이 진하고 견과류의 향이 난다. 최고급 올로로쏘는 드라이하지만 대량 생산된 올로로쏘는 당분을 첨가하는 경우가 많다. 극히 오래된 올로로쏘 중에서는 맛이 심하게 드라이하여 그 자체만으로 마시기 어려운 것들이 있는데, 여기에는 당분을 약간 첨가해야 마실 만하게 된다. 이러한 이유로 최고 품질의 올로로쏘라도 스타일이 서로 다르게 나타난다.

빨로 꼬르따도(Palo cortado) - 바디가 가벼운 올로로쏘와 비슷한 수준으로 숙성시키기 위해 플로르를 적게 사용하여 생산한 셰리. 생산자마다 다른 스타일을 보여 준다.

크림(Cream) - 달콤하게 블렌딩한 셰리. 순수한 피노와 올로로쏘가 상급으로 판매되며, 크림 셰리는 보다 질이 떨어진다. 맛이 좋은 셰리도 있지만 크림 셰리가 셰리의 이미지를 망치는 데 가장 큰 기여를 했다는 것이 일반적인 평가다.

PX - 뻬드로 시메네스(Pedro Ximénez)라는 품종으로 적은 양이 생산되는 셰리. 햇볕에 말린 포도(건포도)를 사용하기 때문에 맛이 매우 달고 색은 거의 흑색이며, 전통적인 셰리와는 전혀 다르다. 올로로쏘, 아몬띠랴도, 크림 셰리에 블렌딩하는 데 주로 사용된다.

요리

게부르츠트라미너, 삐노 그리, 실바너에 어울리는 요리

게부르츠트라미너, 삐노 그리, 실바너는 프랑스와 독일이 만나는 국경 근처 지역인 알자스의 유명한 와인들로서 맛이 스파이시하고 꽃 향기가 난다. 이 지역의 다양한 요리에 잘 어울리게 생산된다. 알자스의 일반적인 요리인 양파 푸딩이나 부드러운 송어 필레에 곁들이면 좋다.

추천 요리	
흰 살코기	●●●●●
매운 요리	●●●●
생선	●●●
채식 요리	●●
디저트	●●

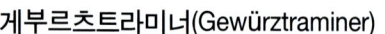

게부르츠트라미너(Gewürztraminer)

게부르츠트라미너는 약간의 스파이스 향을 지니고 있기 때문에 향료를 사용한 섬세한 요리에 잘 어울리지만 요리와 와인 간의 균형을 잘 맞추어야 한다. 참새우, 박하, 라임, 샬롯이 든 태국식 샐러드가 이 와인에 특히 잘 어울리며 칠리를 너무 많이 넣지 않도록 조심한다.

사과 소스, 오븐에 구운 양파, 마늘, 베이컨과 함께 기름에 살짝 튀겨 오래 끓인 양배추를 곁들인 구운 돼지고기는 게부르츠트라미너의 전통적인 파트너다.

삐노 그리(Pinot Gris)

삐노 그리는 게부르츠트라미너보다 높은 산도를 갖고 있는 것이 특징이다. 매운 요리에 어울리는 스파이스 향을 갖고 있으며 특히 흰 살코기에 잘 어울린다. 그리고 고기와 생선 까나페에도 좋다.

삐노 그리는 서양 호박이나 양파 푸딩과 같은 채식 요리에도 잘 어울리다. 진한 삐노 그리에는 가볍게 삶은 배와 계피가 좋다.

실바너(Sylvaner)

영으로 마실 때가 최상인 와인이다. 향긋하며, 약간 떫은맛이 나고 산도가 높다. 그래서 생선과 닭 요리에 잘 어울리며 특히 크림 소스를 사용한 요리에 좋다. 과일을 약간 내놓으면 와인의 과일 맛이 살아난다.

감귤류 과일을 살짝 기름에 튀겨 오래 끓인 소시지와 돼지고기 요리는 실바너에 잘 어울린다. 과일의 산도가 와인의 산도와 좋은 궁합을 이루기 때문이다.

프라이팬에 구운 송어 필레와
화이트 와인 골파 버터 소스

소스에 담긴 송어의 부드러운 감촉이 대부분의 알자스 지역 와인의 스파이스 향과 높은 산도와 멋진 대조를 이룬다.

2인분

650g 작은 왁시 감자

25ml 올리브유

2 송어 필레, 다듬어 가시를 제거한 것

25g 버터

25ml 식용유

200g 씨 없는 청포도

2 샬롯, 잘게 썬 것

25ml 화이트 와인 식초

25ml 화이트 와인

80ml 진한 크림

300g 차가운 버터, 깍뚝썰기한 것

1 토마토, 껍질을 벗겨 씨를 빼서 깍뚝썰기한 것

2 테이블스푼 잘게 썬 골파

감자 껍질을 벗겨 15분 내지 익을 때까지 물에 끓인다. 물을 버리고 올리브유와 함께 으깬다.

그동안 필레를 버터와 기름에 노릇하게 튀긴다(양쪽으로 2분씩). 프라이팬에서 꺼내 놔둔다. 포도가 황금빛을 띨 정도로 프라이팬에 튀긴다.

다른 팬에 샬롯, 화이트 와인 식초, 화이트 와인을 넣고 졸인다. 크림을 더해 반으로 졸인 다음 버터를 서서히 넣어서 젓는다. 가는 체에 거른다.

접시의 중앙에 매시드 포테이토를 타원형으로 놓고, 송어 필레를 그 위에 놓는다. 그 주위를 포도로 둥글게 장식한다. 토마토와 골파를 송어 주변에 흩뿌리고, 사진처럼 소스를 끼얹는다.

포트

포트는 발효 도중 와인에 브랜디를 첨가하여 만든다. 포르투갈 북부의 도우루 강 주변의 포도원에서 생산된다. 기껏해야 18세기부터 포트가 강화 와인으로 생산되었는데, 이는 아마 수출할 때 유통 기한을 늘리기 위한 방편이었을 것이다. 이러한 와인 양조 방법은 타 지역에서 많이 모방되며, 오스트레일리아, 남아프리카, 캘리포니아 등지에서 생산된다.

포트에 대한 간단한 설명

포트는 거의 10만 에이커의 포도 재배지에서 생산되는데, 지역마다 기후의 차이가 상당히 난다. 게다가 80종 이상의 포도가 여기에서 재배된다. 그래서 포트는 매우 다양하며, 품질도 크게 차이가 난다. 대체로 최고 품질의 포트는 기후가 뜨겁고 건조한 동부 지역에서 생산된다.

적은 수의 포트 양조장만이 아직도 발로 밟아서 포도주를 생산하며, 대부분은 자동화 생산 과정을 도입했다. 발에서 연상되는 나쁜 이미지는 지워 버려도 좋다. 어차피 알코올의 함량이 높기 때문에 박테리아는 모두 죽게 된다. 발효는 포도의 색, 타닌, 기타 성분을 최대한 빨리 뽑아 낼 수 있는 특수한 탱크에서 진행된다. 와인에 당분이 남아 있지만 포도 브랜디가 추가되기 때문에 더이상의 발효는 진행되지 않는다. 이것은 알코올 함유율을 20%로 늘리는 동시에 상당한 당분을 보존할 수 있는 방법이다.

포트의 종류

대부분의 포트는 빈티지 와인이 아니다. 즉 여러 해에 걸쳐 생산된 와인을 섞어서 만든다. 기본적인 포트는 루비인데, 이는 3년 숙성 와인으로 맛이 그리 복합적이지 않은 편이다.

토니 포트(Tawny port)

판매되는 토니 포트는 레드 와인과 화이트 와인을 블렌드하여 생산한다. 10년 또는 20년 숙성된 최고 품질의 토니는 통에서 오랫동안 숙성시킨 레드 와인을 블렌드하여 만들어 낸다. 장기간의 숙성으로 타닌이 부드러워지고, 매우 복잡한 맛이 드러난다. 좋은 토니 포트는 무화과, 캐러멜, 꿀, 말린 과일 맛이 난다.

포트의 색 – 포트는 다양한 블렌드와 숙성 과정에 따라서 다양한 색을 띠게 된다. 빈티지와 LBV 포트는 붉고, 토니는 호박색이나 갈색을 띤다.

루비 포트와 화이트 포트

와인 속에 과일 향이 그대로 담겨 있는 그리 비싸지 않은 와인이다. 루비 포트는 적포도로 만들고, 화이트 포트는 백포도로만든다. 화이트 포트는 루비 포트보다 덜 달콤하며, 두 종류모두 아페리티프로 인기가 좋다. 식사 후에 치즈와 함께 서빙하기도 한다.

늦게 병입된 빈티지(LBV : Late Bottled Vintage) 포트

블렌드한 포트는 병입되기 전에 기본적인 루비 포트와 화이트포트에 비해 대체로 4~6년 정도의 긴 통 숙성 기간을 갖는다.빈티지 포트의 절반 가격보다 낮기 때문에 LBV는 싸게 구입할 수 있지만 생산자마다 품질이 차이가 큰 편이다.

빈티지 포트

가장 잘 익은 최고의 포도만을 이용하여 생산하는 빈티지 포트는 한 포도 품종만을 사용하여 최소한 2년 이상 숙성시킨다. 모든 수확 연도가 빈티지 포트로 '선언' 되지는 않는다. 이론적으로는 최고의 해에만 빈티지 포트를 생산할 수 있는데,이는 10년 중에 3~4회뿐이다. 빈티지 포트의 우수성이 드러나려면 병에서 최소한 15년을 숙성시켜야 한다. 마시기 적당한 때가 되면 침전물이 고이기 때문에 디캔팅이 필요하다(128~129쪽 참고).

싱글 낀따 빈티지 포트(single quinta vintage port)는 한 포도원(quinta)에서만 생산되며, 이는 대체로 빈티지 선언을 하지 않은 해에 생산된다.

기다림 – 병에 담겨 빼곡하게 쌓인 포트는 여러 해 동안 숙성된다. 몇 년 또는 몇 10년 동안 숙성된다.

빈티지 포트는 어둡고 무거운 유리로 만든 병에 담기며, 왁스로 봉하기 때문에 산화되거나 와인이 스며나오는 경우가 드물다. 병은 옆으로 뉘여서 보관한다.

포트의 구입

포트는 쉽게 상하지 않으므로 루비, 토니, 빈티지 포트는 슈퍼마켓에서 사도 문제가 없으며, 와인 판매상에게 구입해도 무방하다. 오래 숙성한 빈티지 포트는 이름 있는 와인 판매상에게 연락을 취하여 구입해야 한다. 경매장에서도 오래된 빈티지 포트를 구할 수 있으며, 꽤 좋은 가격에 입수할 수도 있다.

포트 통즈(port tongs)

코르크가 꽉 막힌 빈티지 포트를 여는 데 사용한다. 통을 불에 벌겋게 달구어서 병목에 가져간다. 병을 세운 상태에서 댄다. 열이 갑자기 가해지면 유리가 갈라지면서 병의 윗부분과 코르크가 쉽게 열린다.

포트 서빙하기

■ 루비, 모든 토니, 화이트 포트, 영 LBV는 디캔팅이 필요 없기 때문에 병에서 그대로 따라 마신다. 그러나 빈티지 포트는 침전물 제거를 위해 디캔팅을 해야 한다(128~129쪽 참고).
■ 모든 포트는 중간 크기의 입이 좁은 잔에 서빙한다.
■ 토니 포트는 식후주로 마시면 맛이 좋다. 가벼운 디저트와 함께 서빙하자. 적은 수의 영 토니 포트는 약간 차갑게 해서 마실 수 있다.
■ 루비, 화이트, LBV 포트는 병을 개봉하고 일주일 동안 놔둘 수 있다. 화이트 포트는 언제나 차갑게 마신다.
■ 빈티지 포트는 전통적인 저녁 식후주다. 최고의 맛을 즐기려면 디캔팅하고 나서 2~3일 내에 마신다.

마데이라 와 마르살라

마데이라와 마르살라는 예전처럼 인기가 있는 와인은 아니다. 이들은 다양한 스타일로 생산되며, 이 때문에 혼란스러울 수도 있는데 질 나쁜 마데이라와 마르살라가 많이 생산되어 이미지가 꽤 실추되었다. 요즘은 요리에 많이 사용되지만 예전의 명성을 회복할 수 있기를 바란다.

마데이라

15세기의 포르투갈 정복자들은 마데이라 섬에 포도를 재배하기 시작했다. 18세기와 19세기가 마데이라의 전성기였으며, 유럽과 미국에서 크게 인기가 있었다. 안타깝게도 포도나무를 파괴하는 기생충인 필록세라(phylloxera)가 마데이라 섬에 있는 대부분의 포도원을 휩쓸었고, 그때부터 마데이라의 인기가 식기 시작했다. 최고급 마데이라는 이른바 '우량' 포도 품종으로 생산된다.

세르시알(Sercial) – 세르시알 포도는 재배하기 어려우며, 높은 산도를 갖고 있고 가장 드라이한 마데이라 와인을 만들어 낸다.

베르델로(Verdelho) – 세르시알보다 바디가 더 무거우며 미디엄-드라이지만 세르시알보다 덜 진하다. 탄내 나는 복잡한 맛을 지니고 있으며, 톡 쏘는 맛이 상쾌하다.

부알(Bual) – 포르투갈에서는 보알(Boal)이라고 하며, 미디엄-스위트에서 스위트에 이르는 마데이라다. 마데이라 중에서 과일 향이 가장 많이 나는 편이고, 맛이 풍족하지만 과도하게 진하지 않다.

말므지(Malmsey) – 가장 달콤한 마데이라다. 말바지아(malvasia) 포도로 생산하며, 꿀맛이 나고, 맛이 풍부하며, 무화과와 초콜릿 맛이 살짝 느껴진다. 맛에서 알코올이 많이 느껴지고 강하며, 진하다. 단맛이 산도와 잘 어우러져 물리지 않는다.

그 밖에 마데이라는 모두 틴타 네그라 몰(tinta negra mole)로 생산하며 드라이, 미디엄 드라이, 미디엄 스위트, 스위트 등의 라벨이 표시된다. EU의 법규에 의하면 포도 품종의 명칭을 와인에 기재하려면 해당 품종이 와인에 85% 들어가야 한다. 1993년 전에는 마데이라 생산자들이 우량 품종을 상품의 명칭으로 썼으나 이들의 품질은 좋지 않았으며 그 품종과 전혀 상관이 없는 경우도 있었다. 마데이라의 인기가 식은 데에는 이러한 요인도 영향을 끼쳤다.

마데이라 서빙하기

■ 포트 잔처럼 입이 좁은 잔을 선택한다.

■ 디캔팅은 필요없지만, 서빙하기 전에 브리딩할 필요가 있다(128~129쪽).

■ 세르시알과 베르델류는 차갑게 하여 아페리티프 와인으로 내놓고, 부알과 말므지는 실온으로 서빙한다. 마데이라는 수프와 대부분의 디저트에 잘 어울린다.

■ 매우 강하기 때문에 거의 영구적으로 보관할 수 있다.

차갑게 또는 따뜻하게 – 마데이라는 종류마다 다른 온도로 서빙해야 맛을 최대한 이끌어 낼 수 있다.

마데이라의 종류

일반 마데이라 – 틴타 네그라 몰로 생산하다. 18개월 동안 숙성시킨다. 캐러멜로 착색하거나 착향하는 경우가 있다. 요리에만 사용한다.

피네스트(Finest) – 틴타 네그라 몰로 생산한다. 3년 동안 숙성한다.

5년산 – 틴타 네그라 몰로 생산한다.

10년산 – 우량 포도 품종을 사용한다.

15년산 – 우량 포도 품종을 사용한다. 꽤 희귀하며, 품질이 매우 뛰어난 편이다.

솔레라(Solera) – 솔레라 배럴 시스템을 사용하여 생산한다. 매우 희귀해지고 있지만 경매장에서 19세기에 생산된 솔레라를 구할 수 있다.

빈티지(Vintage) – 우량 포도 품종으로 생산하다. 최소한 20년 이상 숙성시킨다.

마르살라의 종류

피네(Fine) – 최소한 1년 숙성시킨다.

수페리오레(Superiore) – 최소한 2년 동안 숙성시킨다.

리제르바(Riserva) – 최소한 4년 동안 숙성시키다.

베르지네(Vergine) – 최소한 5년 동안 숙성시킨다.

스트라베치오 또는 리제르바(Stravecchio or Riserva) – 최소한 10년 동안 숙성시킨다.

세코/세미세코(Secco/Semisecco) – 드라이/세미-드라이.

돌체(Dolce) – 달콤함.

빈티지 마데이라

최고급은 빈티지 마데이라로서 통에서 최소한 20년 이상 숙성해야 한다. 대부분의 판매상은(높은 가격에) 극히 오래된 와인을 보관하고 있으며, 어떤 것은 19세기나 그 이전에 생산된 것도 남아 있어서 이들은 와인 경매에 정기적으로 등장한다. 숙성 기간에 비해 가격이 비교적 높지 않으며, 맛도 대체로 매우 뛰어나다.

마르살라

영국에 수출하기 시작하면서 인기가 높아져서 1770년대에 국제적인 명성을 얻은 주정 강화 와인이다. 인근 지역에서 생산되는 포도 품종으로 생산되는데 세리와 비슷하고, 솔레라 시스템을 사용하는 경우가 많다(163쪽 참고). 마데이라의 종류는 우량 포도 품종이나 당도를 기준으로 구분이 되지만 마르살라는 색, 숙성 기간, 당도를 기준으로 분류된다. 대부분의 라벨에는 위의 정보가 모두 기재되어 있다.

마르살라는 요리에 널리 사용되며 아페리티프로서 인기를 어느 정도 회복하고 있다. 1984년에 시행된 법규로 착향 마르살라는 사라졌다. 달걀 노른자와 커피 등이 첨가되면서 마르살라의 명예가 많이 실추되었다.

최고급 마르살라

'수페리오레(Superiore)'와 '베르지네(Vergine)'가 고급 마데이라며, 수페리오레는 2년, 베르지네는 5년 숙성한다. 베르지네 리제르바와 스트라베치오 와인은 최소한 10년 이상 숙성되었다. 가장 독특하며, 최고의 마르살라라고 생각되는 마르살라는 마르코 데 바톨리(Marco de Bartoli)가 생산한다. 그는 매우 잘 익은 포도를 수확하기 때문에 이후의 알코올 강화 과정이 필요없다고 주장한다. 그가 생산하는 10, 20, 30년 이상 숙성된 와인은 베치오 삼페리(Vecchio Samperi)라고 부르며, 알코올 함유량을 높이거나 당분을 첨가하지 않는다. 펠레그리노(Pellegrino)와 플로리오(Florio)가 생산하는 마르살라도 뛰어난 품질을 지니고 있다.

통 숙성 – 빈티지 마데이라는 커다란 오크 통에 최소한 20년 이상 숙성시킨다.

마르살라 서빙하기

- 포트 잔과 마찬가지로 입이 좁은 잔으로 서빙한다.
- 마르살라는 디캔팅할 필요가 없다.
- 마르살라는 드라이할수록 더 차갑게 서빙한다. 따뜻한 저녁에는 스위트 마르살라도 약간 차갑게 하여 서빙한다.
- 마르살라는 아페리티프나 식후주로 마시면 맛이 좋다.
- 병 개봉 후 2~3개월 동안 맛이 유지된다.

요리

쏘떼른과 뮈스까에 어울리는 요리

맛이 진하고 풍부하지만 산뜻하고 깔끔한 뒷맛을 주는 쏘떼른과 뮈스까는 식전이나 식후에 마시기 매우 좋다. 맛이 싸한 애피타이저나 달콤한 디저트와 함께 서빙하면 좋다. 쏘떼른과 뮈스까는 요리의 주된 맛과 감촉을 향상시켜서 미각에 즐거운 자극을 준다.

추천하는 요리	
과일 디저트	●●●●●
초콜릿 디저트	●●●●
생강 디저트	●●●
치즈	●●●●
미트빠테	●●●●

쏘떼른(Sauternes)

맛이 진하고 글리세린과 같은 느낌을 갖고 있어서 다양한 요리에 매우 잘 어울린다. 쏘떼른은 전통적으로 프와 그라와 함께 서빙했다. 부드러운 프와 그라의 맛과 입 안에 가득 차는 쏘떼른이 서로의 맛을 향상시켜 준다. 프와 그라를 토스트나 크로스티니에 발라서 먹으면 새로운 차원의 감촉을 경험할 수 있다.

쏘떼른은 거의 모든 소프트 치즈에 자연스럽게 어울린다. 예를 들어 쏘떼른의 단맛이 짭짤한 고르곤졸라 치즈와 완벽한 대조를 이루는 것을 알 수 있다. 맛과 감촉을 함께 느끼려면 고급스런 맛이 나는 치즈, 잘 익은 배, 신선한 흰 빵에 쏘떼른을 차갑게 서빙한다.

많은 디저트가 차가운 쏘떼른으로 맛이 향상된다. 특히 익었다가 식힌 배나 복숭아, 라즈베리 소스는 와인의 맛을 최대한으로 이끌어 낸다. 대부분의 장과류 과일 디저트도 역시 이 디저트 와인에 잘 어울린다. 내놓기 전에 장과류 열매를 설탕에 약간 묻혀서 쏘떼른에 담갔다가 서빙하면 쏘떼른과 완벽한 궁합을 이룬다. 단맛이 심한 디저트는 고급 쏘떼른이 소화하기에 어려울 수도 있다.

뮈스까(Muscat)

달콤한 디저트는 스위트 뮈스까와 완벽한 짝이 된다. 예컨대 삶은 배와 계피는 단맛과 스파이스 향이 조화를 이루며 그 감촉은 뮈스까에 어울린다.

뮈스까는 또한 초콜릿과 생강을 재료로 하는 매우 단 디저트에도 잘 어울린다. 뮈스까에는 크림이나 커스터드가 잔뜩 든 디저트는 피한다.

뛰어난 품질의 뮈스까에는 맛이 부담스런 페이스트리 디저트 역시 피한다. 이러한 디저트는 입 안에 달라붙어서 와인의 맛을 둔하게 한다.

진한 초콜릿 디저트

초콜릿과 라즈베리의 우아한 맛이 앞에 소개한 특별한 디저트 와인과 완벽한 조화를 이룬다.

4인분

25g 버터, 녹인 것
150g 가루 백설탕, 나중에 뿌리기 위해 약간 더 준비한다.
125g 다크 초콜릿
100g 버터
4 달걀
25g 밀가루, 체에 거른 것
500g 라즈베리
가루 설탕, 기호에 맞게
레몬 주스, 기호에 맞게

오븐을 섭씨 180도로 예열한다.

150ml 램킨 접시 네 개에 녹인 버터를 바르고, 여분의 가루 백설탕을 뿌려서 표면을 잘 덮는다. 살짝 흔들어서 과다한 설탕을 털어 낸다.

초콜릿과 버터를 가열이 가능한 그릇에 넣고, 이를 증기가 날 정도로 뜨거운 물이 담긴 이중 냄비 또는 프라이팬에 놓는다. 초콜릿과 버터가 녹을 때까지 저은 뒤 불을 끈다.

달걀과 가루 백설탕을 다른 그릇에 넣어 자동 교반기를 이용하여 색이 하얗고 질척해질 때까지 섞어 준다. 밀가루를 살짝 뿌린다.

커다란 금속제 숟갈을 사용하여 하얀 줄이 생기지 않게 달걀 섞은 재료를 초콜릿 재료 위에 덮어 준다. 램킨에 내용물을 붓고, 오븐에서 20~25분 동안 구워서 디저트가 부풀어오르게 한다. 안에 든 것이 깨끗하게 나오면 꼬챙이에 꽂는다.

라즈베리를 섞는다. 가루 설탕과 레몬 주스 약간을 입맛에 맞게 더하고, 가는 체에 걸러서 부드러운 소스를 만든다.

오븐에서 램킨을 꺼내어 서빙에 사용할 커다란 접시에 올려 놓는다. 라즈베리 소스를 사진처럼 접시 주위에 숟갈로 올린다.

브랜디

브랜디는 와인을 증류한 뒤 격렬한 맛이 사라질 때까지 주정을 숙성시킨다. 가장 유명한 브랜디인 꼬냑과 아르마냑은 프랑스 남서부에서 생산되지만 그 밖의 브랜디는 전 세계 와인 생산지에서 만들어진다. 브랜디 생산은 남아프리카, 아르메니아, 조지아, 이탈리아, 스페인의 주산업에 속한다.

꼬냑

꼬냑은 프랑스 보르도 북쪽에 위치한 샤랑뜨(Charente) 지역에서 재배된 포도를 원료로 사용한다. 주요 품종으로 위니 블랑(ugni blanc), 폴 블랑슈(folle Blanche), 꼴롱바르드(colombard)가 있다. 모든 품종이 증류에 적당한, 치우치지 않은 화이트 와인을 만들어 낸다. 이 와인은 동으로 만든 증류기에 두 번 정류된다.

이렇게 나온 영한 주정은 오크 통 숙성으로 맛을 부드럽게 누그러뜨린다. 증발 과정과 나무의 영향으로 영 브랜디는 탁월한 복잡성을 가진 술로 변한다. 화학적인 작용으로 와인의 향이 복잡성을 띠게 되며, 단맛과 부드러운 느낌이 더해진다. 새로운 오크의 사용 시간에 따라 브랜디의 특징에 영향이 더해진다. 꼬냑은 최대 50년까지 통에서 숙성시킬 수 있다. 그 이후로는 오크 향이 심하게 나거나 더 이상의 변화를 거치지 않는다. 매우 오래된 비외(Vieux) 꼬냑은 최고 블렌드에 중요한 요소이며, 나중에 사용하기 위해 주로 유리 데미존(demijohn : 목이 가는 병)에 보관된다.

많은 꼬냑이 라벨에 원산지명을 표시한다. 가장 잘 알려진 곳으로 꼬냑 지역 주변의 그랑드 샹파뉴(Grande Champagne)가 있다. 그 밖의 지역으로 쁘띠뜨 샹파뉴(petite Champagne), 보르드리(Borderies), 펭 브와(Fins Bois), 봉 브와(Bons Bois), 브와 오디네르(Bois Ordinaires)가 있다. 꼬냑은 매우 다양한 변수에 영향을 받기 때문에 증류 지역이 큰 의미를 갖지 않을 수 있다.

아르마냑(Armagnac)

아르마냑 지방은 보르도 남쪽 멀리 있는 가스꼬니(Gascony)에 숨어 있다. 꼬냑은 마르뗄(Martell)과 까뮈(Camus) 등의 거대 기업이 독점하다시피 하지만 아르마냑에는 소규모 생산자들이 옹기종기 모여 있다. 이들은 병입과 판매를 스스로 하는 경우가

잔의 선택 – 좋은 브랜디의 복잡한 맛을 충분히 즐기기 위해서는 전통 브랜디 잔보다는 툴립 모양의 잔을 이용하여 아로마를 사로잡는 것이 좋다.

최적의 장소 – 꼬냑 포도원의 규모는 프랑스 샤랑뜨 지역의 200,000에이커를 차지한다. 기후, 토양, 그리고 연안이라는 특징이 꼬냑에 사용되는 포도를 재배하기 안성맞춤이다.

많다. 게다가 빈티지 브랜디로 생산된 아르마냑은 최소한 10년 이상 숙성되기 전에는 판매하지 않는 오랜 전통을 갖고 있다.

아르마냑은 연속 증류기로 증류하며, 이는 더욱 진하고 과일 맛이 더 느껴지는 주정을 만들어 낸다. 맛의 최대 잠재력을 이끌어 내려면 오랜 숙성 기간이 필요한데, 일반적으로 판매되는 아르마냑은 대부분 너무 이른 시기에 나온다. 빈티지 아르마냑은 매우 좋은 브랜디이며, 이것은 터무니없이 높은 가격을 받는 고급 꼬냑보다 비용 면에서 이득이 된다. 빈티지 연도는 와인보다 덜 중요하다.

그 밖의 생산자

유럽이 아닌 지역에서 생산되는 브랜디는 품질이 뛰어난 경우가 거의 없지만 캘리포니아의 저메인-로빈(Germain-Robin)과 오스트레일리아의 앤고브(Angove)는 높은 품질로 명성을 얻고 있다.

남부 스페인 헤레스(Jerez)의 브랜디는 스페인 사람들에게 매우 높은 평가를 받지만 모든 이들의 입맛에 맞지는 않는다. 셰리 통 숙성, 캐러멜, 기타 첨가제를 이용한 착향 및 착색 과

정으로 맛은 매우 진하지만 고급스러움이 없다. 물론 가격도 저렴하지 않다. 조지아와 아르메니아는 브랜디 생산 전통이 매우 깊으며, 윈스턴 처칠이 이들 지역의 브랜디를 즐겨 마셨지만 현재는 서양에서 구하기가 불가능하다. 싼 브랜디는 요리용으로 사용할 것이 아니라면 구입할 가치가 없다.

핀(Fine), 마르끄(Marc), 그라빠(Grappa)

프랑스, 이탈리아 그 밖에 지역의 알뜰한 와인 생산자들은 아무것도 낭비하지 않는다.

부르고뉴 주변지역에서는 생산된 나쁜 와인을 증류하여 핀이라는 브랜디를 만들어 내며, 이를 오크 통에서 10년 이상 숙성시킨다. 이보다 못한 것은 증류하여 마르끄를 만들고 이 역시 오크 통 숙성을 여러 해 동안 한다. 부르고뉴, 알자스, 론에서 뛰어난 마르끄를 생산한다. 이탈리아의 유명한 그라빠는 사치스런 병에 담긴 마르끄로 굉장히 높은 가격을 달고 나온다. 최고급 그라빠는 맛이 좋으며, 사용된 포도 품종의 향이 아로마에서 느껴진다.

6

이번 장은 와인 생산의 3단계를 설명했다. 포도원, 양조장, 양조장 셀러, 흙의 종류, 기후, 수확 시기와 같은 지역적인 요인은 모든 포도원에 따라 다르며, 이는 와인의 특성에 영향을 끼친다. 그래서 같은 종류의 포도로 생산된 전 세계의 와인이라도 서로 다른 맛을 낸다. 와인이 언제, 어떻게 생산되는지를 이해하는 것은 블라인드 테이스팅에서 와인을 식별하는 데 필수적이다. 그리고 자신이 즐기는 와인을 음미하는 데도 도움이 된다.

와인

이야기

포도원

좋은 와인은 좋은 포도원에서 재배된 포도로 만들어진다는 사실은 모든 와인 생산자가 아는 바이다. 토질과 기후, 그리고 정성스런 관리로 와인의 성격과 품질이 결정된다. 이러한 조건은 미묘하게 맛에 영향을 주기 때문에 서로 인접해 있는 포도원이라도 매우 다른 맛의 와인을 만들어 낼 수 있다. 그래서 포도원의 조건을 올바르게 갖추는 것이 맛있는 와인을 만드는 첫단계가 된다.

포도원의 조건

모든 포도원은 독특한 자연 조건을 갖고 있는데 이를 통틀어 떼루와르(terroir)라고 부른다. 여기에는 토질, 기후, 배수, 경사, 고도 등이 포함되며, 이들 요소는 재배할 수 있는 포도가 무엇인지, 포도가 매년 얼마나 자랄 수 있는지를 결정한다. 경험이 많은 생산자는 자연 조건을 최대한 유용하게 이용하고, 자연 조건이 좋지 않을 때를 대비해 자신의 포도원을 어떻게 가꿀지 잘 알고 있다.

자연 조건

장소 – 부르고뉴와 투스카니 등의 전통적인 와인 생산 지역의 포도원은 매우 오래전부터 뛰어난 기술과 선견지명으로 선택되었다. 칠레와 뉴질랜드 등의 새로운 와인 생산 지역에서 포도원을 새로 조성하거나 포도 품종을 새로 재배하려면 여러 가지 요인을 고려해야 한다. 포도나무가 받는 일조량(exposition), 하루 중에 햇볕이 내리쬐는 시간대 등이 그런 요인에 속한다. 경사와 배수 조건도 매우 중요하다. 비탈에 위치한 포도원은 대체로 배수가 잘되고, 봄철 서리의 영향을 크게 받지 않지만, 침식이 일어날 가능성이 높다. 또한 포도밭에 대한 접근 용이도는 재배와 수확의 용이성과 비용에 영향을 준다.

기후 – 포도의 완전한 맛이 나오려면 따뜻한 기온과 습기가 필요하다. 아마 기후가 와인 생산에 가장 큰 영향을 주는 요인일 것이다. 이 때문에 전 세계의 샤르도네가 다른 맛을 내며, 날씨를 예측하기가 어려운 유럽에서는 빈티지가 중요성을 갖는 것이다.

토양 – 토양은 와인에 깊은 영향을 준다. 예컨대 점판암 토양을 가진 모젤 지방은 모젤 리슬링에 독특한 맛을 부여하고, 샤르도네의 경우에는 석회질 토양에서 재배가 잘된다. 많은 와인 생산자들은 비옥하지 않은 땅에서 힘겹게 자라는 포도가 좋다고 주장한다. 즉 다른 작물에는 적합하지 않은 땅이 포도에는 완벽한 곳일 수 있다.

포도 노하우

유럽의 전통 와인 생산지에는 오래된 포도원들이 들어서 있으

토양 – 감촉, 배수성, 토양은 포도나무의 성장에 모두 영향을 끼친다. 특히 바위와 자갈이 많은 땅에서 세계 최고의 와인이 생산된다. 이러한 토양은 열을 흡수하고 배수가 잘되기 때문이다.

며, 어떤 장소에서 어떤 포도를 재배해야 할지에 대한 엄격한 법규를 갖고 있다. 신세계의 와인 생산 지역은 주로 시행착오를 거쳐 해당 포도원에 가장 알맞은 포도 품종을 선택한다. 생산자는 비슷한 특징을 가진 토양을 기준으로 재배하는 포도를 정할 수 있지만 토양이 비슷하더라도 기후가 매우 다른 경우가 많다. 또한 생산자는 열매를 사용할 품종(상이한 품종)과 대목(포도나무의 뿌리 부분)을 정해야 한다. 어떤 품종은 생산량이 많고, 어떤 것은 다른 것들보다 질병에 강한 특징을 띠고 있다. 캘리포니아 포도 생산 지역의 잘못된 품종 선택으로 엄청나게 많은 포도원들이 1980년대와 1990년대에 필록세라 기생충의 피해를 입었다. 특정 지역에서 잘 자라는 품종의 예로는 이러한 것들이 있다.

- 프랑스 보르도의 까베르네 쏘비뇽.
- 독일 모젤 지역의 리슬링 품종.
- 이탈리아 투스카니의 산지오베세

가지 다듬기와 가지치기

포도나무가 자라기 시작하면 덩굴을 철망에 대고, 가지를 고르게 자라게 하고, 적당한 환기와 햇빛을 잘 받게 하기 위해 가지치기를 한다. 남부 프랑스, 캘리포니아, 오스트레일리아 일부 지역 등의 더운 지방은 성질이 까다롭지 않은 가메, 그르나슈, 진판델 품종의 가지를 철망에 대지 않은 채 무성하게 자라게 놔둔다. 포르투갈과 이탈리아의 생산자들은 캐노피(canopy) 또는 터널을 이용하여 포도 덩굴을 재배했지만 요즘은 이를 포도 경작에 효과적인 방법으로 간주하지는 않는다.

포도 수확량

포도나무에서 재배되는 포도의 양은 앞에 설명한 모든 요인에 복합적으로 영향을 받는다. 또한 종류마다 수확량이 다르다. 쏘떼른의 샤또 디껨의 평균 수확량은 에이커 당 0.5톤으로 이는 포도나무당 한 잔의 와인에 해당한다(그래서 가격이 비싸다). 이탈리아나 독일의 생산지에서는 에이커 당 14톤이 넘는 수확을 거둔다.

포도 수확 시기

수확 시기는 앞의 모든 요인들의 영향에 따라서 달라진다. 기후의 변동으로 계절이 불규칙하거나 비가 내려서 방해를 받는다면 수확 시기가 여러주 이상 차이날 수 있다. 자동 수확 기계는 정확한 시기에 실수 없이 재배된 포도를 수확하는 데 사용된다. 그러나 많은 포도 재배자들은 손으로 포도 송이를 따는 것이 최고라고 생각하며, 세계 최고의 포도원들은 경사가 심한 비탈에 있기 때문에 손으로만 수확이 가능하다.

수확 방법 – 기계 수확은 시간과 노동력을 많이 절약할 수 있다. 그러나 아직도 많은 양조장에서는 손으로 부드럽고 세심하게 포도를 수확하는 것을 선호한다. 뉴질랜드의 빌라 마리아 포도원에서는(위) 두 가지 방법을 모두 사용한다.

유기농 와인

요즘은 '유기농으로 재배한 포도로 생산됨' 이라는 표시를 달고 나온 와인을 살 수 있지만 많은 유기농 와인에 이러한 표시가 없는 경우도 있다. 유럽과 미국의 유기농법 재배에 대한 기준이 제각각이기 때문에 이 용어는 소비자에게 오해를 불러일으키며, 유기농으로 재배하지 않은 와인과 마찬가지로 품질에 차이가 많이 난다.

비료와 살충제의 사용

최근까지만 해도 시중에서 파는 비료와 화학 제품을 흙에 첨가하면 경작에 도움이 될 것이라는 믿음이 있었다. 그러나 요즘 들어 비료가 흙을 망친다는 사실이 밝혀지면서 완전 유기농법과 자연 퇴비를 이용한 경작 방법을 선호하는 편이다.

양조장

와인 양조의 기본 과정은 수백 년 동안 바뀌지 않았다. 포도를 으깨어 효모를 더하여 발효시키면 포도즙의 당분이 알코올로 변한다. 와인 생산자들은 이 과정을 이용하고 변화를 주어 다양한 와인을 소비자들에게 선보인다.

레드 와인 양조

양조장(Winery)에 도착한 포도의 줄기를 떼어 내고 파쇄하여 즙을 짜낸다. 전통 있는 와인 생산지에서는 포도의 껍질과 양조장 자체에 자연적으로 존재하는 효모가 발효를 일으킨다. 그러한 조건이 없는 지역은 배양한 효모를 포도즙에 첨가한다. 발효는 열흘까지 걸린다.

이 과정에서 포도 껍질과 씨가 탱크나 통의 꼭대기로 떠오른다. 이때 밖으로 포도즙을 배출하거나 찌꺼기를 발 또는 기계로 눌러서 맛과 색을 뽑아 낸다. 레드 와인의 색은 즙 자체보다는 껍질에서 나온다. 그러나 찌꺼기를 과도하게 침지하면 타닌의 맛이 심하게 느껴지고, 와인이 산화될 위험이 있으므로 적당한 순간에 이 과정을 멈춰야 한다.

찌꺼기는 여기서 제거되는데, 이를 따로 압착시켜서 나머지 와인에 더하면 바디가 더 강해진다. 다음 과정은 유산 발효로 사과산이 유산으로 바뀌는 과정을 통해 와인의 맛이 진해지고 촉감이 추가된다. 이 과정이 끝나면 와인은 탱크나 통에 옮겨진다(180~181쪽 참고). 부르고뉴와 같은 지역에서는 사과산이 유산으로 바뀌는 과정이 통에서 이루어진다.

다양한 양조 방법

와인 제조자들은 기본적인 양조 과정을 그대로 사용하는 경우도 있다. 보졸레처럼 과일향이 풍부하고 빨리 소비되는 와인은 탄산가스 침지법(carbonic maceration)을 사용한다. 포도를 으깨지 않고 통째로 중성 가스가 가득 찬 통속에 넣어 포도 내에서 세포 발효가 일어나게 하여 알코올 발효가 일어나게 한다. 이러한 와인은 신선하고 과일 향이 많이 난다. 와인의 색이 옅은 지역에서는 탄산가스 침지법을 먼저 시행하여 껍질에서 색, 타닌, 맛을 뽑아 낸다.

줄기 제거 – 대부분의 와인 생산자들은 줄기를 제거하여 타닌이 많이 들어가지 않게 하면서도 포도즙의 색을 유지시킨다. 포도는 줄기를 제거하고 포도알을 분쇄하는 기계에 들어가지만 썩었거나 익지 않은 포도와 잎은 손으로 직접 떼어 내서 포도즙을 신선하고 익은 상태로 유지한다.

발효 – 많은 와인 생산자들, 특히 부르고뉴의 생산자들은 여전히 전통적으로 나무 통에서 발효한다.

화이트 와인 양조

화이트 와인은 레드 와인과는 달리 양조장에 포도가 도착하자마자 압착하여 포도즙(free run)에 포도 껍질의 색이 섞이지 않게 한다. 그래서 화이트 와인은 색이 많이 들어 있지 않다. 즙 자체에는 색소가 없기 때문에 화이트 와인은 어떤 색의 포도를 사용해도 무방하다(레드 와인의 색은 발효 도중에 껍질에서 나온다).

대부분의 화이트 와인은 스테인리스 스틸 통 또는 와인의 맛에 특별한 영향을 주지 않을 정도의 큰 통에서 발효하며, 아로마가 빠져나가는 것을 막기 위해 온도를 조절한다. 특히 부르고뉴의 와인은 고품질 와인을 만들기 위한 정책에 따라 통에서 발효시킨다. 사과산을 유산으로 바꾸는 과정은 필수 요소는 아니다. 샤르도네는 이를 통해 산도가 줄어들고, 다른 종류의 와인은 사과산으로 맛이 좋아진다. 어떤 화이트 와인은 통이나 탱크에서 발효된다. 작은 통에서 숙성하는 와인은 정기적으로 저어 주는 경우가 간혹 있다. 이를 통해 맛이 진해진다.

포도 송이 전체 처리하기(whole-cluster processing)

대부분의 큰 양조장에서는 압착하기 전에 포도 줄기를 제거하지만 소규모의 양조장에서는 더 맑은 주스를 얻기 위해 포도 송이째 압착한다. 포도 송이째 압착하면 포도만을 압착한 것보다 줄기로 인해 공간이 더 필요하며 비용이 많이 든다. 압착한 포도는 찌꺼기(lees)가 가라앉도록 몇 시간 보관한 뒤 주스와 찌꺼기를 분리한다.

스위트 와인과 주정 강화 와인 만들기

스위트 와인을 만드는 방법은 수없이 많지만 결정적인 품질의 차이는 포도원에서 생긴다. 어떤 생산지에서는 포도를 늦게 수확하거나 익은 포도를 말려서 포도의 당분을 최대한 농축한다. 즙은 화이트 와인과 마찬가지로 발효되지만 당도가 높기 때문에 발효하는 데 많은 시간이 필요하다. 와인 생산자는 남은 당분, 산, 알코올의 양을 세심하게 조절하여, 맛을 신선하고 복잡하며 달콤하게 유지할 수 있어야 한다. 알코올 함량이 많은 주정을 와인에 첨가하여 주정 강화 와인을 만드는데, 이는 발효 도중 효모를 죽인다. 이 방법을 통해 와인의 당도와 알코올 함량을 모두 높게 유지할 수 있다.

스파클링 와인 만들기

몇 가지를 제외한 모든(이탈리아의 아스티(Asti)) 스파클링 와인은 병입된 와인에 2차 발효를 시켜 생산한다. 발효를 통해 발생된 이산화탄소가 와인에 기포를 일으킨다.

샴페인은 최대 6년 동안 병에서 숙성하기 때문에 – 메토드 샹쁘누아즈(Méthode Champenoise)라고 한다. – 맛이 진하고, 빵의 아로마가 느껴진다. 저렴한 스파클링 와인은 오래 발효되지 않는다. 그런 다음 효모가 제거되고, 판매를 위해 병마개가 더해진다. 좋은 샴페인은 산도가 높으므로 병 숙성을 더 하면 좋지만 사서 바로 마셔도 좋다.

현대적인 발효 통 – 컴퓨터로 조절되는 스테인리스 스틸 통은 발효 도중의 온도를 더욱 세밀하게 조절할 수 있다. 그리고 나무 통보다 청소하기가 훨씬 쉽다.

와인 셀러

양조된 와인은 병입하기 전에 숙성 기간을 거친다. 이는 타닌을 부드럽게 하고, 산미가 부드럽고, 복잡한 아로마를 만들기 위한 과정이다. 그런 다음 병입하기 전에 안정화 과정을 거친다. 높은 품질의 와인은 생산자가 판매한 뒤에도 숙성을 통해 맛이 좋아진다.

레드 와인 숙성

보졸레 누보(Beaujolais Nouveau)처럼 최대한 일찍 마시는 와인을 제외한 대부분의 레드 와인은 병입하기 전에 숙성을 해야 한다. 숙성 기간과 숙성에 사용된 용기는 소비자가 맛볼 와인의 맛과 품질에 큰 영향을 준다. 레드 와인은 숙성 도중에 약간의 산화 과정을 거치면서 스트럭처와 복잡성이 더해진다. 오크 통은 유공성이 있기 때문에 이러한 효과가 일어나기 쉽다. 양조장의 셀러는 대체로 몇 년 이상 아무런 방해 없이 숙성하는 데 이상적인 조건을 갖추고 있다. 수개월 동안 짧게 숙성한 와인은 신선한 맛을 갖고 있으며, 오랫동안 숙성한 와인보다 훨씬 저렴하다.

화이트 와인 숙성

쏘비뇽 블랑과 리슬링을 포함한 많은 와인은 스테인리스 탱크 또는 추가적인 맛을 주지 않는 통에 짧은 기간 동안 숙성한 뒤에 병입한다. 이러한 와인은 과일 향을 유지하기 위해서 수확한 해의 다음 봄에 병입한다. 다른 화이트 와인, 특히 샤르도네, 루산느(Roussanne) 품종으로 만든 론 지방산 화이트 와인은 좀 더 오랫동안 숙성하며, 주로 작은 오크 통을 사용한다. 통 발효는 통 숙성 후에 탱크 발효하는 것보다 좋은 맛을 내준다.

전 세계의 많은 와인 생산자들이 부르고뉴의 찌꺼기 휘젓기 방법을 따른다. 발효가 끝나면 찌꺼기(lees)라는 죽은 효모 세포들이 통의 바닥에 쌓인다. 예전에는 3개월에 한 번씩 찌꺼기를 제거하는 것이 일반적이었다. 찌꺼기는 진한 감촉과 복잡성을 더해 준다고 알려져서 와인에 이로운 것으로 여겨지므로 와인을 저어 주면 더욱 효과적이다. 레드 와인의 숙성에도 이 방법을 점차 많이 사용한다.

병 속에서 숙성하기 – 부르고뉴 루이 자도(Louis Jadot) 양조장처럼 대부분의 양조장은 와인을 판매하기 전에 수개월, 수년 동안 와인을 병 숙성한다. 이를 통해 '바틀 쇼크(bottle shock)' (와인의 균형을 깨는 일시적인 방해)에서 회복할 수 있다.

나무 통 숙성

왜 통인가? – 전통이 깊은 프랑스 와인 생산자들이 작은 오크 통(보르도의 barrique, 부르고뉴의 pièces)을 이용하여 숙성한 원래의 목적은 산화를 통해 와인을 완전히 숙성시키기 위함이었다. 그 결과 와인에는 오크 향이 배었다. 이렇게 하면 레드 와인에서는 바닐라나 스모키한 향이 나고, 화이트 와인에서는 코코넛이나 토스트 향이 난다. 과거에는 다른 나무도 사용되었지만 산화와 맛에는 오크가 최고임이 증명되었다. 와인 생산자는 큰 통을 이용하여 와인에 오크의 향이 배지 않게 할 수도 있다.

변화 주기 – 나무의 산지, 건조 과정, 유공성, 통 제작 도중에 나무를 태우는 정도 등의 여러 가지 요인이 와인의 최종적인 맛에 영향을 준다. 통이 새로운 것일수록 오크 향이 강하게 난다.

맛에 대한 대가 – 통 숙성은 통의 비용 및 숙성 도중 와인의 증발 등의 이유로 값이 비싸다. 그리고 같은 양의 와인을 탱크에서 관리하는 것보다 수백 개의 통을 관리하는 것이 노동력이 많이 투입되므로 오크 통을 사용한 와인은 비싸다. 그래서 뉴월드 지역의 와인 생산자들은 탱크로 숙성시키는 도중에 태운 오크 조각을 집어넣는 경우가 많다. 그렇지만 이것이 모든 지역에서 합법적인 과정은 아니다. 오크 조각은 산화를 일으키지는 않지만 최저의 비용으로 소비자들이 즐기는 오크 향을 만들어 준다.

나무의 맛 – 나무 통의 특정 성분이 와인에 흡수되어 성질과 맛에 은은한 효과를 가져다 준다.

와인의 안정화

소비자가 좋은 품질의 와인을 마실 수 있도록 와인 생산자들은 병입 전에 안정화 과정을 시행한다. 안정된 와인은 불필요한 발효가 일어나지 않는다.

병입 전에 대부분의 와인은 여러 가지 안정화 과정을 거친다. 어떤 화이트 와인은 매우 차갑게 온도를 내려서 타르타르산 결정을 미리 생성시킨다. 그리고 이를 병입 전에 제거한다. 이뿐만 아니라 대부분의 와인은 정제 및 필터 처리 과정을 거친다(오른쪽 내용 참고). 그러나 많은 와인 생산자들은 이러한 과정이 불필요하며, 오히려 와인의 품질을 떨어뜨린다고 생각한다.

유종의 미

■ 와인이 흐려지는 것을 막기 위해 와인 생산자들은 벤토나이트 또는 달걀 흰자 등의 응결제를 사용하여 와인의 미세한 입자를 걸러 냈다. 이 과정은 레드 와인의 타닌을 줄이는 데 효과적이며, 영으로 마시는 데도 도움이 된다.

■ 병입하기 전에 대부분의 와인은 필터를 거쳐서 잔류 찌꺼기를 제거한다.

■ 와인이 수년 이상 숙성되면 침전물이 생길 수 있다(입자의 발생). 이것은 문제가 아니며, 오히려 와인이 잘 숙성되었다는 증거일 수도 있다. 디캔팅(128~129쪽 참고)을 통하여 이러한 입자를 걸러 내고 마실 수 있다.

요리
로제 와인에 어울리는 요리

로제 와인은 맛이 풍부하고 신선하며, 과일 향이 풍부하고 산도도 높다. 다양한 음식에 잘 어울리며, 상쾌한 맛과 밝은 색깔이 요리에 톡 쏘는 느낌과 산뜻함을 준다. 높은 산도에 어울리는 요리와 함께 서빙한다.

추천 요리	
까나페	●●●●●
샐러드	●●●●●
흰 살코기	●●●●●
생선	●●●●

로제

프랑스, 포르투갈, 뉴월드의 모든 로제 와인은 다양한 음식에 어울린다. 까나페와 함께 아페티리프로 서빙하거나 다양한 맛을 즐길 수 있는 피크닉에 적합한 와인이다. 여름 피크닉에 가져갈 것이라면 입맛을 달래 주고 몸을 식힐 수 있도록 로제 와인을 차갑게 식혀서 서빙한다.

그리스 요리인 메제(휴머스(hummus), 타라마살라타(taramasalata), 차치키(tsatziki))의 다양한 감촉과 맛은 싱싱한 로제에 잘 어울린다.

로제는 또한 참치, 달걀 완숙, 불린 깍지콩, 검은 올리브 열매, 멸치, 발사믹 식초, 올리브유 드레싱으로 만든 니슈아즈(Niçoise) 샐러드에 완벽한 와인이다. 샐러드 재료의 다양한 맛이 로제와 잘 어울리며, 높은 산도와 과일 향이 어우러져서 입을 씻어 준다.

참새우와 다양한 채소에 감귤류 즙과 섞은 마요네즈 드레싱을 뿌린 샐러드도 로제 와인과 매우 잘 어울린다. 로제의 색은 참새우의 핑크빛과도 조화를 이룬다. 또는 서양 호박, 당근, 붉은 양파, 피망, 파슬리 다량, 약간의 처빌에 호두와 사과 식초 드레싱을 뿌리면 로제 와인에 어울리는 고소한 샐러드가 된다.

싱싱한 토마토의 신맛이 와인에 방해가 되는 경우가 간혹 있지만 드라이한 로제 와인은 토마토의 싱싱한 맛에 어울릴 뿐만 아니라 이를 더욱 살려 준다. 브루스케타, 신선한 토마토, 올리브유, 설탕을 섞으면 로제 와인에 어울리는 훌륭한 애피타이저가 된다.

물론 차갑지 않은 요리도 로제의 감촉과 맛에 훌륭한 조화를 이룬다. 과일 향이 많이 나지 않는 드라이하고 진한 로제 와인은 뜨거운 수프와 부야베스 생선 스튜와 함께 서빙할 수 있다.

메인 코스에서는 닭 가슴살을 파스타, 그린 올리브, 케이퍼, 올리브유에 조리한 요리나 개사철쑥과 닭고기 요리를 서빙한다. 두 요리는 허브 향이 나는 미디움 바디의 로제 와인이 갖고 있는 약간 신맛과 아로마에 잘 어우러진다.

로제 와인이 많이 생산되는 앙주(Anjou)의 인기 요리인 돼지고기 리에뜨는 산도 높은 로제를 훌륭하게 소화한다. 여기에 샤프란 맛으로 조미한 밥을 더하면 로제 와인과 섞여서 식사를 더욱 즐겁게 할 수 있다.

닭고기와 개사철쑥, 겨자, 크림 소스

여름에 가볍게 먹기 좋은 닭고기 요리. 신선한 개사철쑥으로 맛을 냈기 때문에 좋은 품질의 영 로제의 신선함이 살아난다.

4인분

1.5L 닭 육수
2 작은 영계, 8조각 낸 것
175ml 진한 크림
1 티스푼 개사철쑥잎을 잘게 썬 것, 가지를 제거하고 남겨 둔다.
1~2 티스푼 통 겨자
12 작은 당근, 껍질 벗겨 다듬은 것
12 부추, 껍질 벗겨 다듬은 것
12 순무, 껍질 벗겨 다듬은 것
100g 버터
소금과 후추, 간에 맞게
4 골파, 3cm 조각으로 자른 것

소스팬에 닭고기 육수를 끓인 다음 닭고기를 넣고 10분 동안 익힌다. 크림과 개사철쑥 가지를 넣고, 10분 더 끓인다. 닭고기를 꺼내고, 나머지는 뚜껑을 덮은 채 놔둔다.

끓인 국물을 체어 걸러 다시 가열하여 반으로 졸인다. 겨자를 넣고 저은 다음 불을 끈다.

당근, 부추, 순무를 버터로 따로 익혀 재료가 약간 찰 정도로 물을 붓는다. 소금과 후추로 양념하고, 재료가 부드러워질 정도로 끓인다. 물을 버리고, 재료를 따뜻하게 둔다.

닭고기를 소스에 넣고, 끓여서 데운다. 소금과 후추를 입맛에 맞게 넣는다.

닭고기를 네 개의 접시에 나누고 스푼으로 소스를 위에 뿌린다. 익힌 채소를 닭고기 위, 그리고 주변에 올려놓는다. 개사철쑥 잎과 골파를 사진처럼 올려서 장식한다.

와인 용어

그랑 크뤼 Grand cru - 위대한 원산(原産)을 뜻하는 프랑스어로, 부르고뉴와 알자스 등의 지역에서 최고 품질의 와인을 생산하는 소수의 아뺄라시옹 또는 포도원을 지칭한다. 보르도의 쌩떼밀리옹에서는 최고의 샤또와 구별된다.

까브 Cave - 와인을 보관하는 지하 셀러를 일컫는 프랑스어. 와인을 최적의 상태로 보관할 수 있도록 집에 설치하는, 온도 조절이 가능한 보관함을 가리키기도 한다.

네고시앙 Négociant - 와인 상인을 뜻하는 프랑스어. 네고시앙은 포도나 와인을 구입하며, 포도로 와인을 양조하거나 병입하기 전에 와인을 숙성시킨다. 반대로 재배자(grower)가 있는데 이들은 자신의 포도로 와인을 양조하기도 한다. 어떤 회사는 재배와 양조를 함께 한다.

노블 버라이어티스 Noble varieties - 유럽 최고의 와인을 만들기 위해 여러 해 동안 기른 포도의 품종과, 이를 성공적으로 뉴월드에 이식한 것이다. 리슬링, 메를로, 삐노 누아르, 씨라, 까베르네 쏘비뇽, 쏘비뇽 블랑, 샤르도네가 노블 버라이어티스에 속한다.

뉴월드 New World - 미국, 오스트레일리아, 남아프리카, 칠레와 같은 와인 양조 국가를 지칭한다.

덤(또는 클로즈드) Dumb (or closed) - 어떠한 향도 느낄 수 없는 와인이다. 와인이 숙성되지 않았거나, 너무 차갑게 서빙이 되었다는 것을 나타낸다.

드라이 Dry - 스위트 와인의 반대말이다.

디캔트 Decant - 침전물을 제거하기 위해 병에 든 와인을 디캔터로 거르는 행위로, 주로 숙성된 레드 와인과 포트에 디캔팅이 필요하다.

떼루와르 Terroir - 와인의 특징을 결정하는 포도원의 기후, 토양, 방향 등의 독특한 특색을 나타내는 프랑스어.
레잉 다운 Laying down - 숙성을 위해 셀러에 병을 보관하는 것이다. 특정 와인만이 레잉 다운에 적합하며, 시간이 지남에 따라 숙성이 되어 맛이 좋아진다.

레제르바/리제르바 Reserva/riserva - 고급 와인을 뜻하는 용어로 이탈리아, 스페인, 포르투갈에서 사용된다.

렝스 Length - 지속성. 와인을 삼킨 후 입 안의 느낌으로 품질을 나타내는 효과적인 표시다.

리스 Lees - 찌꺼기. 죽은 효모 세포, 포도 줄기, 과육, 씨앗으로 구성되는 침전물로 발효 후 통의 바닥에 쌓인다.

매그넘 Magnum - 병의 크기를 일컫는다. 일반적인 병의 두 배 크기이며, 매그넘에 담긴 샴페인을 선물로 주기도 한다.

머처리티 Maturity - 와인이 완벽한 균형을 이루어 숙성이 된 상태를 일컫는다. 와인은 보관 상태에 따라 다르게 숙성이 되는데 와인의 '머추어(숙성)' 평가는 주관적이다.

메토드 트라디쇼넬 Méthode traditionnelle - EU의 승인을 받은 스파클링 와인을 양조하는 전통적인 방법으로, 특히 샴페인을 이렇게 만든다. 이렇게 양조한 스파클링 와인은 미세한 방울이 줄줄이 올라온다.

미 장 부떼이 오 샤또 Mis en bouteille au château - 병 라벨에 있는 용어로서 양조한 샤또에서 병입되었다는 것을 의미한다.

바디 Body - 와인을 테이스팅할 때 입 안에서 느껴지는 와인의 무게감과 부피를 표현하는 용어.

백본 Backbone - 와인의 구조적인 맛을 묘사하는 용어로, '백본'의 요소는 타닌과 산도이다.

뱅 드 뻬이 Vin de pays - 프랑스 와인 양조업에서 사용되는 용어로서 '지역 와인'을 뜻한다. 아뺄라시옹 꽁뜨롤레 체계 밖에서 생산된 와인을 나타낸다.

버라이어틀 Varietal - 와인에 사용된 주요 또는 유일한 포도 품종의 이름을 딴 와인의 명칭이다.

버티컬 테이스팅 Vertical tasting - 와인 테이스팅을 위한 기준으로, 같은 와인의 서로 다른 빈티지를 비교한다.

부케 Bouquet - 숙성이 된(머츄어-mature) 와인의 향을 묘사하는 용어로, 영(young) 와인의 향을 묘사하는 '아로마'와 혼동하지 않도록 한다.

블라인드 테이스팅 Blind tasting - 눈으로 보고, 냄새 맡고, 맛을 보아서 미지의 와인의 포도 품종, 지역, 빈지티를 식별하는 것.

블렌드 Blend - 서로 다른 포도 품종, 포도원, 지역 또는 빈티지의 와인을 혼합한 와인.

블루 칩 와인 Blue chip wines - 가장 인기가 좋은 와인으로, 투자하기에 좋다.

비니피케이션 Vinification - 와인 양조 과정.

비티컬처 Viticulture - 포도 재배 기술과 실제.

빈티지 데클러레이션(선언) Vintage declaration - 샴파뉴와 같은 지역에서 빈티지 와인은 매년 나오지 않는다. 특별한 해에만 빈티지가 선언된다.

빈티지 차트 Vintage charts - 다양한 빈티지에 따른 특정 와인의 품질을 나타내는 차트로 와인을 구입할 때 도움이 되지만 이것에 의존하지 말아야 한다.

산도 Acidity - 포도의 타르타르산으로 생성되는 맛의 요소. 와인의 산도는 그 정도가 다양하다.

산화 Oxidation - 산소에 과다하게 노출되어 잘못된 와인으로 이렇게 망친 와인을 산화(oxidized)되었다고 한다.

샤또 Château - 프랑스의 포도원을 일컫는다. 해당 포도원 최고 와인의 라벨에 사용되기도 한다.

샹브레 Chambré - '실온' 을 나타내는 프랑스어로, 레드 와인을 서빙하기 가장 좋은 온도를 묘사할 때 위해 자주 쓰이지만 실온이 일정치 않기 때문에 오해를 살 수 있다.

수페리오레/쉬뻬리에르 Superior/supérieur - 이탈리아와 프랑스의 아뻴라시옹에 추가되는 명칭으로, 더 좋은 지역, 원산지, 높은 알코올 도수를 나타낸다.

수평적 테이스팅 Horizontal tasting - 와인 테이스팅을 위한 기준으로, 같은 빈티지의 다양한 와인을 비교한다.

소믈리에 Sommelier - '와인 웨이터' 를 뜻하는 프랑스어. 레스토랑의 소믈리에는 음식에 맞는 와인을 와인 리스트에서 고르는 데 조언을 줄 수 있어야 한다.

아로마틱 컴파운드 Aromatic compounds - '플레이버(flavor)' 로 느껴지는 와인의 향과 맛의 요소.

아뻴라시옹 Appellation - 와인의 명칭 또는 공식 원산지. 와인 등급 체계의 일부로 사용된다(다음 용어 참고).

아뻴라시옹 꽁뜨롤레 AC : Appellation contrôlée - 고급 와인을 원산지명으로 표시하는 등급 체계로, 특정 지역에서 재배할 수 있는 포도 품종을 규제한다.

안정화(스테이블라이징) Stabilizing - 와인은 병입되기 전 또는 발효 후에 안정이 되어야 병입 후에 추가적인 발효가 일어나거나 망치지 않는다.

앙 프리뫼르(또는 퓨튀르) En primeur (Also know as 'futures') - 일반적으로 받을 수 있는 시기보다 최소한 1년 전 병입되기 전에 인기 있는 와인을 구입하는 것이다. 매우 인기 있고 희귀한 와인을 구할 수 있는 유일한 방법일 수 있으며, 좋은 투자가 될 수도 있다.

에어레이트 (또는 '브리딩') Aerate (Also referred to as 'breathing') - 공기 쐬기. 부케와 맛을 최고로 만들기 위해 마시기 전에 일정 시간 동안 와인을 공기에 노출시키는 것.

여운(피니시) Finish - 와인 테이스팅 뒤에 입 안에 남는 느낌으로 와인의 품질과 숙성에 따라 피니시는 짧거나 길 수 있다. 매우 긴 피니시는 숙성이 잘된 와인의 표시다.

오크드 Oaked - 오크 통으로 숙성한 와인을 지칭한다. 화이트 와인은 강한 오크 풍미를 낸다.

제로보암 Jeroboam - 병의 크기를 일컫는다. 보르도는 일반적인 와인병 크기보다 여섯 배 크다. 샹파뉴는 표준 병 크기보다 네 배 크다.

컨사인먼트 Consignment - 위탁 판매. 브로커가 와인을 팔기 전에 대금을 받지 않는 조건으로 가격을 고정시킨다.

컴페러티브(비교) 테이스팅 Comparative tasting - 와인 테이스팅의 기준이 되는 테마로 같은 스타일의 와인에서 서로 다른 견본을 비교하여 테이스팅한다.

콕트 와인 Corked wine - 코르크로 인해 와인이 오염되어 젖은 판자와 비슷한 불쾌한 맛을 내는 잘못된 와인. 코르크에 핀 곰팡이가 와인에 영향을 주어 이렇게 될 수 있다. 맛에 무해한 와인에 떠 있는 코르크 조각과 혼동하지 않도록 한다.

크리스프니스 Crispness - 상쾌함. 주로 영 와인의 맛을 표현하는 데 사용되는 맛의 느낌으로 와인 생산자들은 크리스프니스를 보존하기 위해 오크 통 대신에 스테인리스 통으로 와인을 숙성시키기도 한다.

클라레 Claret - 레드 보르도를 일컫는 영어 용어로 미국과 기타 뉴월드에서 생산되는 거의 모든 스타일의 레드 와인의 라벨에 사용되었다.

클래시피케이션 Classification - 품질에 따라 와인을 구분하는 등급 체계로, 와인 생산국마다 다른 등급 체계를 갖고 있다.

타닌 Tannin - 입이 오그라들 정도로 톡 쏘는 맛을 내는 성분으로 포도의 껍질, 씨앗, 줄기에서 나온다. 화이트 와인과 로제 와인을 양조할 때는 포도의 이런 부분을 빼기 때문에 주로 레드 와인에 많이 함유되어 있다.

테이블 와인 Table wine - 주정 강화 와인과 구분하기 위해 사용하는 일반적인 용어지만 유럽의 아뻴라시옹 체계에서는 뛰어난 품질이 아닌 모든 와인을 뜻한다.

패시브 셀러 Passive cellar - 조건(온도, 습도, 조명)이 와인 보관에 자연적으로 이로운 셀러(주로 지하)이므로 이 조건을 유지하기 위해 일부러 조건을 조절하거나 유지시킬 필요가 없다.

팰릿 Palate - 입 안에서 느껴지는 와인의 전체적인 맛으로 일반적으로 입 부위를 나타내기도 한다.

포티파이드 Fortified - 주정 강화. 지속적인 발효를 방지하기 위해 포도 주정을 더한 와인으로 마데이라, 마르살라, 셰리, 포트가 여기에 속한다.

퓨튀르 Futures - (앙 프리뫼르 참고)

프러베넌스 Provenance - 와인의 소유와 보관에 관한 역사 즉 기원이다. 투자를 위해 와인을 산다면 프러베넌스를 묻는 것이 좋다. 이를 통해 와인의 정통성 및 올바르게 보관했는지를 알 수 있다.

프르미에 크뤼 Premier cru - 일급 상품을 나타내는 프랑스어로 최고의 샤또의 순위를 매기는 보르도의 특정 등급 체계에서 최고의 등급이다. 부르고뉴에서 특정 포도원을 나타내는 아뻴라시옹으로, 그랑 크뤼 다음 등급이다.

플라이트 Flight - 와인 테이스팅에의 절차를 느끼게 하기 위한 테마 또는 체계.

플랜지-탑 Flange-top - 와인을 따를 때 흘리는 양을 최소화하기 위한 도구로, 주둥이를 가진 병을 가리킨다.

필록세라 Phylloxera - 덩굴 식물을 공격하는 포도나무 뿌리 진딧물. 포도나무를 해친다.

하이브 Hive - 와인을 보관하기 위한 굴곡이 있는 선반으로 콘크리트 또는 그와 비슷한 튼튼한 재료로 만든다.

유용한 주소

경매장

서울 옥션
서울시 종로구 평창동 98번지
Tel: 02-395-0330~4, Fax: 395-0338
www.seoulauction.com

Christie' s 크리스티
8 King Street, St. James' , London, SW1Y 6QT,
Tel: 020 7839 9060, Fax: 020 7839 1611,
www.christies.com

Sothebty' s 소더비
34~35 New Bond Street, London, W1A 2AA, Tel: 020
7293 5000, Fax: 020 7293 6255, www.sothebys.com

판매상

Berry Bros. & Rudd 베리 브러더스 앤 러드
3 St James' s Street, London, SW1A 1EG, Tel: 020
7396 9600, Fax: 020 7396 9611, www.bbr.com

Vinoplis 비노폴리스
1 Bank End, London, SE1 9Bu, Tel: 0870 241 4040,
Tax: 020 7940 8323, www. vinopolis.com

Cormey & Barrow Ltd. 코네이 앤 베로우
12 Helmet Row, London EC1V 3TD, Tel: 020 7539
3212, Fax: 020 7608 2234

The River Valley Wine Company 리버 밸리 와인 컴퍼니
PO Box 1715, Andover, SP11 9XW, England, Tel:
01264 77209, Fax: 01264 662096,
www.rivervalleywine.com

Direct Wines Limited 다이렉트 와인즈 리미티드
New Aquitane House, Exeter Way, Theale, Reading,
RG7 4PL, T 0118 9030903, FAX: 0118 9030130,
enquiries@directwines.co.uk

Amis du vin 아미 뒤 뱅
www.amisduvin.com

Oddbins 오드빈스
www.oddbins.com

포도원 정보

French Wine Tours Direct 프렌치 와인 투어스 다이렉트
The Birches, Chepstow Road, Monmouthshire, NP15
2EN, UK, Tel: 01291 690231, www.winetours-
france.com

Tanglewood Wine Tours 탱글우드 와인 투어스
Tanglewood House, Mayfield Avenue, Surrey, KT15
3AG, Tel: 01932 350861, www.tanglewoodwine.com

Winecountry 와인컨트리
www.winecountry.com

Arblaster and Clarke Wine Tours 아블래스터 앤드 클라크
와인 투어스
Clarke House, Farnham Road, West Liss, Hants, GU3
36JK, Tel: 01730 893 344,
www.arblasterandclarke.com

전문 공급자

Riedel Crystal 리델 크리스털
Michael Johnson Ceramics(마이클 존슨 세라믹스에서
구할 수 있다.) 81 Kingdale Road, London, NW6 4JY,
Tel: 020 7624 2493, Fax: 020 7625 7639,
www.riedelcrystal.com

Eurocave, The Art of Wine 유로케이브, 더 아트 오브 와인
Unit B7, Connagut Business Centre, Hyde Estate
Road, London, NW9 6JL, www.artofwine.co.uk

Instant Wine Cellar Company 인스턴트 와인 셀러 컴퍼니
Tel: 01564 702921, www.instant-wine-cellar.co.uk

Software 소프트웨어
Wine Technologies Inc., (Publishers of Robert Parker' s
Wine Advisor and Cellar Management software),
www.winetech.com 또는 info@winetech.com

Spiral Cellars 스파이럴 셀러스
Court House, 23, Woodfield Lane, Ashstead, Surrey
KT21 2BQ, Tel: 01372 279166, Fax: 01372 273482,
www.spiralcellars.com

Wine Enthusiasist's Gift Centre 와인 인터재스트스 기프트 센트르
PO Box 224, Guildford, Surrey, GU2 7GQ, Tel: 01483 458080, Tax: 01483 560695, www.winegiftcentre.com

Sunday Times Wine Club 선데이 타임즈 와인 클럽
www.sundaytimeswineclub.com

Decanter 디캔터
583 Fulham Road, London, SW6 5UA, Tel: 020 7610 3929, Fax: 020 7381 5282, www.decanter.com

Drinkwine.com 드링크와인닷컴
www.drinkwine.com

Food and Wine 푸드 앤드 와인
www.foodandwine.com

How and Why to Build a Wine Cellar 와인 셀러를 만드는 법과 만들어야 하는 이유
(3rd Edition), Richard M. Gold

The Wine Academy 와인 아카데미
www.wineacademy.com

Wine courses 와인 교육 코스
Universit du Vin, www.universite-du-vin.com
Wine Educators, www.wineeducators.com

Wine Society of the World 세계와인협회
www.winesociety.com

Wine.com 와인닷컴
www.wine.com

Mad about Wine 매드 어바웃 와인
www.madaboutwine.com

Wine Spectator Magazine 와인 스펙테이터 매거진
www.winespectator.com

Wine and Spirit Education Trust 와인 앤드 스피릿 애주케이션 트러스트
5 King's House, Queens Street Place, London, EC4R 1QS, Tel: 020 7236 3551, www.wset.co.uk

Le Cordon Bleu와 함께 와인의 역사, 제조 과정, 테이스팅 기술 그리고 구입, 보관, 서빙, 음식과 맞추기에 대한 정보를 알려면 다음 연락처로 연락하기 바랍니다.

Le Cordon Bleu London
114 Marylebone Lane, London W1U 2HH, England, Tel: 020 7935 3503, Fax: 020 7935 7621, 무료 전화

0800 980 3503, london@cordonbleu.net

Le Cordon Bleu Australia(오스트레일리아)
163 Days Road, Regency Park, Adelaide, Australia, Tel: 61/8 83 48 46 59, Fax: 61/8 83 48 46 61, degree@cordonbleu.net

Le Cordon Bleu Brazil(브라질)
Unversidade de brasilia-Asa Norte, Centro de Excelencia em Turismo, CET, Brasilia 70910.900 D.F., Brazil, Tel: 55/61 307 20 10, Fax: 55/61 307 29 43

Le Cordon Bleu New York(뉴욕)
404 Airport Executive Park, Nanuet, NY 10954, Tel: (914) 426 7400, (미국과 캐나다에서 무료 전화 1 800 437 CHEF (2433)), Fax: (914) 426 0104, lcbinfo@cordonbleu.net, http://www.cordonbleu.net

Le Cordon Bleu Mexico(멕시코)
Unversidad Anahuac, Av. Lomas Anahuac s/n. Lomas Anahuac, Mexico, C.P. 52760, Mexico, Tel: 52/5 328 8047, Fax: 52/5 596 1938

Le Cordon Bleu Ottawa(오타와)
453 Laurier Avenue East, Ottawa, Ontario K1N 6R4, Canada, Tel: 1/613 236 CHEF (2433), Fax: 1/613 236 2460, ottawa@cordonbleu.net

Le Cordon Bleu Paris(파리)
8 rue L on Delhomme, Paris 75015, France, Tel: 33/1 53 68 22 50, Fax: 33/1 48 56 03 96, infoparis@cordonbleu.net

Le Cordon Bleu Peru(페루)
Av Nunez de Balboa 530, Miraflores, Lima 18, Peru, Tel: 51/1 242 82 22, Fax: 51/1 242 92 09

Le Cordon Bleu Sydney(시드니)
250 Blaxland Road, Ryde, Sydney, NSW 2112, Tel: 61/2 94 48 63 07 (무료 전화 1/800 06 48 02). Fax: 61/2 98 07 65 41

Le Cordon Bleu Tokyo(도쿄)
Roob 1, 28~13 Saragaku-cho, Shibuya-ku, Daikanyama Tokyo 150, Japan, Tel: 81/3 54 89 01 41 Fax: 81/3 54 89 01 45, tokyoinfo@cordonbleu.net

색인